应用型本科　电子及通信工程专业系列教材

信号与系统分析

（第三版）

徐亚宁　李　和　编著

西安电子科技大学出版社

内 容 简 介

　　本书是在西安电子科技大学出版社出版的《信号与系统分析(第二版)》一书的基础上修订而成的。本书系统论述了信号与系统分析的基本理论与方法,以及利用MATLAB进行信号与系统分析的方法。全书共7章,内容包括:绪论、连续时间信号与系统的时域分析、连续时间信号与系统的频域分析、连续时间信号与系统的复频域分析、离散信号与系统的时域分析、离散信号与系统的 z 域分析、系统的信号流图及模拟。

　　本书构思新颖、实践性强,内容叙述清楚、深入浅出,所有应用实例均已通过MATLAB上机调试。大部分章后均附有大量的习题和相应的上机练习题,供读者练习实践。

　　本书可作为普通高等学校电子信息类及相关专业的教材,也可作为相关专业工程技术人员的参考书。

图书在版编目(CIP)数据

信号与系统分析/徐亚宁,李和编著. —3 版. —西安:西安电子科技大学出版社,2022.8
(2024.4 重印)
ISBN 978 - 7 - 5606 - 6574 - 0

Ⅰ. ① 信…　Ⅱ. ① 徐…　② 李…　Ⅲ. ① 信号分析－高等学校－教材　② 信号系统—
系统分析－高等学校－教材　Ⅳ. ① TN911.6

中国版本图书馆 CIP 数据核字(2022)第 130619 号

策　　划	马乐惠
责任编辑	武翠琴

出版发行　西安电子科技大学出版社(西安市太白南路 2 号)
电　　话　(029)88202421　88201467　　邮　编　710071
网　　址　www.xduph.com　　　　　电子邮箱　xdupfxb001@163.com
经　　销　新华书店
印刷单位　咸阳华盛印务有限责任公司
版　　次　2022 年 8 月第 3 版　2024 年 4 月第 2 次印刷
开　　本　787 毫米×1092 毫米　1/16　印张 19.5
字　　数　461 千字
定　　价　46.00 元
ISBN　978 - 7 - 5606 - 6574 - 0/TN

XDUP 6876003 - 2

前　　言

2020 年 6 月教育部印发了《高等学校课程思政建设指导纲要》，对新时代工科人才培养提出了更全面的要求，为此我们对本教材进行了第三版的修订工作。在保留第二版的"理论内容基础精练、例题典型、习题丰富、MATLAB 应用学习与上机实验题目针对性强"等优点的基础上，第三版力求紧跟新时代对新工科应用型人才培养的要求，进行了如下修订：

（1）每章增加课程思政扩展阅读内容。选择与本课程紧密相关的阅读材料，以启发学生对唯物主义历史观、唯物主义认识论、科学技术观、家国情怀、科学精神等思想政治教育元素的思考和体会，实现显性与隐性教育的有机结合。

（2）在附录中增加了自我检测题。

（3）对所有 MATLAB 程序例题作了进一步优化。

（4）对第二版中存在的疏漏进行了订正。

我们作为教材的编写者和使用者，力争通过教材修订不断提高教材的使用效果，恳请广大读者提出宝贵意见和建议。

编著者

2022 年 4 月

目　　录

第1章 绪 论

【内容提要】 本章为信号与系统的概述，其内容包括信号与系统的概念、信号的描述与分类、系统的描述与分类、信号与系统的分析方法概述以及 MATLAB 基本知识等。

1.1 信号与系统

信号与系统在人们的生活中无处不见。某电路中的电压、电流是信号，而这个电路则是一个系统。人们日常使用的手机也是一个系统：在通话过程中，手机内置的麦克风将人的声音转变为电信号，电信号再经过手机系统的处理最后转变为电磁波辐射出去。在这个过程中，麦克风转换的电信号作为手机这个系统的输入信号，辐射的电磁波作为手机这个系统的输出信号。一架数码相机也是一个系统：它接收不同光源和目标反射的光，通过 CCD 图像传感器（光电转换器件）将光转换为电信号，再经过相机上的显示器输出一幅数字图像。

上面提到的这些信号有两个非常基本的共同点：首先，它们都是时刻变化的，可以看成是关于单个或多个独立变量的函数，一般以时间为变量；其次，这些信号一般都包含某种相关的信息和消息。所谓信息，是指存在于客观世界的一种事物形象，如语言、文字、图像等。前面提到手机系统中的电信号就包含有声音信息，数码相机输出的数字图像信号就包含有图像信息。对信号的处理和传输，其最终目的是传递其中所包含的信息。由于对语言、文字、图像这些信息进行直接处理和传输会受到很多限制，如传输速度慢、传输距离和传输容量有限等，因此，随着科技的发展，现如今对信息的处理和传输都以电磁信号作为媒介和载体（光信号可以看成是电磁波的一种）。如一个典型的现代通信系统，它的主要任务是传输信息（语音、文字、图像、数据、指令等），为了便于传输，先由转换设备将所传信息按一定规律变换为相对应的信号（如光信号、电信号，它们通常是随时间变化的电压、电流和光强等），经过适当的信道（即信号传输的通道，如传输线、电缆、自由空间、光纤等），将信号传递到接收方，再经过转换设备转换为声音、文字、图像等信息。

综上所述，信号可以定义为带有信息的随时间变化的物理量。信号有电信号和非电信号之分，本课程着重研究电信号的分析、处理和传输。

系统和信号是密不可分的，系统对输入的特定信号（输入信号）响应，然后产生另外一些信号（输出信号）。本书将系统定义为具有特定功能的整体，它由若干相互作用和相互依赖的事物组合而成。这一定义不仅适用于自然科学领域，还适用于社会科学领域，例如企业会根据产品的产量、货存与销售速率等信息建立一个经验系统，用来研究如何根据市场销售状况调节生产速度，使产品既不脱销也不积压，以节省资金、提高收益。本书主要讨论处理电信号的系统，一般是具有某些特定功能的电路，因此，在本书中，电路与系统二者通用。图 1-1 所示就是一个典型的通信系统示意图。

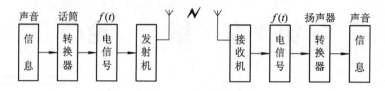

图 1-1　典型的通信系统示意图

　　信号与系统分析有各种各样的研究内容。有时，面对一个特定的系统，人们感兴趣的是，如果对这个系统输入一个信号会得到什么样的响应，这种试图找出系统输入输出之间关系的问题，归为系统的分析，如在"模拟电子线路"课程中分析一个放大器电路，就是对一个系统的分析。而在另一些场合，需要设计出一个系统来对输入信号进行处理，使处理后的输出信号满足要求，这一类问题归为系统的设计。例如，当飞机驾驶员和空运交通管制台通信时，通信会受到驾驶舱的背景噪声影响而使通信系统恶化，在这种情况下，就需要设计一个系统，使通信信号经过该系统的处理后，保留需要的信号(此处指驾驶员的声音)而排除不需要的信号(驾驶舱的背景噪声)；再比如，在接收来自卫星探测的太空图像时，一般由于成像设备的缺陷和大气影响，收到的图像可能非常不清晰，就需要设计一个图像处理系统来补偿图像的某些缺陷，或者根据应用要求增强图像的某些特征，如突出图像上的某些线条等。

1.2　信号的描述与分类

　　一般使用数学工具来帮助进行信号与系统的分析，因此，描述信号的基本方法是建立信号的数学模型，即写出信号的数学表达式。通常，描述信号的数学表达式都以时间 t 为变量，即数学表达式都是时间 t 的函数。绘出的函数图像称为信号的波形。本书中信号的描述采用两种方法：函数表达式和波形。所以，在下面的叙述中，信号与函数两词不加区分。

　　按照信号的不同性质和数学特性，可以有多种不同的分类方法。通常将信号分为确定信号与随机信号、连续时间信号与离散时间信号、周期信号与非周期信号、能量信号与功率信号、一维信号与多维信号等。

1.2.1　确定信号与随机信号

　　若信号被表示为一确定的时间函数，对于指定的某一时刻，可确定一相应的函数值，这种信号称为确定信号或规则信号，例如正弦信号。

　　但是，实际传输的信号往往具有不可预知的不确定性，如果信号不是自变量(时间)的确定函数，即对某时刻 t，信号值并不确定，而只知道信号值取某一数值的概率，则此类具有统计规律的信号称为无规则信号或随机信号。无线信道中的干扰和噪声就是这类随机信号。

　　本书仅讨论确定信号。但应该指出，随机信号及其通过系统的研究，是以确定信号通过系统的理论为基础的。

1.2.2　连续时间信号与离散时间信号

信号是随时间变化的物理量，在 1.1 节的举例中，有的信号随时间连续地变化，例如模拟放大电路中的电压信号，而另一些信号只在某些特定的时间点上变化，或者说只关注信号在这些特定时间点上的变化情况，例如经济系统中的产品库存量这一信号，可能是每天变化，也可能是每周变化一次。

用时间函数来表示信号，则可以根据信号在对应时间函数取值的连续性与离散性，将信号划分为连续时间信号与离散时间信号（简称连续信号与离散信号）。

如果在所考虑的时间区间内，除有限个间断点外，对于任意时间值都有确定的函数值与之对应，这样的信号称为连续信号（例如前面提到的放大器中的电压信号），通常用 $f(t)$ 表示，例如

$$f_1(t) = 10\ \cos\pi t$$

$$f_2(t) = \begin{cases} 1, & t > 0 \\ 0, & t < 0 \end{cases}$$

也可用波形表示连续信号 $f_1(t)$ 和 $f_2(t)$，如图 1-2 所示。

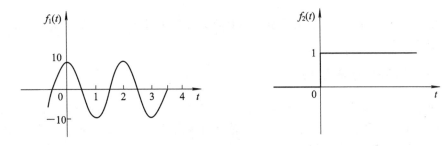

图 1-2　连续时间信号

实际上，连续信号就是函数的定义域是连续的。至于值域，可以是连续的，也可以是不连续的。如果函数的定义域和值域都是连续的，则称该信号为模拟信号。但在实际应用中，模拟信号和连续信号两词往往不予区分。

如果只在某些不连续的时间瞬时才有确定的函数值对应，而在其他时间没有定义，这样的信号称为离散信号（例如前面提到的经济系统中产品库存量信号），通常用 $f(n)$ 表示。有定义的离散时间间隔可以是均匀的，也可以是不均匀的，一般都采用均匀间隔，将自变量用整数序号 n 表示，即仅当 n 为整数时 $f(n)$ 才有定义。例如

$$f_1(n) = \begin{cases} 0, & n \leqslant 0 \\ 1, & n = 1 \\ -1, & n = 2 \\ 0, & n > 2 \end{cases}$$

$$f_2(n) = \begin{cases} 0, & n < 0 \\ 1, & n \geqslant 0 \end{cases}$$

或者也可用波形表示离散信号 $f_1(n)$ 和 $f_2(n)$，如图 1-3 所示。

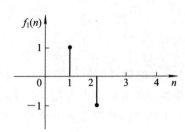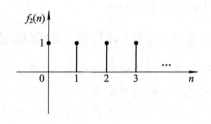

图 1-3　离散时间信号

同样，离散信号就是函数的定义域是离散的，只取规定的整数的信号。若函数的值域也是离散的，则该信号称为数字信号。在实际中，离散信号和数字信号也不予区分。

1.2.3　周期信号与非周期信号

所谓周期信号，就是依一定时间间隔周而复始，而且是无始无终的信号，它们的数学表达式满足

$$f(t) = f(t + nT), \quad n = 0, \pm 1, \pm 2, \cdots$$

式中，T 为信号的周期。只要给出此信号在任一周期的变化过程，便可确知它在任一时刻的数值。

非周期信号在时间上不具有周而复始的特性。若令周期信号的周期 T 趋于无限大，则成为非周期信号。

1.2.4　能量信号与功率信号

为了知道信号能量或功率的特性，常常研究信号 $f(t)$（电流或电压）在 1 Ω 电阻上所消耗的能量或功率。如果消耗的能量是个有限值，则该信号称为能量信号；如果消耗的功率是个有限值，则该信号称为功率信号。

1.2.5　一维信号与多维信号

在 1.1 节中提到，信号可以看成是关于单个或多个独立变量的函数，如语音信号可表示为声压随时间变化的函数，只有一个独立的时间变量 t，这是一维信号；而一张黑白图像的每个点（像素）具有不同的光强度，任一点又是二维平面坐标中的两个变量的函数，这是二维信号。实际上还可能出现更多维数变量的信号，例如电磁波在三维空间中传播，若同时考虑时间变量就构成四维信号。在以后的讨论中，一般情况下只研究一维信号，且自变量为时间。

1.3　系统的描述与分类

从 1.1 节内容知道，系统与信号密切相关，用图 1-4 可以说明二者之间的关系。

图 1-4　信号与系统的关系

从外部引入系统的量称为输入信号或激励信号，通常记为 $f(t)$；在输入信号作用下，系统的响应称为输出信号，通常记为 $y(t)$。系统分析就是要找出输入和输出信号之间的关系。为此，首先要对系统进行描述，即要建立系统的数学模型，然后用数学方法进行求解，并对所得结果进行物理解释，赋予其物理含义。

本书中对系统采用两种描述方法：数学模型和模拟框图。

系统的数学模型就是找出系统输入信号 $f(t)$ 和输出信号 $y(t)$ 的等量关系方程，在已知输入信号 $f(t)$ 的前提下，代入系统的数学模型可以求出 $y(t)$，达到了系统分析的目的。例如一个系统（放大电路）的数学模型是 $y(t)=2f(t)$，当系统输入信号 $f(t)=5\cos3t$ 时，通过该数学模型可以求出输出信号 $y(t)=2\times5\cos3t=10\cos3t$。系统的模拟框图用流程图的方式描述输入信号在系统中经过哪些处理最终到达系统的输出端。这两种方式都是对同一系统的不同描述，因此可以相互转换。

由于连续时间系统和离散时间系统的两种描述方式有所不同，因此，系统的这两种描述方法的详细叙述会在后续章节中分别介绍。

关于系统的分类也有许多划分方法。通常将系统分为连续时间系统与离散时间系统、线性系统与非线性系统、时变系统与时不变系统、因果系统与非因果系统、稳定系统与非稳定系统等。本书主要讨论线性时不变(Linear Time-Invariant，LTI)系统，包括连续时间LTI系统和离散时间LTI系统。

1.3.1 线性时不变(LTI)系统

具有线性和时不变性的系统称为线性时不变系统。

1. 线性

系统的线性性质包含两个内容：齐次性和可加性。对于图1-5所示的一个LTI系统，激励为 $f(t)$ 或 $f(n)$，用 $f(\cdot)$ 表示；响应为 $y(t)$ 或 $y(n)$，用 $y(\cdot)$ 表示，则有

$$f(\cdot) \rightarrow y(\cdot) \tag{1-1}$$

$$f(t) \text{ 或 } f(n) \longrightarrow \boxed{\text{LTI系统}} \longrightarrow y(t) \text{ 或 } y(n)$$

图1-5 LTI系统

设 a 为任意常数，若 $f(\cdot)$ 增大 a 倍，其响应 $y(\cdot)$ 也增大 a 倍，即

$$af(\cdot) \rightarrow ay(\cdot) \tag{1-2}$$

则称该系统是齐次的或均匀的，即具有齐次性。

若系统对于激励 $f_1(\cdot)$ 或 $f_2(\cdot)$ 之和的响应等于各个激励单独作用所引起的响应之和，即

$$f_1(\cdot) \rightarrow y_1(\cdot), \quad f_2(\cdot) \rightarrow y_2(\cdot)$$
$$f_1(\cdot)+f_2(\cdot) \rightarrow y(\cdot)=y_1(\cdot)+y_2(\cdot) \tag{1-3}$$

则称该系统是可加的，即具有可加性。

若系统既是齐次的，又是可加的，则称该系统是线性的，具有线性特性，即

$$a_1 f_1(\cdot)+a_2 f_2(\cdot) \rightarrow a_1 y_1(\cdot)+a_2 y_2(\cdot) \tag{1-4}$$

【例1-1】 某连续系统的输入、输出关系为

$$y(t) = \frac{1}{12}f(t) - \frac{5}{6}$$

判断该系统是否为线性系统。

解 设 $f_1(t) \rightarrow y_1(t)$，$f_2(t) \rightarrow y_2(t)$，则有

$$y_1(t) = \frac{1}{12}f_1(t) - \frac{5}{6} \qquad\qquad ①$$

$$y_2(t) = \frac{1}{12}f_2(t) - \frac{5}{6} \qquad\qquad ②$$

将式①与式②相加得

$$y_1(t) + y_2(t) = \frac{1}{12}[f_1(t) + f_2(t)] - \frac{10}{6} \qquad\qquad ③$$

而若激励为 $f_1(t) + f_2(t)$ 时，相应的响应 $y(t)$ 为

$$y(t) = \frac{1}{12}[f_1(t) + f_2(t)] - \frac{5}{6} \qquad\qquad ④$$

可见，式③与式④并不一致，即

$$y(t) \neq y_1(t) + y_2(t)$$

也就是该系统不满足可加性，故该系统不是线性系统。

【例 1 - 2】 某离散系统的输入、输出关系为 $y(n) = nf(n)$，试判断该系统是否为线性系统。

解 设 $f_1(n) \rightarrow y_1(n)$，$f_2(n) \rightarrow y_2(n)$，$f_1(n) + f_2(n) \rightarrow y(n)$，则有

$$y_1(n) = nf_1(n) \qquad\qquad ①$$

$$y_2(n) = nf_2(n) \qquad\qquad ②$$

将式①与式②相加得

$$y_1(n) + y_2(n) = n[f_1(n) + f_2(n)] \qquad\qquad ③$$

而

$$y(n) = n[f_1(n) + f_2(n)] \qquad\qquad ④$$

可见式③与式④相等，故该系统满足可加性。

又因为

$$a_1 f_1(n) \rightarrow n \cdot a_1 f_1(n) = a_1 y_1(n)$$

$$a_2 f_2(n) \rightarrow n \cdot a_2 f_2(n) = a_2 y_2(n)$$

所以该系统满足齐次性。故有

$$a_1 f_1(n) + a_2 f_2(n) \rightarrow a_1 y_1(n) + a_2 y_2(n)$$

即该系统是线性系统。

2. 时不变性

如果系统的参数都是常数，不随时间改变，则系统的零状态响应与激励施加的时刻无关。也就是说，若激励为 $f(\cdot)$ 时，产生的零状态响应为 $y_f(\cdot)$；若激励延迟一定时间 $t_0(m)$ 接入，即为 $f(t-t_0)$ 或 $f(n-m)$ 时，其响应也应延迟 $t_0(m)$，为 $y_f(t-t_0)$ 或 $y_f(n-m)$。具有这种特性的系统称为时不变(或非时变)系统。反之，称为时变系统。本书只讨论线性时不变系统，所研究的系统的数学模型是常系数线性微分(或差分)方程。

【例 1 - 3】 一连续系统的系统方程(即输入、输出关系)为 $y(t) = tf(t) + 4$；一离散系

统的系统方程为 $y(n)=f^2(n)$。这两个系统是否为时不变的？

解 对于连续系统，设 $f_1(t) \rightarrow y_1(t)$，则有

$$y_1(t) = tf_1(t) + 4$$

若激励为 $f_1(t-t_0)$ 时，设其响应为 $y(t)$，则有

$$y(t) = tf_1(t-t_0) + 4$$

若该系统是时不变的，应该有

$$y(t) = y_1(t-t_0)$$

但从上式可知

$$y(t) = tf_1(t-t_0) + 4 \neq (t-t_0)f_1(t-t_0) + 4$$

即

$$y(t) \neq y_1(t-t_0)$$

故该连续系统是时变的，不是时不变系统。

对于离散系统，设

$$f_1(n) \rightarrow y_1(n)$$

则有

$$y_1(n) = f_1^2(n)$$

若激励为 $f_1(n-m)$ 时，设其响应为 $y(n)$，则有

$$y(n) = f_1^2(n-m)$$

显然

$$y(n) = y_1(n-m)$$

即有

$$f_1(n) \rightarrow y_1(n)$$
$$f_1(n-m) \rightarrow y_1(n-m)$$

所以，该系统为时不变系统。

对于线性时不变连续系统，除了具有线性特性和时不变特性之外，还具有微分特性，即对一 LTI 连续系统，其具有的微分特性如下：

若 $f(t) \rightarrow y(t)$，则有

$$\frac{\mathrm{d}f(t)}{\mathrm{d}t} \rightarrow \frac{\mathrm{d}y(t)}{\mathrm{d}t} \tag{1-5}$$

1.3.2 因果性和因果系统

如果系统现在的输出只取决于现在或过去的输入，则称该系统为因果系统，具有因果性；反之，称为非因果系统。本书主要讨论因果系统。

1.3.3 稳定性和稳定系统

一个系统，当输入是有界的，其系统的输出也是有界的，则称该系统为稳定系统，具有稳定性。有关系统稳定性的详细讨论，将在后续章节中进行。

1.4　信号与系统分析方法概述

　　系统分析的主要任务是在给定已知系统和激励的条件下求得响应，所以响应既与激励信号有关，又与系统有关。系统分析的过程就是信号分析过程和系统分析过程。信号的分析包括信号的定义、性质、运算与变换、信号的分解等。系统分析方法有两大类：时域法和变换域法。时域法比较直观，通过直接分析时间变量的函数来研究系统的时域特性，该方法将在第 2 章和第 5 章中详细讨论。变换域法是将信号与系统的时间变量函数变换成相应变换域中的某个变量函数，如第 3 章中讨论的频域分析是将时域函数变换到以频率为变量的函数，利用傅里叶变换来研究系统的特性；第 4 章中讨论的复频域分析是将时域函数变换到以复频率为变量的函数，利用拉普拉斯变换来研究系统的特性；第 6 章中讨论的 z 域分析是将时域函数变换到 z 域中，利用 z 变换来研究离散系统的特性。而对系统的数学模型，在时域中使用微分（或差分）方程，在变换域中便转换成代数方程。

1.5　MATLAB 基本知识

1.5.1　MATLAB 简介

　　MATLAB 的含义是 Matrix Laboratory——矩阵实验室，最初是为了方便矩阵的存取而开发的一套软件。经过几十年的扩充和完善，MATLAB 已发展成为集科学计算、可视化和编程于一体的高性能的科学计算语言和软件环境，几乎成为各类科学研究和工程应用中的标准工具。

　　MATLAB 是一个交互的系统，输入一条命令，立即就可以得到该命令运行的结果，其基本元素是无需定义维数的矩阵（或数组）。与其他语言相比，MATLAB 的语法更简单，更贴近人的思维，用 MATLAB 编程犹如在草稿纸上排出数学公式进行演算那样方便、高效。因此，MATLAB 被称为"草稿纸式"的科学工程计算语言。MATLAB 的这些特性使之可以方便地解决大量的工程计算问题，尤其当问题包含有矩阵和矢量运算时，用 MATLAB 编程比传统的非交互式标量编程语言，如 C、Fortran 等在编程上耗费的时间与精力少得多。

　　目前，MATLAB 的数值计算、信号处理、图像处理、自动控制、算法设计和通信仿真等在众多领域都获得了广泛的应用。在美国许多高校，MATLAB 甚至成为了数学、科学和工程学科的标准教学工具，是理工科学生必须掌握的编程语言之一。在工业上，MATLAB 也常被用来作为产品研发、算法分析和预研仿真的工具。

　　MATLAB 除了其基本组件外，还附带了大量的专用工具箱，用于解决各种特定类别的问题。本书以 MATLAB 7.0 为基础，主要涉及信号处理工具箱（Signal Processing Toolbox）和控制系统工具箱（Control System Toolbox）。

1.5.2　MATLAB 快速入门

1. MATLAB 的工作界面

MATLAB 第一次启动时，包含四个界面窗口，如图 1-6 所示。

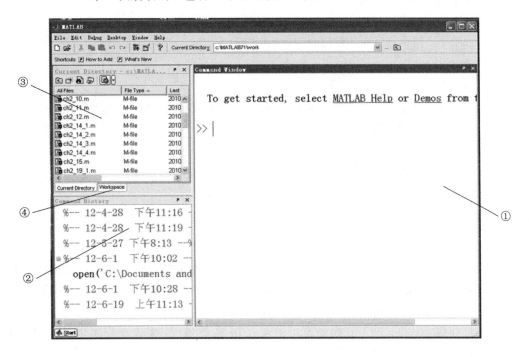

图 1-6　MATLAB 的工作界面

图中①是命令窗口（Command Window），是 MATLAB 的主窗口，默认位于 MATLAB 桌面的右侧，用于输入命令、运行命令并显示运行结果。

②是历史命令窗（Command History），位于 MATLAB 桌面的左下侧，默认为前台显示。历史命令窗可以保存用户输入过的所有历史命令，为用户下一次使用同一命令提供方便。

③是当前目录浏览器（Current Directory），位于 MATLAB 桌面的左上侧，默认为前台显示。该窗口显示当前目录及其所有的文件。

④是工作空间窗（Workspace），位于 MATLAB 桌面的左侧，默认为后台显示。可以通过单击"Workspace"按钮使它在前台展现。

2. 命令窗口及其基本操作

在命令窗口中可以输入一条命令、变量或函数名，回车后 MATLAB 即执行运算并可以显示运行结果。例如要计算"3×4+2"，在提示符"＞＞"之后是要键入的算式，MATLAB 将计算的结果以 ans 显示。如果算式是 x＝3×4+2，MATLAB 将计算结果以变量 x 显示，即

　　　＞＞3∗4+2

　　　ans＝

　　　14

>>x＝3＊4＋2

x＝

　14

如果在输入结尾加上";",则计算结果不会显示在命令窗口中。要得知计算值,只需在命令窗键入该变量名即可。例如:

>>x＝3＊4＋2;

>>x

x＝

　14

MATLAB 的基本变量是矩阵形式的,即使是标量,MATLAB 也将之视为 1×1 的矩阵。要在 MATLAB 命令窗口中输入一个矩阵,例如输入一个 3×3 的矩阵,可以按如下方式输入命令:

>>x＝[1 2 3;4 5 6;7 8 9];

或

>>x＝[1 2 3

　　　4 5 6

　　　7 8 9];

以上两种输入方式效果是一样的,命令末尾的分号用于禁止显示该命令的执行结果,矩阵的所有元素放在一对中括号[ ]内,矩阵每一行的各个元素之间以空格或逗号","隔开,而矩阵的不同行以分号";"或回车来分隔。

除变量和数学计算式外,在命令窗口中键入 M 文件名(M 文件在后面介绍),即可运行该文件并实现相应的功能。

MATLAB 提供了方便实用的功能键用于编辑、修改命令窗口中当前和以前输入的命令行。命令窗口中常用的功能键如表 1－1 所示。

表 1－1　命令窗口中常用的功能键

功能键	功　　能	功能键	功　　能
↑	重新调入上一命令行	Home	光标移到行首
↓	重新调入下一命令行	End	光标移到行尾
←	光标左移一个字符	Esc	清除命令行
→	光标右移一个字符	Del	删除光标处字符
Ctrl＋←	光标左移一个字	Backspace	删除光标左边字符
Ctrl＋→	光标右移一个字		

3. MATLAB 的帮助系统

MATLAB 提供了强大而完善的帮助系统,包括命令行帮助、联机帮助和演示帮助。要学会使用 MATLAB,必须充分利用其帮助系统,尤其是命令行帮助功能。命令行帮助可以通过 help 命令获得。其命令格式为

help

或

help　目录名/命令名/函数名/主题名/符号

第一种格式在命令窗口中直接输入 help，不带任何参数，此时将显示 MATLAB 的分类目录和对目录内容的简要说明：

```
>>help
HELP topics

matla\general        - General purpose commands.
matla\ops            - Operators and special characters.
matla\lang           - Programming language constructs.
matla\elmat          - Elementary matrices and matrix manipulation.
matla\elfun          - Elementary math functions.
matla\specfun        - Specialized math functions.
matla\matfun         - Matrix functions-numerical linear algedra.
matla\datafun        - Data analysis and Fourier transforms.
matla\polyfun        - Interpolation and polynomials.
matla\funfun         - Function functions and ODE solvers.
matla\sparfun        - Sparse matrices.
matla\scribe         - Annotation and Plot Editing.
          ⋮
```

第二种格式可以显示出具体目录所包含的命令和函数，或者具体的命令、函数、符号和某个主题的详细信息。例如，在命令窗口中键入"help sin"，将会显示关于正弦函数 sin 的详细信息，如下所示：

```
>>help sin
SIN Sine of argument in radians.
    SIN(X) is the sine of the elements of X.
    See also asin，sind.
    Overloaded functions or methods(ones with the same name in other directories)
       help sym/sin. m
    Reference page in Help browser
       doc sin
```

此外，可以用 Demo 命令演示 MATLAB 的使用实例，或者通过访问命令窗口的 Help 菜单中的菜单项获得联机帮助。

4. MATLAB 的搜索路径

MATLAB 利用自身的搜索路径来寻找 M 文件函数，如果要执行的文件不在搜索路径中，就无法执行。利用 MATLAB 主界面 File 菜单中的"Set Path"项可以将需要的目录/文件夹添加到 MATLAB 的搜索路径中。

5. M 脚本文件与 M 函数文件

MATLAB 有两种运行方式，即命令行运行方式和 M 文件运行方式。当用户需要通过 MATLAB 实现一些简单的功能，如简单的计算与画图时，因为输入的语句不多，可以采用命令行运行方式，即在命令窗口中一行一行地输入命令，并能方便地修改。但如果要实现较复杂的功能，或是一次要执行大量的 MATLAB 指令，且需要经常修改其中的参数或多次调用，就需要采用 M 文件运行方式。简单地说，就是将一些命令预先在文件中编辑好，然后在需要时将文件调出来执行。这个文件就称为 M 文件。

M 文件是用 MATLAB 语言编写的文件，其扩展名为 .m，可以用 MATLAB 的 M 文件编辑器生成。从功能上来讲，M 文件可以分成 M 脚本（M-script）文件和 M 函数（M-function）文件两类。M 脚本文件就是一系列 MATLAB 命令的组合，如同操作系统中的批处理文件一样，调用 M 脚本文件时，MATLAB 依次执行文件中的每一行命令。M 函数文件与 M 脚本文件的内容大致相同，主要区别在于：M 函数文件第一行开头包含有关键字"function"，关键字后是函数的名称，名称后用小括号包括其需要的输入参数，参数之间用逗号","隔开，也可以不包括任何输入参数；函数名称前可以有等号，等号的左边是输出参数，当有多个输出参数时，将所有输出参数放在中括号[ ]内并用逗号分隔。

【例 1 - 4】 编写 M 文件，求 $1+2+3+\cdots+50$。

解 用 M 脚本文件实现，程序如下：

```
n=50;
result=sumn(1:n);          %sum 函数将数组中的所有元素相加
```

打开 M 文件编辑器，输入上述两行代码，"%"号后为程序的注释，将该脚本文件存为 chl_exl. m。在命令窗口中输入 chl_exl，即执行上述求和运算；在窗口中输入 result，可查看结果：

```
>>chl_exl;
>>result
result=
    1275
```

如果要实现任意数值的连加，用上述 M 脚本文件，每次运行前需修改"n"的数值，很不方便。这时可以用 M 函数文件来实现：

```
function y=chl_ex2(n)
%   this function is an example, adding up from 1 to n
y=sum(1:n);
```

将上述代码编辑为一个 M 函数文件，并存为 chl_ex2. m。这时，在命令窗口中输入如下内容，即可得到和例 1 - 4 相同的结果：

```
>>result=chl_ex2(50)
result=
    1275
```

如果要实现其他数值的连加，调用 M 函数文件时改变输入参数的值即可。

课程思政扩展阅读

"信号与系统"课程发展概述

"信号与系统"课程是全球高等学校电子信息类专业一门重要的专业基础必修课程，也正在成为更多工科类专业的专业基础必修课程，同时也是电子信息类研究生入学考试的必考科目。该课程的发展历史可追溯到几个世纪以前，当时所形成的一整套理论及分析方法目前仍存在于各种物理现象和过程中，并在持续发展以解决涉及各种领域的信号与系统的问题，而且随着计算机信息技术的发展其应用领域日益广泛。但该课程的理论性很强，涉及的数学公式和理论推导繁杂，在教与学过程中难度也都较大，所以有必要首先对课程的发展历程和理论方法进行了解，以帮助同学们树立正确的课程学习思维方式和方法，以期得到事半功倍的学习效果。

第二次世界大战客观上推动了科学技术的迅速发展。大战期间，由于战争的需要，各国都投入了大量的人力、物力和财力大力开展科学技术研究，如雷达技术、声呐技术、导弹技术、核武器技术等新技术的应用大大增强了战斗威力从而改变了战争模式，同时在客观上也推进了人类社会科学技术的进步。二战结束后，著名工科学校——美国麻省理工学院（MIT）对二战以来在通信、雷达和控制等信息通信领域广泛应用的基础理论进行了系统的研究和总结，形成了一套新的电子信息类专业的课程培养体系，并率先在大学电子信息类专业的二、三年级本科生中开设了"信号与系统"这门课程。当初该课程的主要内容包括冲激函数、卷积、傅里叶变换、拉普拉斯变换、反馈系统分析等，它以全新的面貌改变了传统的电机和电子学课程体系，形成了"信号与系统"课程的雏形。以1960年MIT第一部"信号与系统"课程的教材问世为标志，该课程就一直作为世界各高校电子信息通信类专业学生的核心专业基础课程。随着现代电子信息科学技术的不断进步及其在教学中的不断探索，"信号与系统"课程的教学内容也逐渐增加了离散信号与系统时域分析、z变换和状态空间分析等内容，逐步形成了较为稳定的课程主要内容和结构层次，即"信号与系统"着重研究三个变换（傅里叶变换、拉普拉斯变换和z变换）和状态空间分析。表1-2是国内具有影印版权的"信号与系统"课程近年来出版的外文教材，其中对我国"信号与系统"课程教学和教材建设具有重要影响的是MIT Oppenheim教授编写的教材。

表1-2　近年来出版的"信号与系统"外文教材

序号	作　者	书　名	出版社、出版时间
1	Simon Haykin, Barry Van Veen	Signals and systems	Publishing House of Electronics Industry，2012
2	Alan V. Oppenheim, Alan S. Willsky, Hamad Nawab	Signals and systems	Publishing House of Electronics Industry，2015
3	Mrinal Mandal, Amir Asif	Continuous and discrete time signals and systems	Posts and Telecommunications Press，2010
4	Edward W. Kamen, Bonnie S. Heck	Fundamentals of signals and systems: using the Web and MATLAB	Publishing House of Electronics Industry，2007
5	Edward A. Lee, Pravin Varaiya	Structure and interpretation of signals and systems	China Machine Press，2004
6	Charles L. Phillips, John M. Parr, Eve A. Riskin	Signals, systems, and trans forms	China Machine Press，2009

我国在 1977 年恢复高考后，对高等院校本科生课程培养计划也进行了重新制定，改变了原来模仿苏联的旧的课程培养体系设置，这时就有很多高校的无线电专业开设了"信号与系统"这门课程，随后有不少高校在电机、自动控制、计算机等专业也开设了这门课程。各高校根据所设置专业要求的不同对该课程的讲授内容进行了增减，但基本上该课程的内容都是按照 MIT 模式进行建设的。到 1995 年，教育部相关教指委统一制定了"信号与系统"课程教学要求，明确了本课程的研究范围和基本教学要求为：研究确定性信号经线性非时变系统传输与处理的基本概念和基本分析方法，介绍从时域到变换域、从连续到离散、从输入输出描述到状态空间描述等信号与系统的分析方法，并注重工程应用实例分析。

"信号与系统"课程发展至今，其基本框架和主体内容一直没有发生太大的变化。但随着信息科学技术的发展，"信号与系统"课程在保持主体内容不变的前提下也在不断进行着教学改革研究。表 1-3 是国内学者对近年来出版的"信号与系统"外文教材的一些翻译教材，从这些翻译教材中可以看到，国外"信号与系统"课程的内容在保持了"三个变换"经典理论不变的情况下，除增加了 DFT、FFT、反馈系统、MATLAB 软件等内容之外，在信号与系统理论及分析方法的应用方面也在不断扩展和更新。

表 1-3　近年来外文教材的翻译版教材

序号	原作者	书名	翻译者	出版社、出版时间
1	Alan V. Oppenheim, Alan S. Willsky, Hamad Nawab	信号与系统	刘树棠	电子工业出版社，2020
2	Rodger E. Ziemer, William H. Tranter, D. Ronald Fannin	信号与系统：连续与离散	肖志涛	电子工业出版社，2005
3	Luis F. Chaparro	信号与系统：使用 Matlab 分析与实现	宋琪	清华大学出版社，2017
4	Charles L. Phillips, John M. Parr, Eve A. Riskin	信号、系统和变换	陈从颜	机械工业出版社，2006

表 1-4 是我国近年来出版的在国内较有影响力的一些"信号与系统"经典教材，这些教材为国内大部分高校所选用并得到了认可，体现了国内"信号与系统"课程教学改革发展的成果，即：在相对稳定中追求变革，注重传统经典理论与新技术相互融合，不断更新工程应用案例，紧跟信息科学技术进步的步伐，激发学生学习经典理论的志趣，更加深入理解经典理论的精髓。这些教材理论内容丰富翔实，应用案例广泛，教师在教学中可以根据各自学校后续专业培养所开设的"数字信号处理""自动控制原理""MATLAB 软件应用"等相关课程的衔接需要对讲授内容进行取舍。

表 1-4 近年来我国出版的较有影响力的"信号与系统"课程教材

序号	作　者	书　名	出版社、出版时间
1	郑君里，应启珩，杨为理	信号与系统（上、下册）（第三版）	高等教育出版社，2011
2	吴大正（原著），李小平（修订）	信号与线性系统分析	高等教育出版社，2019
3	陈后金	信号与系统	高等教育出版社，2020
4	徐守时，谭勇，郭武	信号与系统：理论、方法和应用	中国科学技术大学出版社，2018
5	令前华，范世贵	信号与系统	西北工业大学出版社，2021

★本扩展阅读内容主要来源于以下网站和文献：

[1] 百度百科.

[2] 郑君里，谷源涛. 信号与系统课程历史变革与进展[J]. 电气电子教学学报，2012，34(2)：1-6.

[3] 孙明.《信号与系统》课程案例教学方法研究[J]. 武汉大学学报（理学版），2012，8(S2)：173-176.

习　题

• 基础练习题

1.1　什么是系统的数学模型？

1.2　什么是时域分析？什么是变换域分析？

1.3　关于信号的确定性与随机性有以下几种说法，试判断正误。

(1) 有确定函数表达式的信号为确定信号；而随机信号没有确定函数表达式。　（　　）

(2) 已经知道的信号为确定信号；未知信号为随机信号。　　　　　　　　　　（　　）

(3) 能够确定未来任意时刻 t 的信号取值的信号为确定信号；而对于未来任意时刻 t，其取值不能确定的信号为随机信号。　　　　　　　　　　　　　　　　　　　　（　　）

(4) 确定信号可由确定的函数表达式来表示；随机信号由概率分布函数来描述。（　　）

1.4　填空题。

(1) 时间连续，信号取值也连续的信号为_____信号。

(2) 时间连续，信号取值离散的信号为_____信号。

(3) 时间离散，信号取值连续的信号为_____信号。

(4) 时间离散，信号取值也离散的信号为_____信号。

1.5　试判断下列信号的确定性（随机性）、连续性（离散性）、周期性（非周期性）。

(1) $f(n) = \cos n\pi$

(2) $f(n) = \cos n$

(3) $f(t) = \cos 2t$

(4) $f(n) = \cos \dfrac{n}{12}\pi$

(5) $f(t) = t^2 + 1$

(6) 掷硬币实验中，设硬币"出现正面"则发出信号"0"，"出现反面"则发出信号"1"。

(7) 设天气预报分为"晴""阴""雨""雪"四种情况，分别用四种电信号来表示，并已知其出现的概率分别为 0.6、0.3、0.2、0.1。问：对接收者来说此信号为以上哪种信号？

1.6   关于系统有如下几种说法，试判断正误并举例说明。

(1) 由常系数微分方程描述的系统为时不变系统，由变系数微分方程描述的系统为时变系统。

(2) 线性系统一定是时不变系统，反之亦然。

(3) 激励与响应成正比的系统为线性系统。

(4) 只有同时满足零输入线性和零状态线性的系统才是线性系统。

(5) 线性时不变系统的输入增大一倍，则响应也增大一倍。

1.7   系统的数学模型如下，试判断其线性、时变性。其中 $X(0^-)$ 为系统的初始状态。

(1) $y(t) = X(0^-) + 2t^2 f(t)$ (2) $y(t) = e^{2f(t)}$

(3) $y(t) = f'(t)$ (4) $y(t) = f(t-2) + f(1-t)$

(5) $y(t) = f(t) \cos 2t$ (6) $y(t) = [f(t) + f(t-2)]U(t)$

(7) $y(t) = \cos[f(t)]U(t)$ (8) $y(t) = f(2t)$

(9) $y(t) = [f(t)]^2$ (10) $y(t) = \int_{-\infty}^{5t} f(\tau)\, \mathrm{d}\tau$

※扩展练习题

1.8   (1) 考虑一个 LTI 系统，它对于习题图 1-1(a)所示信号 $x_1(t)$ 的响应 $y_1(t)$ 示于习题图 1-1(b)中，确定并画出该系统对示于习题图 1-1(c)的信号 $x_2(t)$ 的响应。

(2) 确定并画出习题图 1-1(a)中的系统对示于题图 1-1(d)的信号 $x_3(t)$ 的响应。

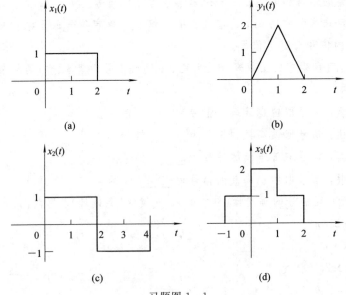

习题图 1-1

第2章 连续时间信号与系统的 时域分析

【内容提要】 本章首先介绍连续信号的时域特性，包括常用信号的定义、性质、基本运算和变换，然后介绍连续系统时域分析方法，包括零输入响应和零状态响应的求解方法。

2.1 常用信号及信号的基本运算

2.1.1 常用信号

1. 实指数信号

实指数信号的表示式为

$$f(t) = K e^{at} \qquad (2-1)$$

式中，a、K 为实数。

2. 正弦信号

正弦信号和余弦信号二者仅在相位上相差 $\dfrac{\pi}{2}$，通常统称为正弦信号，一般写作

$$f(t) = K \sin(\omega t + \theta) \qquad (2-2)$$

式中，K 为振幅，ω 为角频率，θ 为初相位。

正弦信号和余弦信号常借助复指数信号来表示。由欧拉公式可知

$$e^{j\omega t} = \cos\omega t + j \sin\omega t$$
$$e^{-j\omega t} = \cos\omega t - j \sin\omega t$$

则有

$$\sin\omega t = \frac{1}{2j}(e^{j\omega t} - e^{-j\omega t}) \qquad (2-3)$$

$$\cos\omega t = \frac{1}{2}(e^{j\omega t} + e^{-j\omega t}) \qquad (2-4)$$

式(2-3)和式(2-4)是以后经常要用到的两对关系式。

3. 复指数信号

如果指数信号的指数因子为一复数，则称之为复指数信号，其表示式为

$$f(t) = K e^{st} \qquad (2-5)$$

其中

$$s = \sigma + j\omega$$

式中，σ 为复数 s 的实部，ω 为其虚部。借助欧拉公式将式（2 − 5）展开，可得

$$Ke^{st} = Ke^{(\sigma + j\omega)t} = Ke^{\sigma t}\cos\omega t + jKe^{\sigma t}\sin\omega t \qquad (2-6)$$

4. Sa(t)信号（抽样信号）

Sa(t)函数即 Sa(t)信号，是指 $\sin t$ 与 t 之比构成的函数，它的定义为

$$\mathrm{Sa}(t) = \frac{\sin t}{t} \qquad (2-7)$$

Sa(t)函数的波形如图 2 − 1 所示。从图中可以看出，它是一个偶函数，在 t 的正、负方向的振幅都逐渐衰减，当 $t = \pm\pi,\ \pm 2\pi,\ \cdots,\ \pm n\pi$ 时，函数值等于零。

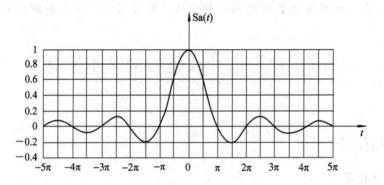

图 2 − 1　Sa(t)函数的波形

Sa(t)函数还具有以下性质：

$$\int_0^{+\infty} \mathrm{Sa}(t)\ \mathrm{d}t = \frac{\pi}{2} \qquad (2-8)$$

$$\int_{-\infty}^{+\infty} \mathrm{Sa}(t)\ \mathrm{d}t = \pi \qquad (2-9)$$

2.1.2　信号的基本运算

1. 相加和相乘

信号相加是指若干信号之和，表示为

$$f(t) = f_1(t) + f_2(t) + \cdots + f_n(t) \qquad (2-10)$$

其相加规则是：同一瞬时各信号的函数值相加构成和信号在这一时刻的瞬时值。

信号相乘是指若干信号之积，表示为

$$f(t) = f_1(t) \cdot f_2(t) \cdots \cdot f_n(t) \qquad (2-11)$$

其相乘规则是：同一瞬时各信号的函数值相乘构成积信号在这一时刻的瞬时值。

【例 2 − 1】　已知两信号

$$f_1(t) = \begin{cases} 0, & t < 0 \\ \sin t, & t \geqslant 0 \end{cases} \quad 和 \quad f_2(t) = -\sin t$$

求 $f_1(t) + f_2(t)$ 和 $f_1(t) \cdot f_2(t)$ 的表达式。

解

$$f_1(t) + f_2(t) = \begin{cases} -\sin t, & t < 0 \\ 0, & t \geqslant 0 \end{cases}$$

$$f_1(t) \cdot f_2(t) = \begin{cases} 0, & t < 0 \\ -\sin^2 t, & t \geqslant 0 \end{cases}$$

当然，也可以通过波形来进行信号的相加和相乘。

2. 微分和积分

信号 $f(t)$ 的微分是指信号对时间的导数，表示为

$$y(t) = \frac{\mathrm{d}f(t)}{\mathrm{d}t} = f'(t) \tag{2-12}$$

信号 $f(t)$ 的积分是指信号在区间 $(-\infty, t)$ 上的积分，表示为

$$f^{-1}(t) = \int_{-\infty}^{t} f(\tau)\, \mathrm{d}\tau \tag{2-13}$$

3. 平移

信号的平移是指将信号 $f(t)$ 变化为信号 $f(t \pm t_0)$ $(t_0 > 0)$ 的运算。若为 $f(t+t_0)$，表示信号 $f(t)$ 沿 t 轴负方向平移 t_0 时间；若为 $f(t-t_0)$，表示信号 $f(t)$ 沿 t 轴正方向平移 t_0 时间。

【例 2-2】 已知 $f(t) = \begin{cases} \dfrac{1}{2}(t+2), & -2 < t < 0 \\ -(t-1), & 0 < t < 1 \end{cases}$，其波形如图 2-2(a) 所示，求 $f(t+1)$、$f(t-1)$。

解 用 $(t+1)$ 代替 t，有

$$f(t+1) = \begin{cases} \dfrac{1}{2}(t+1+2), & -2 < t+1 < 0 \\ -(t+1-1), & 0 < t+1 < 1 \end{cases}$$

即

$$f(t+1) = \begin{cases} \dfrac{1}{2}(t+3), & -3 < t < -1 \\ -t, & -1 < t < 0 \end{cases}$$

相应的波形如图 2-2(b) 所示（超前）。

同理，$f(t-1)$ 的波形如图 2-2(c) 所示（滞后）。

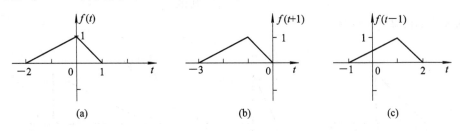

图 2-2 例 2-2 的波形图

4. 反折

信号的反折是指信号 $f(t)$ 变化为 $f(-t)$ 的运算。从几何意义上看，即是将 $f(t)$ 以纵轴

为对称轴作 180°翻转。

【例 2-3】 已知 $f(t)=\begin{cases}\dfrac{1}{3}(t+2), & -2<t<1\\ 0, & 其他\end{cases}$，相应的波形如图 2-3(a)所示，求 $f(-t)$。

解 $f(-t)=\begin{cases}-\dfrac{1}{3}(t-2), & -1<t<2\\ 0, & 其他\end{cases}$

相应的波形如图 2-3(b)所示。

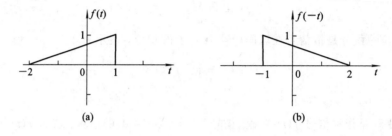

图 2-3 例 2-3 的波形图

5. 尺度变换

信号的尺度变换是指将信号 $f(t)$ 变化为 $f(at)(a>0)$ 的运算。若 $0<a<1$，则将 $f(t)$ 以原点为基准，沿横坐标轴展宽至 $\dfrac{1}{a}$ 倍；若 $a>1$，则将 $f(t)$ 沿横坐标轴压缩至原来的 $\dfrac{1}{a}$。

【例 2-4】 已知 $f(t)=\begin{cases}t, & 0<t<2\\ 0, & 其他\end{cases}$，相应的波形如图 2-4(a)所示，求 $f(2t)$ 和 $f\left(\dfrac{1}{2}t\right)$。

解 $f(2t)=\begin{cases}2t, & 0<t<1\\ 0, & 其他\end{cases}$

相应的波形如图 2-4(b)所示。

$$f\left(\dfrac{1}{2}t\right)=\begin{cases}\dfrac{1}{2}t, & 0<t<4\\ 0, & 其他\end{cases}$$

相应的波形如图 2-4(c)所示。

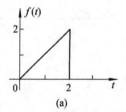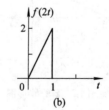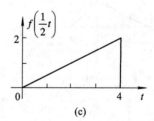

图 2-4 例 2-4 的波形图

可见，时移、反折、展缩都是用一个新的时间变量去代换原来的时间变量。

【例 2 - 5】 已知 $f(t) = \begin{cases} t+2, & -2<t<0 \\ -2t+2, & 0<t<1 \\ 0, & \text{其他} \end{cases}$ ，相应的波形如图 2 - 5(a)所示，求

$f(2t-1)$、$f\left(\dfrac{1}{2}t-1\right)$。

解 $\qquad f(t-1) = \begin{cases} t+1, & -1<t<1 \\ -2(t-2), & 1<t<2 \\ 0, & \text{其他} \end{cases}$

相应的波形如图 2 - 5(b)所示。

将 $f(t-1)$ 压缩，用 $2t$ 代替 t，有

$$f(2t-1) = \begin{cases} 2t+1, & -\dfrac{1}{2}<t<\dfrac{1}{2} \\ -4(t-1), & \dfrac{1}{2}<t<1 \\ 0, & \text{其他} \end{cases}$$

相应的波形如图 2 - 5(c)所示。

将 $f(t-1)$ 扩展，用 $\dfrac{1}{2}t$ 代替 t，有

$$f\left(\dfrac{1}{2}t-1\right) = \begin{cases} \dfrac{1}{2}t+1, & -2<t<2 \\ -t+4, & 2<t<4 \\ 0, & \text{其他} \end{cases}$$

相应的波形如图 2 - 5(d)所示。

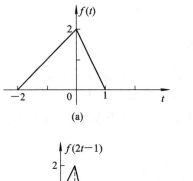
(a)

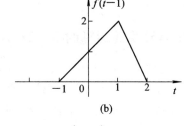
(b)

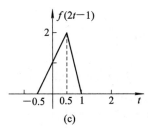
(c)

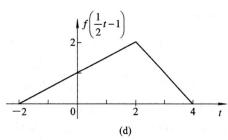
(d)

图 2 - 5 例 2 - 5 的波形图

【例 2 - 6】 已知信号 $f(2-2t)$ 的波形如图 2 - 6 所示，求 $f(t)$。

解 $f(2-2t)$ 是信号 $f(t)$ 经时移、反折和展缩后所得的信号，可以用六种方法获得 $f(t)$，其过程和波形如图 2-6 所示。

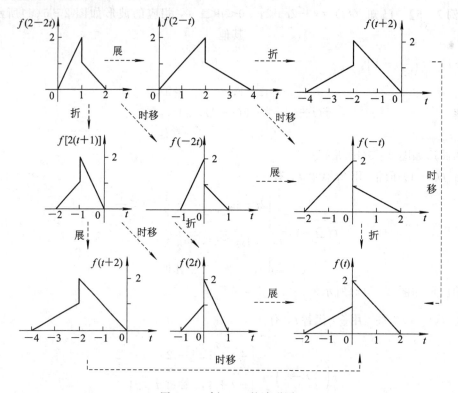

图 2-6 例 2-6 的波形图

我们知道，信号有数学表达式和波形两种描述形式。上面所介绍的平移、反折、尺度变换三种运算，既可以用新时间变量替换原变量 t，直接写出数学表达式，又可以利用波形进行变换。从上面例题可以看出，利用信号的波形进行运算，更加直观一些。

2.1.3 常用信号及其运算的 MATLAB 实现

MATLAB 提供了一系列用于表示基本信号的函数，包括 square(周期方波)、sawtooth (周期锯齿波)、rectpuls(非周期矩形脉冲)、tripuls(非周期三角脉冲)、exp(指数信号)、sinc(抽样函数)和 sin/cos(正、余弦信号)等。下面给出一些例子来说明它们的用法。

1. 周期方波

周期方波信号在 MATLAB 中用 square 表示，其调用形式为

    y＝square(t, duty)

用以产生一个幅度为±1、周期为 2π 的方波。参数 duty 用于指定非负值的波形在一个周期中所占的百分比，如果调用时不含参数 duty，则 duty 默认为50。

下面的代码用以产生一个周期为1、幅度为±0.5的方波，其波形如图 2-7 所示。

```
>>t＝-3:0.01:3;
>>y＝0.5 * square(2 * pi * t);
>>plot(t, y);
>>axis([-3.5  3.5  -0.8  0.8]);
```

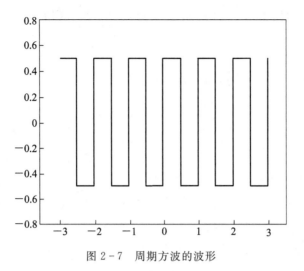

图 2-7　周期方波的波形

2. 抽样函数 Sa(*t*)

抽样函数 Sa(*t*)在 MATLAB 中用 sinc 函数表示,定义为

$$\text{sinc}(t) = \begin{cases} 1, & t = 0 \\ \dfrac{\sin\pi t}{\pi t}, & t \neq 0 \end{cases}$$

其调用形式为

　　　　y＝sinc(t)

下面的代码用以产生抽样函数 Sa(*t*),其波形如图 2-8 所示。

```
>>t=linspace(-4 * pi, 4 * pi, 500);
>>y=sinc * (t/pi);
>>plot(t, y);
```

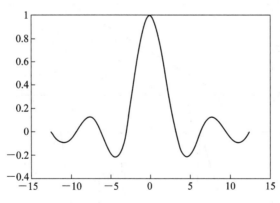

图 2-8　sin*c*(*t*)的波形

　　其他信号的产生可以参看以上的各个函数,各个函数的具体用法可以通过"help 函数名"获得,产生这些信号的代码与上述两例相似。

3. 信号基本运算的 MATLAB 实现

　　利用 MATLAB 可以方便地实现对信号的尺度变换、翻转和平移运算,并可方便地用图形表示。

【**例 2 - 7**】 对如图 2 - 9(a)所示的三角波 $f(t)$，试用 MATLAB 画出 $f(2t)$ 和 $f\left(1-\dfrac{1}{2}t\right)$ 的波形。

解 实现 $f(2t)$ 与 $f\left(1-\dfrac{1}{2}t\right)$ 的代码如下：

```
%program ch2_7
t=-3:0.01:3;
y=tripuls(t, 4, 0.6);

subplot(2, 1, 1);            %f(t)的波形
plot(t, y);
title('f(t)');
xlabel('(a)');
y1=tripuls(2*t, 4, 0.6);

subplot(2, 2, 3);            %压缩至原来的1/2的波形
plot(t, y1);
title('f(2t)');
xlable('(b)');
t1=2-2*t;
y2=tripuls((1-0.5*t1), 4, 0.6);

subplot(2, 2, 4);            %f(1-0.5t)的波形
plot(t1, y2);
title('f(1-0.5t)');
xlabel('(c)');
```

运行结果如图 2 - 9(b)、(c)所示。

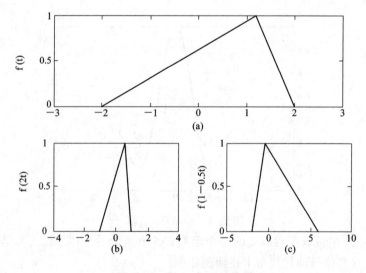

图 2 - 9 例 2 - 7 运行结果

【**例 2 - 8**】 用 MATLAB 实现例 2 - 1 的运算。

解 实现代码如下：

```
%program ch2_8
clear
t=-100:0.01:100;
u=(t>=0);
f1=sin(t)*u;
f2=-sin(t);

f3=f1+f2;
f4=f1*f2;

figure;
subplot(2, 2, 1);              %f1(t)的波形
plot(t, f1);
ylabel('f1(t)');

subplot(2, 2, 2);              %f2(t)的波形
plot(t, f2);
ylabel('f2(t)');

subplot(2, 2, 3);              %[f1(t)+f2(t)]的波形
plot(t, f3);
ylabel('f1(t)+f2(t)');

subplot(2, 2, 4);              %[f1(t)*f2(t)]的波形
plot(t, f4);
ylabel('f1(t)*f2(t)');
```

运行结果如图 2-10 所示。

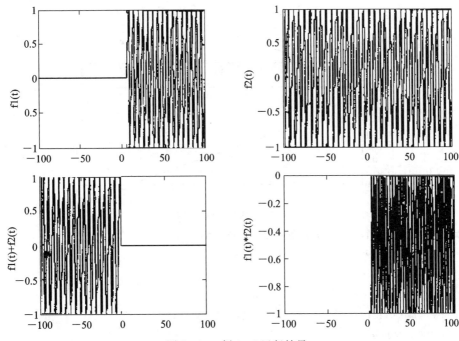

图 2-10　例 2-8 运行结果

【例 2 - 9】 用 MATLAB 实现例 2 - 3 的波形变换。

解 实现代码如下：

```
%program ch2_9
clear;
t=-3:0.01:3;
f=1/3*(t+2).*rectpuls(t+0.5, 3);

t1=-fliplr(t);
f1=fliplr(f);

figure;
subplot(2, 1, 1);              %f(t)的波形
plot(t, f);
ylabel('f(t)');
axis([-3, 3, 0,2]);

subplot(2, 1, 2);              %反折的波形
plot(t1, f1);
ylabel('f(-t)');
axis([-3, 3, 0,2]);
```

运行结果如图 2 - 11 所示。

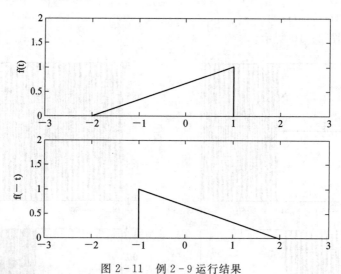

图 2 - 11　例 2 - 9 运行结果

【例 2 - 10】 用 MATLAB 实现例 2 - 4 的波形变换。

解 实现代码如下：

```
%program ch2_10
clear;
t=-1:0.01:3;
f=t.*rectpuls(t-1, 2);
```

```
t1＝t/2；
t2＝2 * t；

figure；
subplot(3，1，1)；                 %f(t)的波形
plot(t，f)；
ylabel('f(t)')；
axis([－1，5，0，3])；

subplot(3，1，2)；                 %压缩至原来的 1/2 的波形
plot(t1，f)；
ylabel('f(2t)')；
axis([－1，5，0，3])；

subplot(3，1，3)；                 %展宽至原来的 2 倍的波形
plot(t2，f)；
ylabel('f(t/2)')；
axis([－1，5，0，3])；
```

运行结果如图 2－12 所示。

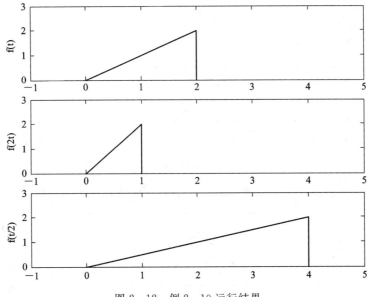

图 2－12　例 2－10 运行结果

【**例 2－11**】　用 MATLAB 实现例 2－5 的波形变换。

解　实现代码如下：

```
%program ch2_11
clear；
t＝－3:0.01:3；
f1＝(t＋2). * rectpuls(t＋1，2)；
f2＝(－2 * t＋2). * rectpuls(t－0.5，1)；
f＝f1＋f2；

t1＝t＋1；
```

```
t2=t1/2;
t3=2*t1;

subplot(4, 1, 1);          %f(t)的波形
plot(t, f);
ylabel('f(t)');
axis([-3, 5, 0, 3]);

subplot(4, 1, 2);          %时移1位, 即f(t-1)的波形
plot(t1, f);
ylabel('f(t-1)');
axis([-3, 5, 0, 3]);

subplot(4, 1, 3);          %压缩至原来的1/2, 即f(2t-1)
plot(t2, f);
ylabel('f(2t-1)');
axis([-3, 5, 0, 3]);

subplot(4, 1, 4);          %展宽至原来的2倍, 即f(t/2-1)
plot(t3, f);
ylabel('f(t/2-1)');
axis([-3, 5, 0, 3]);
```

运行结果如图 2-13 所示。

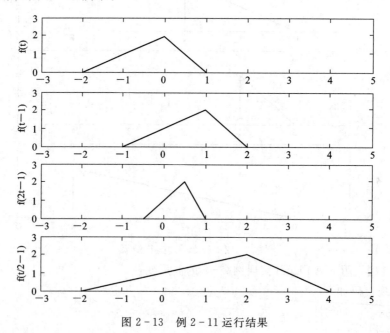

图 2-13 例 2-11 运行结果

【例 2-12】 用 MATLAB 实现例 2-6 的波形变换。

解 实现代码如下:

```
%program ch2_12
clear;
t=-3:0.01:3;
```

```
f1＝2 * t. * rectpuls(t−0.5，1)；
f2＝(−t+2). * rectpuls(t−1.5，1)；
f＝f1+f2；

t1＝2 * t；
t2＝−t1；
t3＝t2+2；

subplot(4，1，1)；                %f(2−2t)的波形
plot(t，f)；
ylabel('f(2−2t)')；
axis([−4，5，0，3])；

subplot(4，1，2)；                %展宽为原来的 2 倍，即 f(2−t)
plot(t1，f)；
ylabel('f(2−t)')；
axis([−4，5，0，3])；

subplot(4，1，3)；                %反折，即 f(t+2)
plot(t2，f)；
ylabel('f(t+2)')；
axis([−4，5，0，3])；

subplot(4，1，4)；                %时移 2 位，即 f(t)
plot(t3，f)；
ylabel('f(t)')；
axis([−4，5，0，3])；
```

运行结果如图 2−14 所示。

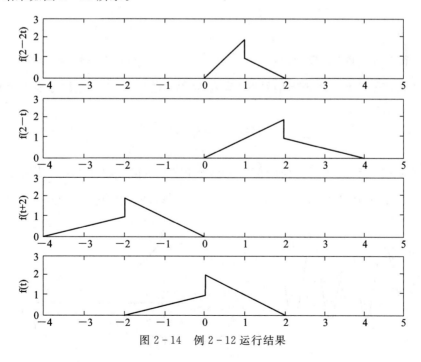

图 2−14　例 2−12 运行结果

信号与系统分析（第三版）

2.2 单位阶跃信号和单位冲激信号

单位阶跃信号和单位冲激信号是信号与系统理论中两个重要的基本信号。由于二者的特性与前面介绍的普通信号不同，所以称为奇异信号。研究奇异信号要用广义函数理论，这里将直观地引出单位阶跃信号和单位冲激信号，不去研究广义函数的内容。

2.2.1 单位阶跃信号

单位阶跃信号（简称阶跃信号）用符号 $U(t)$ 表示，其定义为

$$U(t) = \begin{cases} 0, & t < 0 \\ 1, & t > 0 \end{cases} \tag{2-14}$$

其波形如图 2-15 所示。

在分析电路时，单位阶跃信号实际上就表示从 $t=0^+$ 开始作用的大小为一个单位的电压或电流。

利用阶跃信号 $U(t)$，可以很容易地表示脉冲信号的存在时间，如图 2-16 中所示的矩形脉冲信号 $g_\tau(t)$，可以用阶跃信号表示为

$$g_\tau(t) = U\left(t + \frac{\tau}{2}\right) - U\left(t - \frac{\tau}{2}\right) \tag{2-15}$$

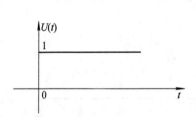

图 2-15 阶跃信号的波形 　　　　图 2-16 矩形脉冲信号的波形

由于阶跃信号鲜明地表现出信号的"单边"特性，通常将 $t>0$ 之后才有非零函数值的信号称为因果信号，如

$$f_1(t) = \sin t \cdot U(t)$$
$$f_2(t) = e^{-t}[U(t) - U(t - t_0)]$$

其波形如图 2-17 所示。可见，阶跃信号也经常用来表示信号的时间取值范围。

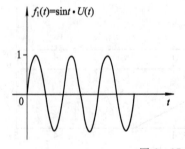 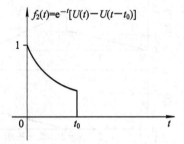

图 2-17 因果信号的波形

【例 2 - 13】 用阶跃信号表示信号 $f(t)$。
已知 $f(t)$ 为

$$f(t) = \begin{cases} -0.5t, & t < -2 \\ 2, & -2 < t < 1 \\ 1, & 1 < t < 2 \\ 3-t, & 2 < t < 3 \\ 0, & t > 3 \end{cases}$$

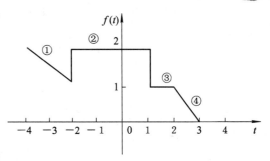

图 2 - 18 例 2 - 13 $f(t)$ 的波形

解 为直观起见，画出 $f(t)$ 的波形如图
2 - 18 所示。

为了用阶跃信号表示信号 $f(t)$，先将每
一段用阶跃信号表达，之后将各段相加就可得到信号 $f(t)$。

第①段为 $-0.5tU(-t-2)$

第②段为 $2[U(t+2)-U(t-1)]$

第③段为 $U(t-1)-U(t-2)$

第④段为 $(3-t)[U(t-2)-U(t-3)]$

所以

$$f(t) = -0.5tU(-t-2) + 2[U(t+2)-U(t-1)] + U(t-1) - U(t-2)$$
$$+ (3-t)[U(t-2)-U(t-3)]$$

整理得

$$f(t) = -0.5tU(-t-2) + 2U(t+2) - U(t-1) + (2-t)U(t-2) - (3-t)U(t-3)$$

读者不妨用信号的加法和乘法运算检验上式信号 $f(t)$ 的阶跃信号表达式是否与其波形一致。

2.2.2 单位冲激信号

单位冲激信号（简称冲激信号）$\delta(t)$ 定义为

$$\delta(t) = \begin{cases} 0, & t \neq 0 \\ \infty, & t = 0 \end{cases} \quad \text{且} \quad \int_{-\infty}^{+\infty} \delta(t)\, \mathrm{d}t = 1 \qquad (2-16)$$

其波形如图 2 - 19 所示，它是狄拉克（Dirac）最初提出并
定义的，所以又称狄拉克 δ 函数（Dirac Delta Function）。
式(2 - 16)表示集中在 $t=0$、面积为 1 的冲激，这是工程
上的定义，由于它不是普通函数，因此从严格的数学意
义来说，它是一个颇为复杂的概念。然而为了应用，并不
强调其数学上的严谨性，而只强调运算方便。实际上，在
取极限时，在整个横坐标轴上曲线面积恒为定值的函数，
都可用来做冲激信号的定义。

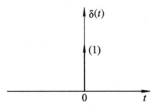

图 2 - 19 单位冲激信号的波形

2.2.3 冲激信号的性质

1. 冲激信号与阶跃信号的关系

由于

$$\begin{cases} \delta(t) = 0, & t \neq 0 \\ \displaystyle\int_{-\infty}^{+\infty} \delta(t) \, \mathrm{d}t = 1 \end{cases}$$

故

$$\int_{-\infty}^{t} \delta(\tau) \, \mathrm{d}\tau = \begin{cases} 0, & t < 0 \\ 1, & t > 0 \end{cases} \tag{2-17}$$

即

$$\int_{-\infty}^{t} \delta(\tau) \, \mathrm{d}\tau = U(t) \tag{2-18}$$

$$\frac{\mathrm{d}U(t)}{\mathrm{d}t} = \delta(t) \tag{2-19}$$

同样，由于

$$\int_{-\infty}^{t} \delta(\tau - t_0) \, \mathrm{d}\tau = \begin{cases} 0, & t < t_0 \\ 1, & t > t_0 \end{cases}$$

所以

$$\int_{-\infty}^{t} \delta(\tau - t_0) \, \mathrm{d}\tau = U(t - t_0) \tag{2-20}$$

$$\frac{\mathrm{d}U(t - t_0)}{\mathrm{d}t} = \delta(t - t_0) \tag{2-21}$$

式中，$\delta(t - t_0)$ 是集中在 t_0 的面积为 1 的冲激。

2. 与普通信号相乘

如果信号 $f(t)$ 是一个连续的普通函数，则有

$$f(t) \cdot \delta(t - t_0) = f(t_0)\delta(t - t_0) \tag{2-22}$$

上式表明，连续信号 $f(t)$ 与冲激信号相乘，只有 $t = t_0$ 时的样本值 $f(t_0)$ 才对冲激信号有影响，也即筛选出信号在 $t = t_0$ 处的函数值。所以，这个性质也叫筛选特性，如图 2-20 所示。

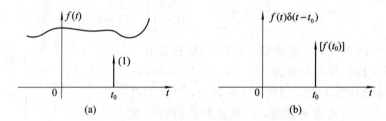

图 2-20 冲激信号的筛选特性

同样条件下，还有取样特性，即

$$\int_{-\infty}^{+\infty} f(t)\delta(t - t_0) \, \mathrm{d}t = f(t_0) \tag{2-23}$$

3. 尺度变换特性

$$\delta(at) = \frac{1}{|a|}\delta(t), \quad a \neq 0 \tag{2-24}$$

由尺度变换特性可得出以下推论：

$$\delta(-t) = \delta(t), \quad a = -1 \tag{2-25}$$

上式说明，$\delta(t)$是一个偶函数。

$$\delta(at+b) = \frac{1}{|a|}\delta\left(t+\frac{b}{a}\right) \qquad (2-26)$$

【例 2-14】 求下列积分。

(1) $\displaystyle\int_{-\infty}^{+\infty} 2\delta(t)\,\frac{\sin 2t}{t}\,\mathrm{d}t$

解

$$原式 = \int_{-\infty}^{+\infty} 4\delta(t)\,\frac{\sin 2t}{2t}\,\mathrm{d}t = 4\int_{-\infty}^{+\infty} 1\cdot\delta(t)\,\mathrm{d}t = 4$$

(2) $\displaystyle\int_{-\infty}^{+\infty}(t^2+2t+3)\delta(1-2t)\,\mathrm{d}t$

解 由于

$$\delta(1-2t) = \delta\left[-2\left(t-\frac{1}{2}\right)\right] = \delta\left[2\left(t-\frac{1}{2}\right)\right] = \frac{1}{2}\delta\left(t-\frac{1}{2}\right)$$

所以

$$原式 = \frac{1}{2}\int_{-\infty}^{+\infty}(t^2+2t+3)\delta\left(t-\frac{1}{2}\right)\mathrm{d}t = \frac{1}{2}(t^2+2t+3)\bigg|_{t=\frac{1}{2}} = \frac{17}{8}$$

另外，通常称 $\delta(t)$ 的一阶导数 $\delta'(t)$ 为二次冲激(或叫冲激偶)，对于 $\delta(t)$ 信号的各阶导数是不能用常规方法来求的，在此不进行深入讨论。

2.2.4 阶跃信号和冲激信号的 MATLAB 表示

1. 阶跃信号

阶跃信号的表达式为

$$U(t) = \begin{cases} 0, & t < 0 \\ 1, & t > 0 \end{cases}$$

在数值计算中可以根据阶跃信号的定义来描述信号，在符号运算中则使用 Heaviside 函数定义阶跃信号的符号表达式。

【例 2-15】 绘制阶跃信号 $U(t)$ 的波形。

解 如果只需要绘制阶跃信号的波形，可以用行向量写出信号对应点的数值，MATLAB 程序如下：

```
%program ch2_15
t1=-1:0.1:0;
x1=zeros(1, length(t1));
t2=0:0.1:3;
x2=ones(1, length(t2));
t=[t1, t2];
ut=[x1, x2];
plot(t, ut)
xlabel('t');
ylabel('u(t)');
```

```
axis([-1 3 -0.2 1.2]);
```
运行结果如图 2-21 所示。

根据阶跃信号的定义,用关系运算符">="描述信号的 MATLAB 程序如下:

```
t=-1:0.01:3;
y=(t>=0);
plot(t, y)
xlabcl('t');
ylabel('u(t)');
axis([-1 3 -0.2 1.2]);
```
运行结果如图 2-21 所示。

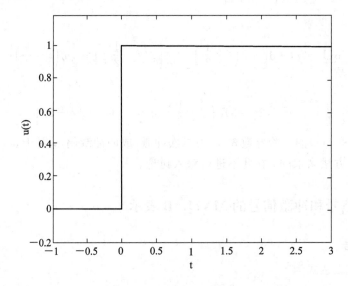

图 2-21 例 2-15 运行结果

在这个程序中,语句"y=(t>=0)"的返回值是由"0"和"1"组成的向量。当 $t \geqslant 0$ 时,返回值为"1";当 $t < 0$ 时,返回值为"0"。需要注意的是,这种方法得到的"y"是一个由逻辑量组成的向量,在数值计算时需要变换成数值型的向量。

可以把写出阶跃信号的过程做成一个函数,存在名为 ut.m 的 M 文件中,这样在以后使用时就可以直接调用了。函数为

```
function y=ut(t)
y=(t>=0);
```
如果用符号运算的方法,MATLAB 程序如下:

```
ut=sym('Heaviside(t)');
ezplot(ut, [-1, 3])
```
这个程序绘出的波形如图 2-21 所示。

2. 冲激信号

单位冲激信号的定义式为

$$\begin{cases} \delta(t) = 0, \quad t \neq 0 \\ \int_{-\infty}^{+\infty} \delta(t) \, \mathrm{d}t = 1 \end{cases}$$

在 MATLAB 中无法画出冲激信号的图形。在符号运算中用 Dirac 函数定义冲激信号。

【例 2 - 16】 用 MATLAB 求解例 2 - 13。

解 求解的代码如下：

```
%program ch2_16
clear;
t=-5:0.01:5;
u=(t<-2);
f1=(-1/2*t).*u;
f2=2.*rectpuls(t+0.5,3);
f3=rectpuls(t-1.5,1);
f4=(3-t).*rectpuls(t-2.5,1);
f=f1+f2+f3+f4;
figure;                %f(t)的波形
plot(t,f);
ylabel('f(t)');
axis([-4,5,0,3]);
```

运行结果如图 2 - 22 所示。

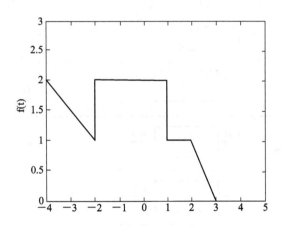

图 2 - 22   例 2 - 16 运行结果

2.3   连续系统及其描述

若系统的输入和输出都是连续信号，则称该系统为连续时间系统，简称为连续系统，如图 2 - 23 所示，图中 $f(t)$ 是输入，$y(t)$ 是输出。

$$f(t) \rightarrow \boxed{\text{连续时间系统}} \rightarrow y(t)$$

图 2 - 23　连续时间系统

描述连续系统的方法有数学模型和模拟框图两种。下面举例说明这两种方法。

【**例 2 - 17**】　如图 2 - 24 所示的 RC 电路，求电容 C 两端的电压 $y(t)$ 与输入电压源的关系。

解　根据 KVL 及元件的伏安关系写出方程为

$$R \cdot C \frac{\mathrm{d}y(t)}{\mathrm{d}t} + y(t) = f(t)$$

整理为

$$\frac{\mathrm{d}y(t)}{\mathrm{d}t} + \frac{1}{RC}y(t) = \frac{1}{RC}f(t)$$

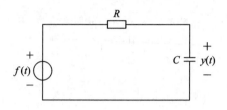

图 2 - 24　例 2 - 17 的电路图

这是一个一阶线性微分方程。

除了利用微分方程描述连续系统之外，还可借助模拟框图(Block Diagram)描述，即用一些基本运算单元，如标量乘法器(倍乘器)、加法器、乘法器、微分器、积分器、延时器等，构成描述系统的模拟框图。表 2 - 1 给出了这些常用基本运算单元的框图及其各自的输入输出关系。

表 2 - 1　常用的基本运算单元

运算单元	框　图	输入输出关系
标量乘法器	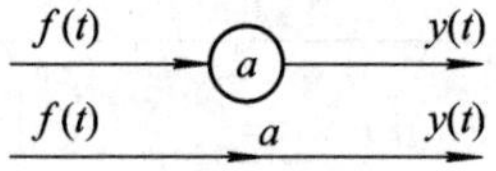 $f(t) \rightarrow (a) \rightarrow y(t)$ $f(t) \xrightarrow{a} y(t)$	$y(t) = af(t)$
微分器	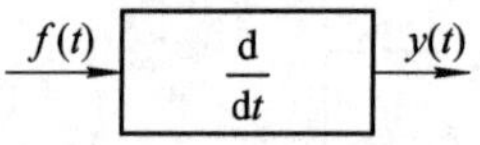 $f(t) \rightarrow \boxed{\dfrac{\mathrm{d}}{\mathrm{d}t}} \rightarrow y(t)$	$y(t) = \dfrac{\mathrm{d}}{\mathrm{d}t}f(t) = f'(t)$
积分器	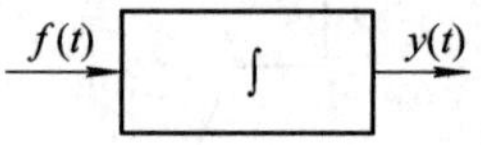 $f(t) \rightarrow \boxed{\int} \rightarrow y(t)$	$f(t) = \displaystyle\int_{-\infty}^{t} f(\tau)\,\mathrm{d}\tau$
延时器	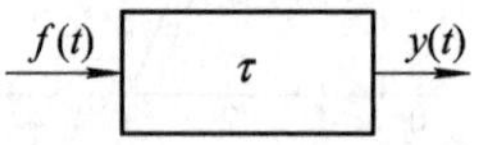 $f(t) \rightarrow \boxed{\tau} \rightarrow y(t)$	$y(t) = f(t-\tau)$
加法器	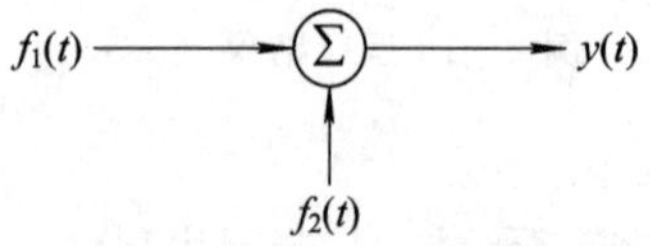 $f_1(t) \rightarrow (\Sigma) \rightarrow y(t)$ $f_2(t) \uparrow$	$y(t) = f_1(t) + f_2(t)$
乘法器	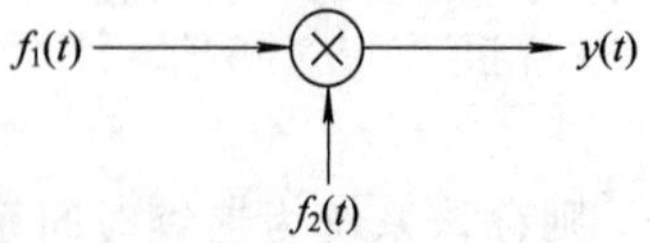 $f_1(t) \rightarrow (\times) \rightarrow y(t)$ $f_2(t) \uparrow$	$y(t) = f_1(t) \cdot f_2(t)$

【例 2 - 18】 某连续系统的模拟框图如图 2 - 25 所示，写出该系统的微分方程。

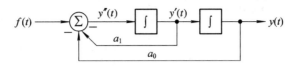

图 2 - 25　例 2 - 18 的模拟框图

解　系统的模拟框图中有两个积分器，所以描述该系统的是二阶微分方程。由积分器的输入输出关系可知，若输出设为 $y(t)$，则两个积分器的输入分别为 $y'(t)$ 和 $y''(t)$，如图 2 - 25 中所示。从加法器的输出可得

$$y''(t) = -a_1 y'(t) - a_0 y(t) + f(t)$$

整理得

$$y''(t) + a_1 y'(t) + a_0 y(t) = f(t)$$

2.4　连续系统的零输入响应

2.4.1　连续系统的零输入响应求解

从电路分析理论的学习中可以知道，线性系统的全响应包括两部分，即零输入响应和零状态响应。当已知一个系统的微分方程、激励和初始状态时，可以通过解微分方程的方法求出全响应来，从而得到零输入响应和零状态响应。这种解微分方程求响应的方法叫经典时域分析法。由于解微分方程的方法在高等数学和电路分析基础中已经熟悉，所以在此就不再介绍这种经典法。零输入响应是由系统的初始状态单独作用系统时所产生的响应，与激励信号无关。因此系统的响应往往仅指零状态响应。在本章的时域分析方法中，重点研究零状态响应的求解方法。而零输入响应的时域求解方法与微分方程的齐次解非常类似，较好理解和掌握，所以下面仅以例子说明系统的零输入响应的分析方法。

【例 2 - 19】 已知某系统的微分方程为 $y''(t) + 5y'(t) + 6y(t) = f(t)$，初始状态 $y(0^-)=1$，$y'(0^-)=2$。求系统的零输入响应 $y_x(t)$。

解　在零输入条件下，微分方程等号右端为零，变为齐次方程，即

$$y''(t) + 5y'(t) + 6y(t) = 0$$

其特征方程为

$$\lambda^2 + 5\lambda + 6 = 0$$

特征根为 $\lambda_1 = -2$，$\lambda_2 = -3$（两不等单根），故系统的零输入响应 $y_x(t)$ 为

$$y_x(t) = C_1 e^{-2t} + C_2 e^{-3t}, \quad t \geqslant 0$$

由于输入为零，所以初始值有

$$y_x(0^+) = y_x(0^-) = y(0^-) = 1$$

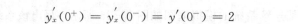

信号与系统分析(第三版)

$$y_x'(0^+) = y_x'(0^-) = y'(0^-) = 2$$

将 $y_x(0^+)=1$，$y_x'(0^+)=2$ 代入 $y_x(t)$ 中，有

$$y_x(0^+) = C_1 + C_2 = 1$$

$$y_x'(0^+) = -2C_1 - 3C_2 = 2$$

联立上面两式，得 $C_1=5$，$C_2=-4$。因此，该系统的零输入响应为

$$y_x(t) = 5e^{-2t} - 4e^{-3t}, \quad t \geqslant 0$$

2.4.2 连续系统的零输入响应的 MATLAB 实现

利用 MATLAB 求解微分方程的函数 dsolve 可得到连续时间系统的零输入响应，dsolve 的调用格式为

$$ans=dsolve('eq1', 'eq2', \cdots)$$

其中，参数"eq1，eq2，…"均为字符串，其代表一个方程。dsolve 用来求解微分方程，并将结果返回给 ans。

【例 2-20】 用 MATLAB 实现例 2-19 的系统零输入响应的求解。

解 求解过程代码如下：

```
%program ch2_20
eq1='D2y+5*Dy+6*y=0';
ic1='y(0)=1, Dy(0)=2';
yx=dsolve(eq1, ic1)
ezplot(yx, [0 6]);
```

运行结果如下：

$$yx = 5*exp(-2*t) - 4*exp(-3*t)$$

如图 2-26 所示。

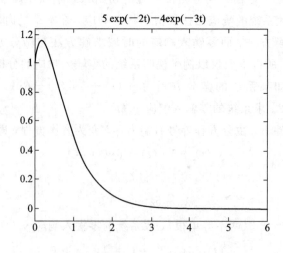

图 2-26 例 2-20 运行结果

2.5 冲激响应和阶跃响应

2.5.1 冲激响应和阶跃响应的定义及计算

系统的冲激响应定义为：在冲激信号激励下系统所产生的零状态响应。这个定义说明，冲激响应包含两个含义，一是激励是冲激信号，二是初始状态为零。系统的冲激响应用 $h(t)$ 来表示。图 2-27 说明了 $h(t)$ 的产生条件。

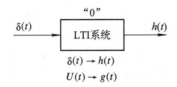

图 2-27 冲激响应和阶跃响应

从冲激响应的定义可知，对于不同的系统，就有不同的冲激响应，可见冲激响应 $h(t)$ 也可以表征系统的特性。所以，通常将系统的 $h(t)$ 叫做系统的时间特性，即意味着对于不同的 $h(t)$，其系统的特征不同。$h(t)$ 在系统分析中占有很重要的地位。

与冲激响应 $h(t)$ 的定义类似，阶跃响应定义为：系统在阶跃信号激励下产生的零状态响应，用 $g(t)$ 表示，如图 2-27 所示。

考虑到 $\delta(t)$ 信号与 $U(t)$ 信号之间存在着微分与积分关系，因而对 LTI 系统的 $h(t)$ 和 $g(t)$ 也同样存在着微分与积分的关系，即

$$h(t) = \frac{\mathrm{d}g(t)}{\mathrm{d}t} \qquad (2-27)$$

$$g(t) = \int_{-\infty}^{t} h(\tau)\,\mathrm{d}\tau \qquad (2-28)$$

下面主要研究如何求得因果系统的冲激响应 $h(t)$。

对于用常系数微分方程描述的系统，它的冲激响应 $h(t)$ 满足微分方程

$$h^{(n)}(t) + a_{n-1}h^{(n-1)}(t) + \cdots + a_1 h'(t) + a_0 h(t)$$
$$= b_m \delta^{(m)}(t) + b_{m-1}\delta^{(m-1)}(t) + \cdots + b_1 \delta'(t) + b_0 \delta(t) \qquad (2-29)$$

初始状态 $h^{(i)}(0^-)=0(i=0,1,\cdots,n-1)$。由于 $\delta(t)$ 及其各阶导数在 $t \geq 0^+$ 时都等于零，因此式(2-29)右端各项在 $t \geq 0^+$ 时恒等于零，这时式(2-29)成为齐次方程，这样冲激响应 $h(t)$ 的形式应与齐次解的形式相同。在 $n>m$ 时，$h(t)$ 可以表示为

$$h(t) = \left(\sum_{i=1}^{n} C_i \mathrm{e}^{\lambda_i t} \right) U(t) \qquad (2-30)$$

式中，待定系数 $C_i(i=1,2,\cdots,n)$ 可以采用冲激平衡法确定，即将式(2-30)代入式(2-29)中，为保持系统对应的动态方程式恒等，方程式两边所具有的冲激信号及其高阶导数相等，根据此规则即可求得系统的冲激响应 $h(t)$ 中的待定系数。在 $n \leq m$ 时，要使方程两边所具有的冲激信号及其高阶导数相等，则 $h(t)$ 表示式中还应含有 $\delta(t)$ 及其各阶导数 $\delta^{(m-n)}(t)$，$\delta^{(m-n-1)}(t)$，$\cdots$，$\delta'(t)$ 等项。下面举例说明冲激响应的求解。

【例 2 - 21】 已知某系统的微分方程为

$$y'(t) + 2y(t) = f(t)$$

求该系统的冲激响应 $h(t)$。

解 由冲激响应的定义有

$$h'(t) + 2h(t) = \delta(t) \quad 和 \quad h(0^-) = 0$$

当 $t \geqslant 0^+$ 时,有

$$h'(t) + 2h(t) = 0$$

所以

$$h(t) = Ce^{-2t}U(t) \quad (U(t) \text{ 表示取 } t \geqslant 0^+) \qquad ①$$

将式①代入 $h(t)$ 的微分方程中有

$$-2Ce^{-2t}U(t) + Ce^{-2t}\delta(t) + 2Ce^{-2t}U(t) = \delta(t)$$

为了保持方程恒等,利用冲激平衡法,则有

$$C = 1$$

所以

$$h(t) = e^{-2t}U(t)$$

【例 2 - 22】 某 LTI 系统框图如图 2 - 28 所示,求该系统的冲激响应。

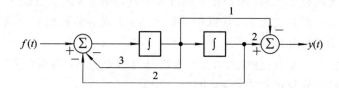

图 2 - 28 例 2 - 22 的系统框图

解 由该系统框图可以求得该系统的微分方程为

$$y''(t) + 3y'(t) + 2y(t) = -f'(t) + 2f(t)$$

对 $h(t)$,微分方程为

$$h''(t) + 3h'(t) + 2h(t) = -\delta'(t) + 2\delta(t)$$

当 $t \geqslant 0^+$ 时有

$$h''(t) + 3h'(t) + 2h(t) = 0$$

所以 $h(t)$ 为

$$h(t) = (C_1 e^{-t} + C_2 e^{-2t})U(t)$$

对上式微分有

$$h'(t) = (-C_1 e^{-t} - 2C_2 e^{-2t})U(t) + (C_1 + C_2)\delta(t)$$

再微分一次有

$$h''(t) = (C_1 e^{-t} + 4C_2 e^{-2t})U(t) + (-C_1 - 2C_2)\delta(t) + (C_1 + C_2)\delta'(t)$$

将 $h''(t)$、$h'(t)$ 和 $h(t)$ 代入 $h(t)$ 的微分方程中得

$$(C_1 e^{-t} + 4C_2 e^{-2t})U(t) + (-C_1 - 2C_2)\delta(t) + (C_1 + C_2)\delta'(t)$$
$$+ 3(-C_1 e^{-t} - 2C_2 e^{-2t})U(t) + 3(C_1 + C_2)\delta(t) + 2(C_1 e^{-t} + C_2 e^{-2t})U(t)$$
$$= -\delta'(t) + 2\delta(t)$$

为了使方程平衡，利用冲激平衡法，则有

$$\begin{cases} -C_1 - 2C_2 + 3(C_1 + C_2) = 2 \\ C_1 + C_2 = -1 \end{cases}$$

解之得

$$C_1 = 3$$
$$C_2 = -4$$

所以

$$h(t) = (3e^{-t} - 4e^{-2t})U(t)$$

【例 2-23】 如图 2-29 所示的 RC 电路，已知 $u_C(0^-) = 0$，以电流 $i(t)$ 为响应，求系统的冲激响应。

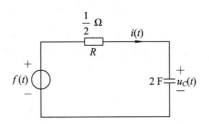

图 2-29   例 2-23 的电路图

解　由 KVL 写出 $f(t)$ 与 $i(t)$ 之间关系的方程为

$$\frac{1}{2}i(t) + \frac{1}{2}\int_{-\infty}^{t} i(\tau)\,\mathrm{d}\tau = f(t)$$

两边微分并整理得

$$i'(t) + i(t) = 2f'(t)$$

对冲激响应 $h(t)$ 有

$$h'(t) + h(t) = 2\delta'(t)$$
$$h(0^-) = 0 \tag{①}$$

从式①可知，要使方程两端恒等，$h(t)$ 中必然含有冲激信号 $\delta(t)$ 项，即设 $h(t) = C_1 e^{-t}U(t) + C_2\delta(t)$，将之代入 $h(t)$ 的方程中有

$$-C_1 e^{-t}U(t) + C_1\delta(t) + C_2\delta'(t) + C_1 e^{-t}U(t) + C_2\delta(t) = 2\delta'(t)$$

根据冲激平衡法有

$$\begin{cases} C_1 + C_2 = 0 \\ C_2 = 2 \end{cases}$$

解之得

$$C_1 = -2$$
$$C_2 = 2$$

所以系统的冲激响应为

$$h(t) = -2e^{-t}U(t) + 2\delta(t)$$

2.5.2　冲激响应和阶跃响应的 MATLAB 实现

MATLAB 用于求解连续时间系统冲激响应的函数是 impulse，求阶跃响应的函数为

step，它们的一般调用方式为

$$h = impulse(sys, t)$$

$$g = step(sys, t)$$

式中，t 表示计算系统响应的时间抽样点向量，sys 是 LTI 系统的模型，由函数 tf、zpk 或 ss 产生，多数情况下，已知系统的微分方程或系统函数，此时 sys 由 tf 产生，调用方式为

$$sys = tf(num, den)$$

其中，num 和 den 分别为微分方程右端和左端的系数向量，例如，一个二阶微分方程为 $y''(t) + 3y'(t) + 2y(t) = 2f''(t) + f(t)$，则 num 和 den 分别为 num $= [2\ 0\ 1]$，den $= [1\ 3\ 2]$。如果已知系统函数，则 num 和 den 分别是其分子、分母多项式按降幂排列的系数向量。

【例 2 - 24】 已知一个 LIT 系统的微分方程为 $y''(t) + 3y'(t) + 2y(t) = f(t)$，用 MATLAB 求系统的冲激响应和阶跃响应，并利用绘图与理论计算相比较。

解 容易求得这个系统的单位冲激响应和阶跃响应的表达式（理论值）分别为

$$h(t) = (e^{-t} - e^{-2t})U(t)$$

$$g(t) = \left(\frac{1}{2} - e^{-t} + \frac{1}{2}e^{-2t}\right)U(t)$$

求 $h(t)$ 和 $g(t)$ 并进行比较的 MATLAB 代码如下：

```
%program ch2_24
sys=tf(1, [1 3 2]);
t=0:0.1:6;
ht=impulse(sys, t);
gt=step(sys, t);
ha=exp(-t)-exp(-2*t);          %理论值
ga=0.5-exp(-t)+0.5*exp(-2*t);
subplot(1, 2, 1);
legend('ht', 'ha', 'location', 'northeast')
plot(t, ht, '-', t, ha, '-.');
legend('h(t)by matlab', 'h(t) by theoretically', 'location', 'northeast');
xlabel('(a)');
title('impulse response');
subplot(1, 2, 2);
plot(t, gt, '-', t, ga, '-.');
legend('g(t) by matlab', 'g(t) by theoretically', 'location', 'northwest');
xlabel('(b)');
title('step response');
```

程序运行结果如图 2 - 30(a)、(b)所示，由图可知，MATLAB 计算结果与理论值一致。

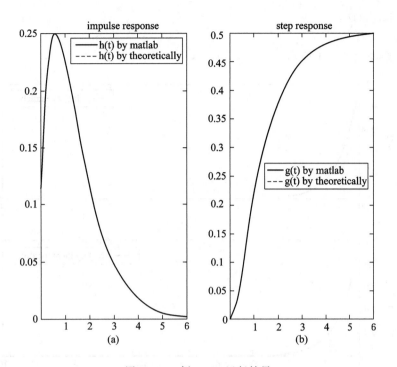

图 2-30　例 2-24 运行结果

【例 2-25】　用 MATLAB 求解例 2-21，并利用绘图与理论计算相比较。

解　求解的代码如下：

```
%program ch2_25
clear
sys=tf(1,[1,2]);
t=0:0.01:10;
ht=impulse(sys,t);

u=(t>=0);
z=exp(-2*t).*u;

figure;
subplot(2,1,1);
plot(t,ht);
legend('h(t) by matlab');
xlabel('t');
ylabel('h(t)');
axis tight;

subplot(2,1,2);                % 理论值
plot(t,z);
legend('h(t) by theoretically');
xlabel('t');
```

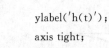

```
ylabel('h(t)');
axis tight;
```

运行结果如图 2 - 31 所示。

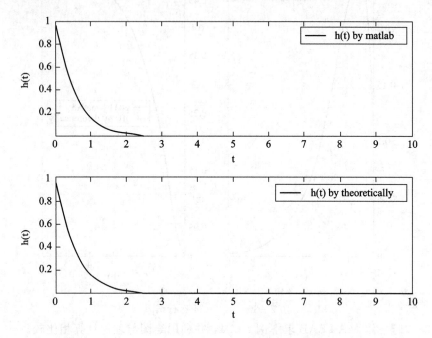

图 2 - 31 例 2 - 25 运行结果

【例 2 - 26】 用 MATLAB 求解例 2 - 22，并利用绘图与理论计算相比较。

解 求解的代码如下：

```
%program ch2_26
clear
sys=tf([-1,2],[1,3,2]);
t=0:0.01:10;
ht=impulse(sys,t);

u=(t>=0);
z=(3 * exp(-t)-4 * exp(-2 * t)). * u;

subplot(2,1,1);
plot(t,ht);
legend('h(t) by matlab');
xlabel('t');
ylabel('h(t)');
axis tight;

subplot(2,1,2);             % 理论值
plot(t,z);
legend('h(t) by theoretically');
```

```
xlabel('t');
ylabel('h(t)');
axis tight;
```

运行结果如图 2-32 所示。

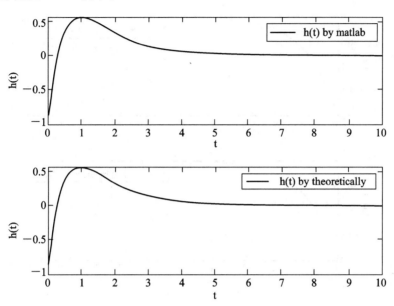

图 2-32　例 2-26 运行结果

【**例 2-27**】　用 MATLAB 求解例 2-23，并利用绘图与理论计算相比较。

解　求解的代码如下：

```
%program ch2_27
clear
sys=tf([2,0],[1,1]);
t=0:0.01:10;
ht=impulse(sys,t);

u=(t>=0);
z=-2*(exp(-t)).*u;

subplot(2,1,1);
plot(t,ht);
legend('h(t) by matlab');
xlabel('t');
ylabel('h(t)');
axis tight;

subplot(2,1,2);          % 理论值
plot(t,z);
legend('h(t) by theoretically');
```

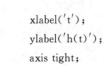

```
xlabel('t');
ylabel('h(t)');
axis tight;
```

运行结果如图 2-33 所示。

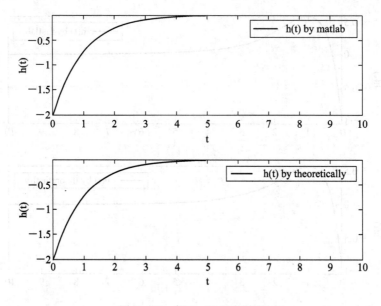

图 2-33　例 2-27 运行结果

2.6　连续系统的零状态响应——卷积积分

卷积积分在信号与系统理论中占有重要地位。本节介绍的卷积积分是连续系统时域分析中求解系统零状态响应的主要方法。

2.6.1　卷积积分

任意信号 $f(t)$ 都可以根据不同需要进行不同的分解。如信号 $f(t)$ 可分解为直流分量和交流分量，也可分解为奇分量和偶分量，或分解为实部分量和虚部分量。在此讨论的是将信号 $f(t)$ 分解为冲激信号的线性组合。下面以图 2-34 说明这种分解方法。

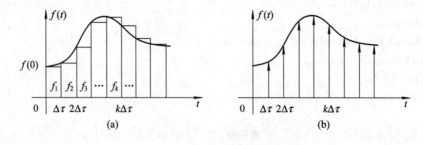

图 2-34　原始信号分解为冲激信号的叠加

由图 2-35(a)可见，任意信号 $f(t)$ 都可分解为矩形窄脉冲信号的叠加，即

$$f(t) \approx f_1(t) + f_2(t) + \cdots + f_k(t) \cdots \qquad (2-31)$$

其中
$$f_1(t) = f(0)[U(t) - U(t - \Delta\tau)]$$
$$f_2(t) = f(\Delta\tau)[U(t - \Delta\tau) - U(t - 2\Delta\tau)]$$
$$\vdots$$
$$f_k(t) = f[(k-1)\Delta\tau]\{U[t - (k-1)\Delta\tau] - U(t - k\Delta\tau)\}$$
$$\vdots$$

用求和式表达为

$$f(t) \approx \sum_{k=0}^{\infty} f(k\Delta\tau)\{U(t - k\Delta\tau) - U[t - (k+1)\Delta\tau]\} \qquad (2-32)$$

当 $\Delta\tau \to 0$ 时，上式就可以完全表示信号 $f(t)$ 了。这时 $k\Delta\tau \to \tau$，$\Delta\tau \to \mathrm{d}\tau$，且有

$$\frac{U(t - k\Delta\tau) - U[t - (k+1)\Delta\tau]}{\Delta\tau} \to \delta(t - \tau)$$

所以 $f(t)$ 为

$$f(t) = \lim_{\Delta\tau \to 0} \sum_{k=0}^{\infty} f(k\Delta\tau)\delta(t - k\Delta\tau)\Delta\tau$$
$$= \int_{0}^{+\infty} f(\tau)\delta(t - \tau)\,\mathrm{d}\tau$$
$$= f(t) * \delta(t) \qquad (2-33)$$

式(2-33)表明任意信号 $f(t)$ 可以分解为一系列具有不同强度、不同时延的冲激信号的叠加，如图 2-34(b)所示，这样的过程称为卷积积分，符号记为"*"。当式(2-33)中 k 可取 $-\infty \sim +\infty$ 时，即信号 $f(t)$ 是双边信号时，$f(t)$ 可表示为

$$f(t) = \int_{-\infty}^{+\infty} f(\tau)\delta(t - \tau)\,\mathrm{d}\tau = f(t) * \delta(\tau) \qquad (2-34)$$

将信号 $f(t)$ 分解为冲激信号的线性组合之后，就可以讨论当信号 $f(t)$ 通过一 LTI 系统时产生的零状态响应了。

设 $\delta(t) \to h(t)$，由式(2-33)及 LTI 系统的特性有

$$f(k\Delta\tau)\delta(t - k\Delta\tau)\Delta\tau \to f(k\Delta\tau)h(t - k\Delta\tau)\Delta\tau$$

当 $\Delta\tau \to 0$ 时有

$$f(t) \to \int_{-\infty}^{+\infty} f(\tau)h(t - \tau)\,\mathrm{d}\tau = f(t) * h(t)$$

即 $f(t)$ 产生的零状态响应 $y_f(t)$ 为

$$y_f(t) = f(t) * h(t) = \int_{-\infty}^{+\infty} f(\tau)h(t - \tau)\,\mathrm{d}\tau \qquad (2-35)$$

式(2-35)表明，一个连续系统的零状态响应是激励信号与系统冲激响应的卷积积分。可见，有了卷积积分，就有了求解系统零状态响应的新方法。这种利用卷积积分求零状态响应的方法是系统时域分析中主要使用的方法。

【例 2-28】 已知某 LTI 系统的冲激响应为 $h(t) = \mathrm{e}^{-t}U(t)$。若输入为 $f(t) = U(t)$，试求其输出。

解 这里的输出指零状态响应 $y_f(t)$。

$$y_f(t) = f(t) * h(t) = \int_{-\infty}^{+\infty} f(\tau)h(t-\tau)\,\mathrm{d}\tau$$

$$= \int_{-\infty}^{+\infty} U(\tau)\mathrm{e}^{-(t-\tau)}U(t-\tau)\,\mathrm{d}\tau$$

$$= \int_0^t \mathrm{e}^{-t} \cdot \mathrm{e}^{\tau}\,\mathrm{d}\tau = \mathrm{e}^{-t}\int_0^t \mathrm{e}^{\tau}\,\mathrm{d}\tau$$

$$= \mathrm{e}^{-t} \cdot \mathrm{e}^{\tau}\big|_0^t = (1-\mathrm{e}^{-t})U(t)$$

这里计算卷积积分时，考虑到 $U(t)$ 的定义，所以 $U(\tau)$ 中的 τ 必取 $\tau > 0$，$U(t-\tau)$ 中的 τ 必取 $\tau < t$，这样 τ 的取值范围就是 $0 < \tau < t$。最后结果中还要限定 t 的取值范围。本题中显然 $t > 0$，故加写 $U(t)$。

【例 2 - 29】 已知 $f_1(t) = \mathrm{e}^{-3t}U(t)$，$f_2(t) = \mathrm{e}^{-5t}U(t)$，计算 $f_1(t) * f_2(t)$。

解 根据卷积积分的定义，有

$$f_1(t) * f_2(t) = \int_{-\infty}^{+\infty} \mathrm{e}^{-3\tau}U(\tau) \cdot \mathrm{e}^{-5(t-\tau)}U(t-\tau)\,\mathrm{d}\tau = \int_0^t \mathrm{e}^{-3\tau} \cdot \mathrm{e}^{-5(t-\tau)}\,\mathrm{d}\tau$$

$$= \frac{1}{2}(\mathrm{e}^{-3t} - \mathrm{e}^{-5t})U(t)$$

2.6.2 卷积积分的图解法

卷积积分除了用定义直接计算之外，还可以用图解的方法计算。用图解法计算更能直观地理解卷积积分的计算过程。

由卷积积分的定义知，要用图解法计算卷积积分 $f(t) * h(t)$，一般按照下面的步骤进行：

(1) 将 $f(t)$ 和 $h(t)$ 的自变量 $t \to \tau$。

(2) 反折，将 $h(\tau)$ 绕纵坐标反折得 $h(-\tau)$。

(3) 时移，将 $h(-\tau)$ 沿 τ 轴移动某一时刻 t_1 得 $h(t_1-\tau)$。

(4) 相乘，将时移后的 $h(t_1-\tau)$ 乘以 $f(\tau)$ 得 $f(\tau)h(t_1-\tau)$。

(5) 积分，沿 τ 轴对上述乘积信号 $f(\tau)h(t_1-\tau)$ 进行积分，即 $y_f(t_1) = \int_{-\infty}^{+\infty} f(\tau)h(t_1-\tau)\mathrm{d}\tau$，其值 $y_f(t_1)$ 正是 t_1 时刻 $f(\tau)h(t_1-\tau)$ 曲线下的面积。

(6) 以 t 为变量，将波形 $h(t-\tau)$ 连续地沿 τ 轴平移，从而得到在任意时刻 t 的卷积积分，即 $f(t) * h(t) = \int_{-\infty}^{+\infty} f(\tau)h(t-\tau)\,\mathrm{d}\tau$，它是时间 t 的函数。

【例 2 - 30】 已知 $f_1(t)$ 和 $f_2(t)$ 的波形如图 2 - 35 所示，用图解法求 $f_1(t) * f_2(t)$。

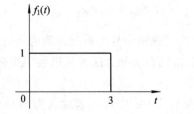
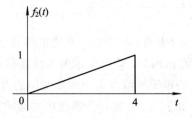

图 2 - 35 例 2 - 30 $f_1(t)$ 和 $f_2(t)$ 的波形

解 当 t 从 $-\infty$ 到 $+\infty$ 改变时，$f_2(t-\tau)$ 自左向右平移，对应不同的 t 值范围，$f_2(t-\tau)$ 与 $f_1(\tau)$ 相乘、积分的结果分别如下，相应的波形如图 2-36 所示。

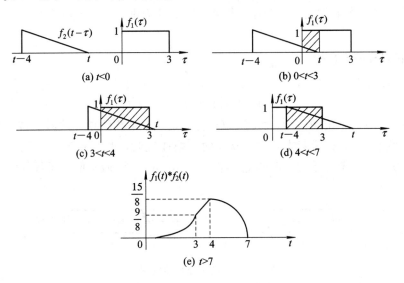

图 2-36　例 2-30 的波形图

(1) $t<0$，$f_1(\tau)\cdot f_2(t-\tau)=0$，$f_1(t)*f_2(t)=0$

(2) $0<t<3$，积分区间为公共非零区间。

$$f_1(t)*f_2(t)=\int_0^t 1\times\frac{1}{4}(t-\tau)\,\mathrm{d}\tau=\frac{t}{4}\cdot\tau\Big|_0^t-\frac{1}{8}\tau^2\Big|_0^t=\frac{1}{4}t^2-\frac{1}{8}t^2=\frac{1}{8}t^2$$

(3) $3<t<4$，$f_1(t)*f_2(t)=\int_0^3\frac{1}{4}(t-\tau)\,\mathrm{d}\tau=\frac{3}{4}t-\frac{9}{8}$

(4) $4<t<7$，$f_1(t)*f_2(t)=\int_{t-4}^3\frac{1}{4}(t-\tau)\,\mathrm{d}\tau=\frac{1}{4}t\cdot\tau\Big|_{t-4}^3-\frac{1}{8}\tau^2\Big|_{t-4}^3$

$$=\frac{1}{8}(-t^2+6t+7)$$

(5) $t>7$，$f_1(t)*f_2(t)=0$

所以

$$f_1(t)*f_2(t)=\begin{cases}0, & t<0\\[2mm]\dfrac{1}{8}t^2, & 0<t<3\\[2mm]\dfrac{3}{4}t-\dfrac{9}{8}, & 3<t<4\\[2mm]\dfrac{1}{8}(-t^2+6t+7), & 4<t<7\\[2mm]0, & t>7\end{cases}$$

通过上例分析，可以得到如下结论：

(1) 积分上下限是两信号重叠部分的边界，下限为两信号左边界的最大者，上限为两信号右边界的最小者。

(2) 卷积后信号的时限等于两信号时限之和。

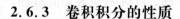

2.6.3 卷积积分的性质

卷积积分是一种数学运算，它有一些重要的运算规则。灵活运用这些规则可以简化计算过程。

1. 卷积积分的代数律

（1）交换律：

$$f_1(t) * f_2(t) = f_2(t) * f_1(t) \qquad (2-36)$$

若将 $f_1(t)$ 看成系统的激励，而将 $f_2(t)$ 看成是一个系统的单位冲激响应，则卷积的结果就是该系统对 $f_1(t)$ 的零状态响应。卷积的交换律说明，也可将 $f_2(t)$ 看成系统的激励，而将 $f_1(t)$ 看成是系统的单位冲激响应，即图 2-37(a)、(b)所示两个系统的零状态响应是一样的。

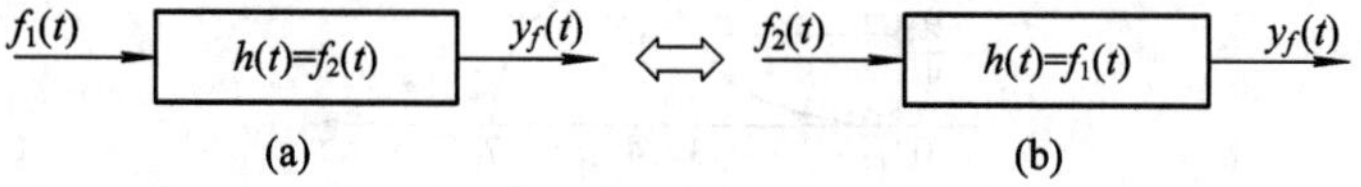

图 2-37 卷积交换律的图示

从图 2-37 可见，信号可由系统来实现，系统也可用信号来模拟。

（2）结合律：

$$\left[f_1(t) * f_2(t) \right] * f_3(t) = f_1(t) * \left[f_2(t) * f_3(t) \right] \qquad (2-37)$$

卷积结合律的图示如图 2-38 所示。

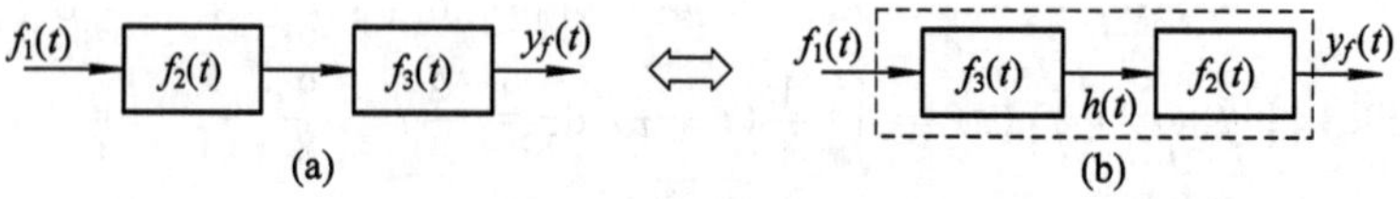

图 2-38 卷积结合律的图示

从系统的观点看，两个系统级联时，总系统的冲激响应等于子系统冲激响应的卷积积分，即 $h(t) = f_2(t) * f_3(t)$，且和级联次序无关。

（3）分配律：

$$f_1(t) * \left[f_2(t) + f_3(t) \right] = f_1(t) * f_2(t) + f_1(t) * f_3(t) \qquad (2-38)$$

若将 $f_1(t)$ 看做某系统的单位冲激响应 $h(t)$，而将 $f_2(t) + f_3(t)$ 看成该系统的激励，则分配律是用数学方法表达线性系统的叠加特征，即系统的零状态响应 $f_1(t) * \left[f_2(t) + f_3(t) \right]$ 是系统对 $f_2(t)$ 的零状态响应 $f_1(t) * f_2(t)$ 与系统对 $f_3(t)$ 的零状态响应 $f_1(t) * f_3(t)$ 的叠加，如图 2-39 所示。

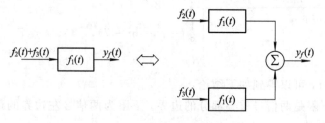

图 2-39 卷积分配律的图示

另外若将 $f_2(t)$、$f_3(t)$ 看做两个系统的单位冲激响应，将 $f_1(t)$ 看作同时作用于它们的激励，则分配律表明，并联 LTI 系统对输入 $f(t)$ 的响应等于各子系统对 $f(t)$ 的响应之和，如图 2-40 所示。

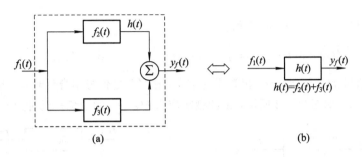

图 2-40　卷积分配律的另一种图示

2. 卷积的微分与积分

两个信号卷积后的导数等于其中一个信号之导数与另一个信号的卷积，其表示式为

$$\frac{\mathrm{d}}{\mathrm{d}t}[f_1(t) * f_2(t)] = f_1(t) * \frac{\mathrm{d}f_2(t)}{\mathrm{d}t} = \frac{\mathrm{d}f_1(t)}{\mathrm{d}t} * f_2(t) \tag{2-39}$$

由卷积定义可证明此关系式。

同样可以证明

$$\frac{\mathrm{d}}{\mathrm{d}t}[f_2(t) * f_1(t)] = \frac{\mathrm{d}f_1(t)}{\mathrm{d}t} * f_2(t) \tag{2-40}$$

显然，$f_2(t) * f_1(t)$ 也即 $f_1(t) * f_2(t)$，故式（2-39）成立。

两信号卷积后的积分等于其中一个信号之积分与另一个信号的卷积。其表示式为

$$\int_{-\infty}^{t}[f_1(\tau) * f_2(\tau)]\,\mathrm{d}\tau = f_1(t) * \int_{-\infty}^{t} f_2(\tau)\,\mathrm{d}\tau = f_2(t) * \int_{-\infty}^{t} f_1(\tau)\,\mathrm{d}\tau \tag{2-41}$$

应用类似的推演可以导出卷积的高阶导数或多重积分之运算规律。

设 $f(t) = f_1(t) * f_2(t)$，则有

$$f^{(i)}(t) = f_1^{(j)}(t) * f_2^{(i-j)}(t) \tag{2-42}$$

式中，当 i、j 取正整数时为导数的阶次，取负整数时为重积分的次数。读者可自行证明。

特别有

$$y_f(t) = f(t) * h(t) = f'(t) * h^{(-1)}(t) \tag{2-43}$$

式（2-43）表明，通过对激励信号和冲激响应分别积分和求导，再求卷积，同样可以求得零状态响应，这为求零状态响应提供了一条新途径，当其中一个时间信号为时限信号时，用上述公式会很方便。

3. 含有奇异信号的卷积

两个时间信号做卷积运算时，若其中一个时间信号为奇异信号，它们在信号与系统分析中，有一定的物理意义，讨论如下。

（1）信号 $f(t)$ 与单位冲激信号的卷积。

在信号的分解中，已经得到式（2-34），即

$$f(t) = f(t) * \delta(t) = \int_{-\infty}^{+\infty} f(\tau)\delta(t-\tau) \, d\tau = f(t)$$

这表明系统的冲激响应 $h(t)=\delta(t)$，如图 2-41 所示。冲激响应为 $\delta(t)$ 的系统等效为短路线。

(2) 信号 $f(t)$ 与 $\delta(t-t_0)$ 的卷积。

$$f(t) * \delta(t-t_0) = \int_{-\infty}^{+\infty} f(\tau)\delta(t-t_0-\tau) \, d\tau = f(t-t_0) \qquad (2-44)$$

这表明，信号 $f(t)$ 与 $\delta(t-t_0)$ 相卷积的结果，相当于把信号本身延时 t_0。若系统的冲激响应 $h(t)=\delta(t-t_0)$，如图 2-42 所示，则冲激响应为 $\delta(t-t_0)$ 的系统是延时为 t_0 的延时器。

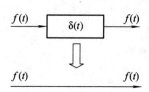
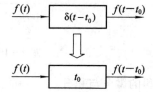

图 2-41 $\delta(t)$ 所描述的系统   图 2-42 $\delta(t-t_0)$ 所描述的系统

(3) 信号 $f(t)$ 与冲激偶 $\delta'(t)$ 的卷积。

$$f(t) * \delta'(t) = f'(t) \qquad (2-45)$$

证明：

由式(2-39)有

$$f(t) * \delta'(t) = f'(t) * \delta(t) = f'(t)$$

若系统的冲激响应为 $\delta'(t)$，如图 2-43 所示，该系统是一个微分器。推广到 n 阶微分系统有

$$f(t) * \delta^{(n)}(t) = f^{(n)}(t) \qquad (2-46)$$

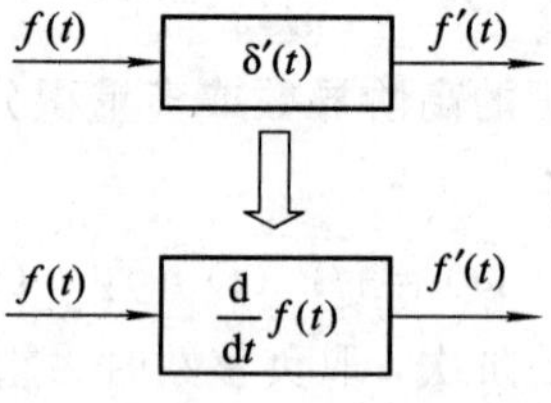

图 2-43 $\delta'(t)$ 所描述的系统

(4) 信号 $f(t)$ 与单位阶跃信号的卷积。

$$f(t) * U(t) = f(t) * \int_{-\infty}^{t} \delta(\tau) \, d\tau = \int_{-\infty}^{t} f(\tau) \, d\tau * \delta(t) = \int_{-\infty}^{t} f(\tau) \, d\tau \qquad (2-47)$$

同理，若系统的冲激响应为 $U(t)$，如图 2-44 所示，该系统是一个积分器。

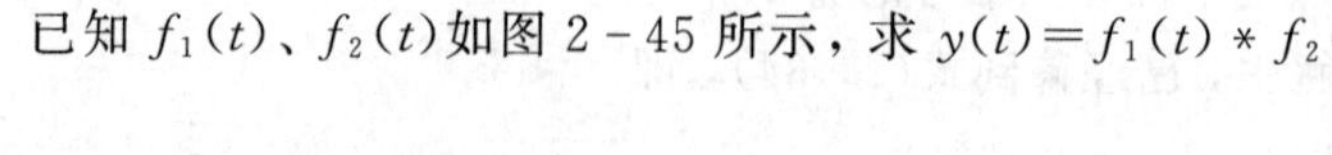

图 2-44 $U(t)$ 所描述的系统

【例 2-31】 已知 $f_1(t)$、$f_2(t)$ 如图 2-45 所示，求 $y(t)=f_1(t) * f_2(t)$。

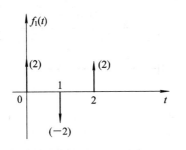 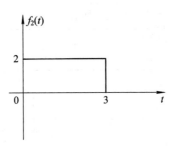

图 2-45　例 2-31 $f_1(t)$、$f_2(t)$ 的波形

解　根据 $f(t)$ 与 $\delta(t)$ 和 $\delta(t-t_0)$ 相卷积的性质，可画出 $y(t)$ 的波形如图 2-46(c) 所示。

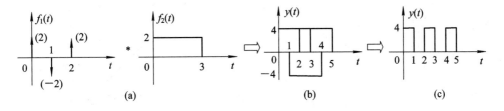

图 2-46　例 2-31 $y(t)$ 的波形

【**例 2-32**】　已知 $\delta_T(t) = \cdots + \delta(t+kT) + \cdots + \delta(t) + \cdots + \delta(t-kT) + \cdots$，$f(t) = g_\tau(t)$，其波形分别如图 2-47(a)、(b)所示，求 $y(t) = f(t) * \delta_T(t)$。

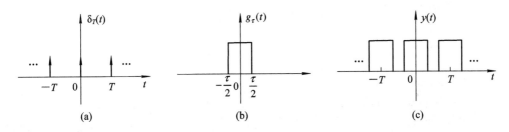

图 2-47　例 2-32 的波形图

解　根据卷积运算的分配律和式(2-44)，有

$$f(t) * \delta_T(t) = f(t) * \sum_{n=-\infty}^{\infty} \delta(t-nT) = \sum_{n=-\infty}^{\infty} f(t) * \delta(t-nT) = \sum_{n=-\infty}^{\infty} f(t-nT)$$

在 $g_\tau(t)$ 的宽度 $\tau < T$ 时，所得卷积波形如图 2-47(c)所示，若 $\tau > T$ 则在 $f(t) * \delta_T(t)$ 的波形中，各相邻脉冲将相互重叠。这是用周期冲激信号来表示周期信号的方法。

2.6.4　卷积积分的 MATLAB 实现

利用 MATLAB 计算卷积和的函数 conv 可以近似计算连续信号之间的卷积。conv 的调用方式为

y＝conv(f, h)

【**例 2-33**】　利用 MATLAB 计算图 2-48(a)、(b)所示的两个不等宽的矩形脉冲信号的卷积，并绘图表示结果。

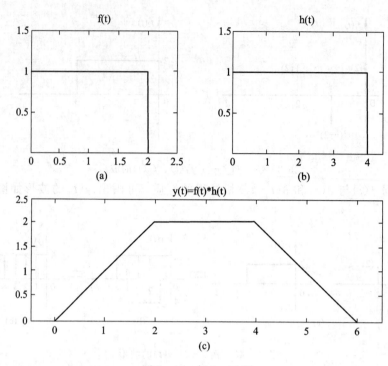

图 2 - 48　例 2 - 33 图

解　求解过程的代码如下：

```
%program ch2_33
clear;
dt=0.01;
t1=0:dt:2;
L=length(t1);
ft=rectpuls(t1-1, 2);
t2=0:dt:4;
M=length(t2);
ht=rectpuls(t2-2, 4);

subplot(2, 2, 1);
plot(t1, ft);
title('f(t)');
xlabel('(a)');
axis([t1(1) t1(end)+0.5 0 max(ft)+0.5]);

subplot(2, 2, 2);
plot(t2, ht);
title('h(t)');
xlabel('(b)');
axis([t2(1) t2(end)+0.5 0 max(ht)+0.5]);
y=conv(ft, ht) * dt;
N=L+M-1;
```

```
t=(0:N-1) * dt;
subplot(2, 1, 2);
plot(t, y);
axis([t(1)-0.5 t(end)+0.5 0 max(y)+0.5]);
title('y(t)=f(t) * h(t)');
xlabel('(c)');
```

所有卷积结果如图 2-48(c)所示。由理论计算可知，$f(t)$ 与 $h(t)$ 的卷积的波形是一个等腰梯形。用 MATLAB 求得的结果与此一致。

【例 2-34】 用 MATLAB 求解例 2-28。

解 求解的代码如下：

```
%program ch2_34
clear;
T=0.001;
t=-2:T:20;
u=(t>=0);
f=u;
h=exp(-t). * u;
y=conv(f, h);
y=y * T;
k0=t(1)+t(1);
k1=length(f)+length(h)-2;
k=k0:T:k0+k1 * T;

z=(1-exp(-t)). * u;

subplot(4, 1, 1);          %f(t)的波形
plot(t, f);
ylabel('f(t)');
axis([-1, 20, 0, 1.2]);

subplot(4, 1, 2);          %h(t)的波形
plot(t, h);
ylabel('h(t)');
axis([-1, 20, 0, 1.2]);

subplot(4, 1, 3);          %f(t) * h(t)的波形
plot(k, y);
ylabel('f(t) * h(t)');
axis([-1, 20, 0, 1.2]);
%axis tight;

subplot(4, 1, 4);          %f(t) * h(t)理论计算值
plot(t, z);
ylabel('f(t) * h(t)');
axis([-1, 20, 0, 1.2]);
```

```
%axis tight;
```

运行结果如图 2 - 49 所示。

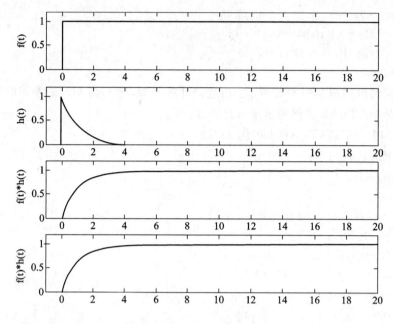

图 2 - 49 例 2 - 34 运行结果

【**例 2 - 35**】 用 MATLAB 求解例 2 - 29。

解 求解的代码如下：

```
%program ch2_35
clear;
T=0.001;
t=-2:T:10;
u=(t>=0);
f=exp(-3 * t). * u;
h=exp(-5 * t). * u;
y=conv(f, h);
y=y * T;
k0=t(1)+t(1);
k1=length(f)+length(h)-2;
k=k0:T:k0+k1 * T;

z=1/2 * (exp(-3 * t)-exp(-5 * t));

subplot(4, 1, 1);                    %f(t)的波形
plot(t, f);
ylabel('f(t)');
axis([-1, 2, 0, 1]);

subplot(4, 1, 2);                    %h(t)的波形
```

```
plot(t, h);
ylabel('h(t)');
axis([-1, 2, 0, 1]);

subplot(4, 1, 3);              %f(t) * h(t)的波形
plot(k, y);
ylabel('f(t) * h(t)');
axis([-1, 2, 0, 0.1]);
%axis tight;

subplot(4, 1, 4);              %f(t) * h(t)理论计算值
plot(t, z);
ylabel('f(t) * h(t)');
axis([-1, 2, 0, 0.1]);
%axis tight;
```

运行结果如图 2-50 所示。

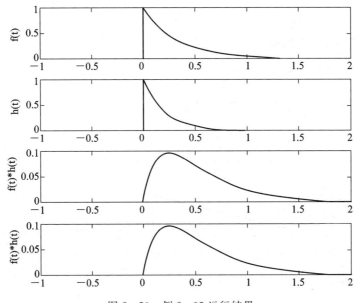

图 2-50 例 2-35 运行结果

【**例 2-36**】 用 MTLAB 求解例 2-30。

解 求解的代码如下：

```
%program ch2_36
clear;
T=0.001;
t=-2:T:10;
f1=rectpuls(t-1.5, 3);
f2=(1/4 * t). * rectpuls(t-2, 4);
y=conv(f1, f2);
y=y * T;
```

```
k0＝t(1)＋t(1);
k1＝length(f1)＋length(f2)－2;
k＝k0;T;k0＋k1 * T;

subplot(3,1,1);                 %f1(t)的波形
plot(t,f1);
ylabel('f1(t)');
axis([－1,8,0,2]);

subplot(3,1,2);                 %f2(t)的波形
plot(t,f2);
ylabel('f2(t)');
axis([－1,8,0,2]);

subplot(3,1,3);                 %f1(t) * f2(t)的波形
plot(k,y);
ylabel('f1(t) * f2(t)');
axis([－1,8,0,2]);
```

运行结果如图 2 - 51 所示。

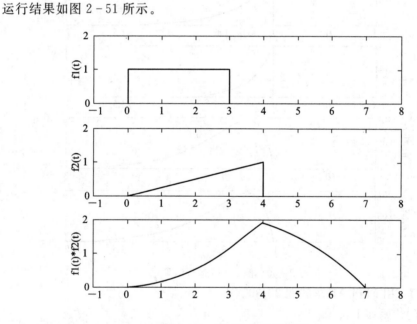

图 2 - 51　例 2 - 36 运行结果

【例 2 - 37】 用 MATLAB 求解 $g_{\tau_1}(t) * g_{\tau_2}(t)$。

解 求解的代码如下：

```
%program ch2_37
clear;
T＝0.001;
t＝－3;T;3;
```

```
T1=4;
g1=rectpuls(t, T1);
g2=g1;
y=conv(g1, g2);
y=y*T;
k0=t(1)+t(1);
k1=length(g1)+length(g2)-2;
k=k0:T:(k0+k1*T);

subplot(3, 1, 1);              %g1(t)的波形
plot(t, g1);
ylabel('g1(t)');
axis([-5, 5, 0, 1.5]);

subplot(3, 1, 2);              %g2(t)的波形
plot(t, g2);
ylabel('g2(t)');
axis([-5, 5, 0, 1.5]);

subplot(3, 1, 3);              %g1(t)*g2(t)的波形
plot(k, y);
ylabel('g1(t)*g2(t)');
axis([-5, 5, 0, 5]);
%axis tight;
```

运行结果如图 2-52 所示。

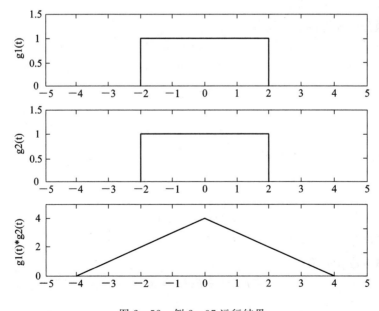

图 2-52　例 2-37 运行结果

2.7 连续系统的时域分析

2.7.1 连续系统的时域分析方法

前面介绍了连续系统的零输入响应和零状态响应的分析方法，将二者结合起来就是连续系统的时域分析法。这种时域分析方法的思路可归纳为

系统全响应 $y(t)$
- $y_x(t)$：齐次微分方程→齐次解→代入初始条件→$y_x(t)$
- $y_f(t)$：微分方程→$h(t)$→$f(t) * h(t) = y_f(t)$

下面是几个用时域分析法分析系统响应的例子。

【例 2-38】 电路如图 2-53(a)所示，已知 $f(t) = (1 + e^{-3t})U(t)$，如图 2-53(b)所示。$u_C(0^-) = 1$ V，求 $u_C(t)$。

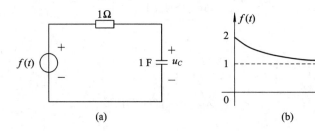

(a)　　　　　　　　　　(b)

图 2-53　例 2-38 图

解 首先写出系统的微分方程（$f(t)$ 与 $u_C(t)$ 之间的关系）为

$$u'_C(t) + u_C(t) = f(t)$$

（1）求零输入响应 $u_x(t)$。

由齐次微分方程得特征方程为

$$\lambda + 1 = 0$$

特征根为

$$\lambda = -1$$

故有

$$u_x(t) = Ce^{-t}U(t)$$

将 $u_C(0^+) = u_C(0^-) = 1$ 代入上式得

$$C = 1$$

所以

$$u_x(t) = e^{-t}U(t)$$

（2）求零状态响应 $u_f(t)$。

对于冲激响应 $h(t)$ 有

$$h'(t) + h(t) = \delta(t)$$

令

$$h(t) = Ce^{-t}U(t)$$

代入上式得

$$-Ce^{-t}U(t) + C\delta(t) + Ce^{-t}U(t) = \delta(t)$$

从而得

$$C = 1$$

所以

$$h(t) = e^{-t}U(t)$$

根据时域分析法，零状态响应为

$$u_f(t) = f(t) * h(t) = \int_{-\infty}^{+\infty} (1 + e^{-3\tau})U(\tau) \cdot e^{-(t-\tau)}U(t-\tau)\, d\tau$$

$$= \int_0^t (1 + e^{-3\tau}) \cdot e^{-(t-\tau)}\, d\tau$$

$$= e^{-t}\int_0^t e^{\tau}\, d\tau + \int_0^t e^{-3\tau} \cdot e^{-(t-\tau)}\, d\tau$$

$$= \left(1 - \frac{1}{2}e^{-t} - \frac{1}{2}e^{-3t}\right)U(t)$$

所以电容电压的全响应为

$$u_C(t) = u_x(t) + u_f(t) = e^{-t}U(t) + \left(1 - \frac{1}{2}e^{-t} - \frac{1}{2}e^{-3t}\right)U(t)$$

$$= \left(1 + \frac{1}{2}e^{-t} - \frac{1}{2}e^{-3t}\right)U(t)$$

【例 2 - 39】 图 2 - 54(a)所示的复合系统由三个子系统组成，已知各子系统的冲激响应如图 2 - 54(b)所示。当激励 $f(t) = U(t)$ 时，求该系统的响应 $y(t)$。

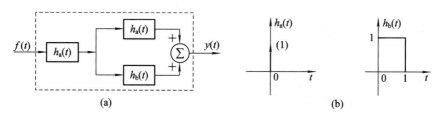

图 2 - 54 例 2 - 39 图

解 复合系统的冲激响应 $h(t)$ 为

$$h(t) = h_a(t) * h_a(t) + h_a(t) * h_b(t) = \delta(t) * \delta(t) + \delta(t) * h_b(t) = \delta(t) + h_b(t)$$

所以系统的响应(指零状态响应)为

$$y_f(t) = f(t) * h(t) = U(t) * [\delta(t) + h_b(t)]$$

$$= U(t) + U(t) * h_b(t)$$

$$= U(t) + U(t) * [U(t) - U(t-1)]$$

$$= U(t) + U(t) * U(t) - U(t) * U(t-1)$$

$$= U(t) + tU(t) - (t-1)U(t-1)$$

$$= (t+1)U(t) - (t-1)U(t-1)$$

2.7.2 利用 MATLAB 求解零状态响应

连续 LTI 系统的零状态响应可以用卷积方法求得，也可利用 MATLAB 提供的函数

lsim 直接求得。其调用方式为

```
y＝lsim(sys, f, t)
```

其中，t 表示计算系统响应的时间抽样点向量，f 是输入信号向量，sys 是系统模型。

【例 2 - 40】 求例 2 - 24 所示系统在 $f(t)=U(t)$ 作用下的零状态响应。

解 此处的响应其实就是阶跃响应，用 lsim 直接求解，并与例 2 - 24 比较。求解的 MATLAB 代码如下，程序运行结果如图 2 - 55 所示。

```
%program ch2_40
sys＝tf(1, [1 3 2]);
t＝0:0.01:6;
f＝ones(1, length(t));
y＝lsim(sys, f, t);
gt＝step(sys, t)
plot(t, y, '－', t, gt, '－.');
legend('y(t) computed by lsim ', y(t) computed by step', 'location', 'east');
xlabel('sec');
ylabel('y(t)');
title('zero state response');
```

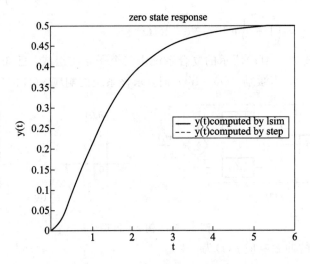

图 2 - 55 例 2 - 40 运行结果

【例 2 - 41】 已知系统的单位冲激响应 $h(t)=\sin t \cdot U(t)$，当激励如图 2 - 56(b)所示时，用 MATLAB 求解系统的零状态响应。

解 MATLAB 的求解代码如下：

```
%program ch2_41
clc
clear
dt＝0.01;
t1＝0:dt:20;
y1＝sin(t1);
subplot(3, 1, 1);
```

```
plot(t1, y1, 'r');
grid
title('系统冲激响应');

t2= 0:dt:(4 * pi);
y2 = (2 * pi) * tripuls(t2-(2 * pi), (4 * pi), 0);
subplot(3,1,2);
plot(t2, y2, 'b');
grid
title('激励');

L=length(t1);
M=length(t2);
N=L+M-1;
t3=(0:N-1) * dt;
y=conv(y1, y2) * dt;
subplot(3,1,3);
plot(t3, y, 'm');
axis([0, (4 * pi), 0, 10]);
grid;
title('系统零状态响应');
```

运行结果如图 2 - 56(c)所示。

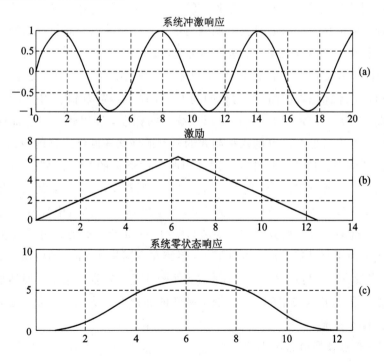

图 2 - 56　例 2 - 41 运行结果

课程思政扩展阅读

中国网络通信技术的发展（上）

信号与系统分析方法经过了长期研究和发展，形成了以傅里叶分析为核心的一整套基本方法和基本理论，成为信息传输、处理、储存等创新实践的坚实理论基础。而随着现代科学技术不断面对新问题、新技术、新机遇的挑战，信号与系统分析理论和方法也在不断演变和发展当中，使得更为复杂的信号和系统的处理技术的实现成为可能，体现在现代通信网络技术的发展中尤为突出。下面我们就对 1G 到 5G 通信网络的关键技术的发展进行简要介绍，从中了解信号与系统分析方法在通信网络技术中的应用实例，了解中国网络通信技术从无到有再到技术领先全球的发展历史。习近平总书记说过："我们要加强对历史的学习，特别是对中国古代史、中国近现代史、中国共产党党史的学习，历史是一面镜子，从历史中得到启迪、得到定力。"今天，我们就是要从我国 1G 到 5G 通信技术的发展历史的学习中获得思想的启迪和学习的动力。

■ 1G——模拟信号时代

1973 年摩托罗拉发明的人类史上第一部手提电话，所使用的通信技术就是 1G 技术。1G 技术使用的主要技术为模拟技术，该技术只能提供语音通话业务，不支持移动上网。其传输信息所使用的模拟信号通常为一系列连续变化的电磁波，电磁波本身既是信号载体又作为传输介质。模拟技术的核心是模拟调制与解调。有关模拟调制与解调的时域分析和频域分析过程在教材中都有详细讲解，这里不再赘述。

然而，中国进入 1G 时代可以说落后了很多。1987 年广东第六届全运会上蜂窝移动通信系统正式启动，才标志着中国 1G 时代的到来。而在 1G 模拟时代，中国的通信市场则全部被国外垄断，因为 1G 模拟时代并没有形成统一的标准，所以各个国家都推出了自己的通信系统，总共有来自七个国家的八种制式的机型或网络垄断了中国的通信市场。这个时候中国在通信领域完全被国外所钳制，国人用的我们俗称的"大哥大"（不光因为体积大，主要还是价格高，在那个年代，要用上"大哥大"，首先要支付 6000 元的入网费，并且每分钟资费为 0.5 元）都是摩托罗拉的。直到 1990 年，我国第一部由中兴研发的数字交换机 ZX500 面世，才逐渐打破了西方的技术垄断与壁垒，但是市场仍是国外企业主导。2001 年底中国移动关闭模拟移动通信网，结束了 1G 系统在中国长达 14 年的应用历史。

1G 系统容量有限、制式太多、互不兼容、保密性差，只能打电话且通话质量差，这些缺点必然会促进移动通信技术的创新发展，欧洲的通信业巨头们率先联合起来，共同研究新的移动通信技术标准。

■ 2G——开启数字通信时代

相较于第一代移动通信技术，2G 技术实现了从模拟技术到数字技术的演变，即由模拟信号到数字信号，由模拟调制进入到数字调制。PCM（脉冲编码调制）把连续信号转换成数字编码信号,数字信号通常采用一系列离散的脉冲电压,高低电平分别由 1 和 0 表示。数字技术具有更好的保密性,同时频谱利用率、系统容量、抗干扰能力均有提高,此外还能够提供收发短信、手机上网等多种业务服务。由于数字技术使用的天线体积较小,设备成本得到降低,促进了手机等移动终端向小型化方向发展。

经过调制的信号在同一信道中传输称为多路复用,在 2G 技术中就采用了多路复用技术(时分复用、频分复用和码分复用)以提高通信系统的容量和传输速度。2G 技术在此基础上形成两种多址技术,一种是基于 TDMA(时分多址),一种是基于 CDMA(码分多址)。由于不同地区运营商所采用的通信协议不同,2G 系统也存在多种移动通信制式,最常见的有 GSM(基于 TDMA)、TDMA、CDMA,其中起源于欧洲的 GSM 在早期发展迅速,成为当时最广泛的移动通信制式,中国移动和中国联通均采用 GSM,而中国电信采用的是 CDMA。伴随着 GSM 的迅速扩张,诺基亚快速抢占市场并成为全球最大移动电话商。

随着 2G 时代的开启,GSM 开始了在中国市场的漫长统治。1995 年,中国移动开始使用 GSM 技术建立 2G 网络,由爱立信提供设备;1999 年,中国联通开始与高通谈判,2001 年引进基于 CDMA 技术的 2G 网络。这种 2G 网络一用就是 10 年,当时国内的 2G 网络全程建设都大幅依赖国外设备进口,从基站到手机无不如此。在通信技术不断更新的时代,中国的通信行业也在发生变化。国家一方面推进体制改革,开始实施"邮电分营",另一方面成立了更多的运营商,从 20 世纪 90 年代中期开始,中国吉通、中国联通、中国移动以及中国电信相继成立,引入竞争机制。这些运营商的成立,标志着中国通信行业将迎来更大的改革浪潮。

目前,美国、澳大利亚等多个国家和地区都关闭了 2G 网络,2G 网络已逐渐退出历史舞台,但由于我国的特殊情况以及低频段电磁波本身具有优越的覆盖能力、绕射和穿透能力,2G 网络目前在我国仍然在使用。

★本扩展阅读内容主要来源于以下网站和文献:

[1] 百度百科.

[2] https://www.jianshu.com/p/47eda1d1f531.

[3] 余全洲. 1G~5G 通信系统的演进及关键技术[J]. 通讯世界,2016(22):34 - 35.

[4] 罗克研. 从 1G 到 5G 中国通信在变革中腾飞[J]. 中国质量万里行,2019(10):18 - 21.

[5] 王天赐,张强,张琳. 通信网络从 1G 到 5G 的技术革新[J]. 电子世界,2019(5):27 - 28.

[6] http://www.superweb999.com/article/1052727.html.

[7] http://www.cinic.org.cn/hy/tx/1284212.html.

习　题

• 基础练习题

2.1　试总结经典法求解微分方程的步骤。

2.2 什么是系统的单位冲激响应？什么是单位阶跃响应？

2.3 填空题。

(1) 零输入响应的模式由_____决定，大小由_____决定。

(2) 单位冲激响应由_____决定，单位冲激响应的模式与零输入响应的模式_____。

(3) 两因果信号的卷积，其结果为_____信号。

(4) 两时限信号的卷积，其结果为_____信号；且其左边界为_____，右边界为_____。

(5) 等宽度的两矩形信号卷积，其结果为_____波；不等宽度的两矩形信号卷积，其结果为_____波。

(6) 参与卷积的两信号中，若含有直流分量，则_____直流应用卷积的微积分性质计算卷积。

(7) 单位冲激响应为 $\delta(t)$、$\delta'(t)$、$\delta(t-T)$ 和 $U(t)$ 的系统分别为 _____、_____、_____ 和_____。

2.4 关于信号的变换和运算有如下几种说法，试判断正误。

(1) 已知 $f(-t)$，则 $f(-t+1)$ 是将 $f(-t)$ 左移 1 个单位而得。　　　　　(　　)

(2) 已知 $f(-t)$，则 $f(-t+1)$ 是将 $f(-t)$ 右移 1 个单位而得。　　　　　(　　)

(3) 已知 $f(t)$，则 $f(2t+1)$ 是将 $f(t+1)$ 压缩 1 倍而得。　　　　　(　　)

(4) 已知 $f(t)$，则 $f(2t+1)$ 是将 $f(t+1/2)$ 压缩 1 倍而得。　　　　　(　　)

(5) 已知 $f(t)$，则 $f(2t+1)$ 是将 $f(2t)$ 左移 1 个单位而得。　　　　　(　　)

(6) 已知 $f(t)$，则 $f(2t+1)$ 是将 $f(2t)$ 左移 1/2 个单位而得。　　　　　(　　)

(7) 周期信号相加或相乘后一定也为周期信号。　　　　　(　　)

(8) 微分使信号变化剧烈(尖锐)，积分使信号变化平缓。　　　　　(　　)

2.5 已知信号 $f(t)$ 的波形如习题图 2-1 所示，分别按如下顺序求 $f(-2t+1)$ 波形并加以比较。

(1) 时移、反折、展缩；(2) 展缩、时移、分析；(3) 反折、展缩、时移。

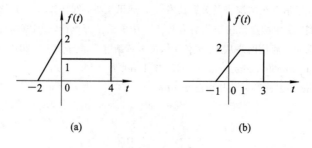

(a)　　　　　　　　　　(b)

习题图 2-1

2.6 分别用分段信号和阶跃信号写出习题图 2-2 所示各信号的表达式。

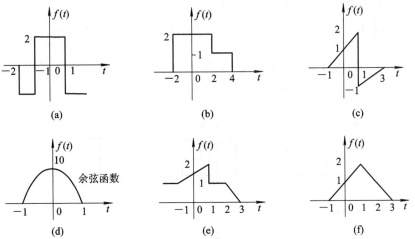

习题图 2-2

2.7 粗略绘出下列各信号的波形图，并注意它们的区别。

(1) $f(t)=\sin\pi t \cdot U(t)$ (2) $f(t)=\sin\pi(t-1) \cdot U(t)$

(3) $f(t)=\sin\pi(t-1) \cdot U(t-1)$ (4) $f(t)=\sin\pi t \cdot U(t-1)$

(5) $f(t)=t\sin\pi t \cdot U(t)$ (6) $f(t)=e^{-t}\sin\pi t \cdot U(t)$

(7) $f(t)=e^{t}\sin\pi t \cdot U(t)$

2.8 粗略绘出下列各信号的波形图。

(1) $f(t)=(2-3e^{t})U(t)$

(2) $f(t)=2U(t+1)-3U(t-1)+U(t+2)$

(3) $f(t)=tU(t)-2(t-1)U(t-1)+U(t-2)$

(4) $f(t)=tU(t) \cdot U(2-t)$

(5) $f(t)=2tU(2t) \cdot U(2-t)$

(6) $f(t)=e^{-t}\cos10\pi t \cdot [U(t-1)-U(t-2)]$

(7) $f(t)=\left(1-\dfrac{|t|}{2}\right)[U(t+2)-U(t-2)]$

(8) $f(t)=e^{-|t|}\displaystyle\sum_{n=-\infty}^{\infty}\delta(t-n)$

2.9 已知信号 $f(t)$ 的波形如习题图 2-3 所示，试分别绘出下列各信号的波形图。

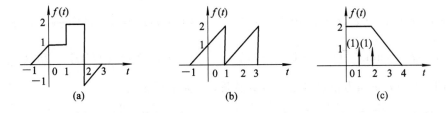

习题图 2-3

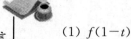

(1) $f(1-t)$ (2) $f(2t+2)$

(3) $f\left(2-\dfrac{t}{3}\right)$ (4) $[f(t)+f(2-t)]\cdot U(1-t)$

2.10 信号 $f(t)$ 的波形如习题图 2-4 所示，试画出 $\displaystyle\int_{-\infty}^{t} f(\tau)\,\mathrm{d}\tau$ 和 $\dfrac{\mathrm{d}}{\mathrm{d}t}f(t)$ 的波形，并写出其表达式。

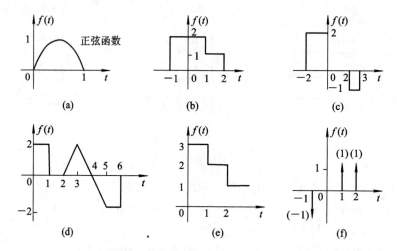

习题图 2-4

2.11 求下列积分。

(1) 已知 $f(5-2t)=2\delta(t-3)$，求 $\displaystyle\int_{0^-}^{+\infty} f(t)\,\mathrm{d}t$；

(2) 已知 $f(t)=2\delta(t-3)$，求 $\displaystyle\int_{0^-}^{+\infty} f(5-2t)\,\mathrm{d}t$。

2.12 计算下列各题并比较结果。

(1) $f(t)=(t^2-2t+3)\delta(t)$ (2) $f(t)=\displaystyle\int_{-\infty}^{+\infty}(t^2-2t+3)\delta(t)\,\mathrm{d}t$

(3) $f(t)=\displaystyle\int_{-\infty}^{t}(\tau^2-2\tau+3)\delta(\tau)\,\mathrm{d}\tau$ (4) $f(t)=\displaystyle\int_{-\infty}^{t}\delta(\tau)\,\mathrm{d}\tau$

(5) $f(t)=\displaystyle\int_{-\infty}^{t}\delta(\tau-2)\,\mathrm{d}\tau$ (6) $f(t)=\displaystyle\int_{-\infty}^{t}\mathrm{e}^{-\tau}\delta(\tau)\,\mathrm{d}\tau$

(7) $f(t)=\displaystyle\int_{-1}^{1}(t^2-3t+1)\delta(t-2)\,\mathrm{d}t$ (8) $f(t)=\displaystyle\int_{-1}^{4}(t^2-3t+1)\delta(t-2)\,\mathrm{d}t$

(9) $f(t)=\displaystyle\int_{-\infty}^{+\infty}t^2\delta'(t-2)\,\mathrm{d}t$ (10) $f(t)=\displaystyle\int_{-\infty}^{t}\tau^2\delta'(\tau-2)\,\mathrm{d}\tau$

(11) $f(t)=\displaystyle\lim_{\tau\to 0}\dfrac{2}{\tau}[U(t)-U(t-\tau)]$ (12) $f(t)=\dfrac{\mathrm{d}}{\mathrm{d}t}[U(t)-2tU(t-1)]$

2.13 利用冲激信号及其各阶导数的性质，计算下列各式。

(1) $f(t)=\mathrm{e}^{-5t-1}\delta(t)$ (2) $f(t)=\dfrac{\mathrm{d}}{\mathrm{d}t}\big[\mathrm{e}^{-3t}\delta(t)\big]$

(3) $f(t)=\displaystyle\int_{-\infty}^{t}\mathrm{e}^{-2\tau}\delta'(\tau)\,\mathrm{d}\tau$ (4) $f(t)=\displaystyle\int_{-\infty}^{+\infty}\mathrm{e}^{-5t}\delta''(t)\,\mathrm{d}t$

(5) $f(t) = \int_{-\infty}^{+\infty} \delta(t^2 - 9) \, \mathrm{d}t$

(6) $f(t) = \int_{-\infty}^{+\infty} 2\delta(t) \, \frac{\sin 2t}{t} \, \mathrm{d}t$

(7) $f(t) = \int_{-\infty}^{+\infty} 2\delta(t-4) U(t-8) \, \mathrm{d}t$

(8) $f(t) = \int_{-\infty}^{+\infty} 2(t^3 + 4)\delta(1 - t) \, \mathrm{d}t$

(9) $f(t) = \int_{-1}^{3} \delta'(t-2) \, \cos \frac{\pi}{4} t \, \mathrm{d}t$

(10) $f(t) = \int_{-\infty}^{+\infty} \mathrm{e}^{-t} [\delta(t) + \delta'(t)] \, \mathrm{d}t$

(11) $f(t) = \int_{-\infty}^{+\infty} (t + \sin t)\delta\left(t - \frac{\pi}{6}\right) \, \mathrm{d}t$

(12) $f(t) = \int_{-\infty}^{+\infty} \mathrm{e}^{-\mathrm{j}2t} [\delta(t) - \delta(t-1)] \, \mathrm{d}t$

(13) $f(t) = \frac{\mathrm{d}^2}{\mathrm{d}t^2} [(\cos t + \sin 2t)U(t)]$

(14) $f(t) = \int_{-\frac{3}{2}}^{\frac{1}{2}} \mathrm{e}^{-|t|} \sum_{n=-\infty}^{\infty} \delta(t-n) \, \mathrm{d}t$

(15) $f(t) = (t^2 + 2t)\delta(2t - 1)$

(16) $f(t) = (t^2 + 2t + 1)\delta'(t - 1)$

2.14 已知 $f(5-2t)$ 的波形如习题图 2-5 所示，试画出 $f(t)$ 的波形。

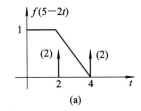
(a)

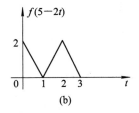
(b)

习题图 2-5

2.15 已知信号 $f_1(t)$、$f_2(t)$ 的波形如习题图 2-6 所示，试画出下列各信号的波形。

(1) $f(t) = f_1(t) + f_2(t)$

(2) $f(t) = f_1(t) \times f_2(t)$

(3) $f(t) = f_1(t) - f_2(t)$

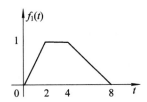

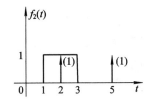

习题图 2-6

2.16 求下列齐次方程的解。

(1) $y''(t) + 9y(t) = 0$，$y(0) = 2$，$y'(0) = 1$

(2) $y''(t) + 5y'(t) + 6y(t) = 0$，$y(0) = 1$，$y'(0) = -1$

(3) $y''(t) + 2y'(t) + 5y(t) = 0$，$y(0) = 2$，$y'(0) = -2$

(4) $y''(t) + 2y'(t) + y(t) = 0$，$y(0) = 1$，$y'(0) = 1$

2.17 已知激励为零时刻加入，求下列系统的零输入响应。

(1) $y''(t) + y(t) = y'(t)$，$y(0^-) = 2$，$y'(0^-) = 0$

(2) $y'''(t) + 4y''(t) + 5y'(t) + 2y(t) = f'(t) + f(t)$，$y(0^-) = 0$，$y'(0^-) = 1$，$y''(0^-) = -1$

(3) $y''(t) + 3y'(t) + 2y(t) = f(t)$，$y(0^-) = 1$，$y'(0^-) = 0$

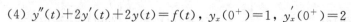

(4) $y''(t)+2y'(t)+2y(t)=f(t)$，$y_x(0^+)=1$，$y'_x(0^+)=2$

(5) $y'''(t)+2y''(t)+y'(t)=f''(t)+f(t)$，$y_x(0^+)=0$，$y'_x(0^+)=0$，$y''_x(0^+)=1$

2.18 系统框图如习题图2-7所示，试列出该系统的微分方程，并求出单位冲激响应。

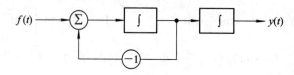

习题图 2-7

2.19 计算 2.17 题中各系统的单位冲激响应。

2.20 已知系统的微分方程如下，计算各系统的单位冲激响应。

(1) $\dfrac{d^2}{dt^2}y(t)+3\dfrac{d}{dt}y(t)+2y(t)=\dfrac{d}{dt}f(t)+3f(t)$

(2) $\dfrac{d^2}{dt^2}y(t)+6\dfrac{d}{dt}y(t)+9y(t)=f(t)$

(3) $\dfrac{d}{dt}y(t)+y(t)=\dfrac{d}{dt}f(t)$

(4) $\dfrac{d^2}{dt^2}y(t)+3\dfrac{d}{dt}y(t)+2y(t)=\dfrac{d^3}{dt^3}f(t)+f(t)$

(5) $\dfrac{d^3}{dt^3}y(t)+4\dfrac{d^2}{dt^2}y(t)+5\dfrac{d}{dt}y(t)+2y(t)=\dfrac{d^2}{dt^2}f(t)+2\dfrac{d}{dt}f(t)+f(t)$

(6) $\dfrac{d^2}{dt^2}y(t)+7\dfrac{d}{dt}y(t)+12y(t)=f(t)$

(7) $\dfrac{d^2}{dt^2}y(t)+2\dfrac{d}{dt}y(t)+10y(t)=f(t)$

2.21 根据卷积的定义，求下列信号的卷积积分 $f_1(t)*f_2(t)$。

(1) $f_1(t)=tU(t)$ $f_2(t)=e^{-2t}U(t)$

(2) $f_1(t)=tU(t)$ $f_2(t)=U(t)$

(3) $f_1(t)=tU(t)$ $f_2(t)=U(t)-U(t-2)$

(4) $f_1(t)=tU(t-1)$ $f_2(t)=U(t-3)$

(5) $f_1(t)=e^{-2t}U(t)$ $f_2(t)=e^{-3t}U(t)$

(6) $f_1(t)=\sin t\,U(t)$ $f_2(t)=\sin t\,U(t)$

(7) $f_1(t)=U(t)-U(t-4)$ $f_2(t)=\sin\pi t\,U(t)$

(8) $f_1(t)=\delta(t-1)$ $f_2(t)=\cos(\pi t+45°)$

(9) $f_1(t)=(1+t)[U(t)-U(t-1)]$ $f_2(t)=U(t-1)-U(t-2)$

(10) $f_1(t)=e^{-2t}U(t)$ $f_2(t)=\sin t\,U(t)$

2.22 利用卷积的微积分性质重新计算 2.21 题中(1)、(2)、(3)、(4)、(7)、(9)各题的卷积，并与由定义直接求解进行比较。

2.23 已知某 LTI 系统的单位冲激响应为 $h_1(t)$，当输入为 $f_1(t)$ 时输出 $y(t)$ 如习题

图 2-8 所示，求当冲激响应和输入分别为以下各组信号时的输出 $y(t)$，并画出图形。

(1) $f(t)=f_1(t)$，$h(t)=3h_1(t)$

(2) $f(t)=f_1(-t)$，$h(t)=h_1(-t)$

(3) $f(t)=f_1(t+2)$，$h(t)=h_1(t-1)$

(4) $f(t)=f_1(t)-f_1(t+2)$，$h(t)=h_1(t-1)$

(5) $f(t)=f_1'(t)$，$h(t)=h_1(t)$

(6) $f(t)=f_1(t)$，$h(t)=h_1'(t)$

(7) $f(t)=f_1'(t)$，$h(t)=h_1'(t)$

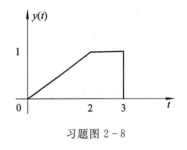

习题图 2-8

2.24 信号 $f_1(t)$ 和 $f_2(t)$ 的波形如习题图 2-9 所示，画出 $y(t)=f_1(t)*f_2(t)$ 的波形。

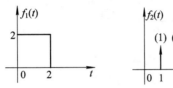

习题图 2-9

2.25 信号 $f_1(t)$ 的波形如习题图 2-10 所示，设 $f_2(t)=\delta'(t+2)+2\delta'(t)+\delta'(t-2)$，画出 $y(t)=f_1(t)*f_2(t)$ 的波形。

2.26 信号 $f_1(t)$ 和 $f_2(t)$ 的波形如习题图 2-11 所示，设 $y(t)=f_1(t)*f_2(t)$，求 $y(3)$。

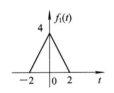

习题图 2-10

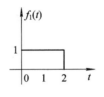

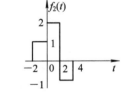

习题图 2-11

2.27 计算下列卷积，并画出波形。

(1) $f(t)=U(t)*U(t)$

(2) $f(t)=e^{-at}U(t)*e^{-at}U(t)$

(3) $f(t)=g_2(t)*g_2(t)$

(4) $f(t)=g_2(t)*g_4(t)$

2.28 已知电路如习题图 2-12 所示，求分别以 $u_C(t)$、$i(t)$ 为输出的冲激响应和阶跃响应。

2.29 已知电路如习题图 2-13 所示，求分别以 $u_C(t)$、$u_L(t)$、$i(t)$ 为输出的冲激响应和阶跃响应。

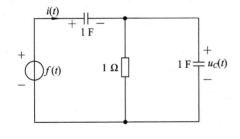

习题图 2-12

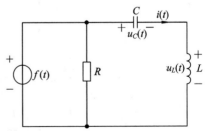

习题图 2-13

信号与系统分析(第三版)

2.30 已知系统的单位阶跃响应 $g(t)$ 为 $\delta(t)-e^{-2t}U(t)$，求单位冲激响应 $h(t)$。

2.31 已知系统的单位阶跃响应 $g(t)$ 为 $tU(t)-2e^{-2t}U(t)$，求单位冲激响应 $h(t)$。

2.32 试求在 2.18 题中，当：

(1) $f(t)=U(t)$ 时的零状态响应；

(2) $f(t)=U(t-1)-U(t-2)$ 时的零状态响应。

2.33 已知 LTI 系统框图如习题图 2-14 所示，三个子系统的冲激响应分别为 $h_1(t)=U(t)-U(t-1)$，$h_2(t)=U(t)$，$h_3(t)=\delta(t)$，求总系统冲激响应 $h(t)$。

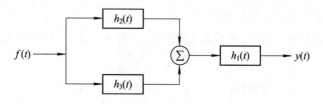

习题图 2-14

2.34 已知 LTI 系统框图如习题图 2-15 所示，子系统的冲激响应分别为 $h_2(t)=\delta(t-1)$（单位延时器），$h_3(t)=-\delta(t)$（倒相器），总系统冲激响应 $h(t)=U(t)-U(t-1)$，求子系统冲激响应 $h_1(t)$，并说明此系统是什么系统。

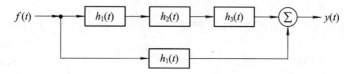

习题图 2-15

2.35 已知系统的微分方程和外加激励，求其零状态响应。

(1) $y''(t)+5y'(t)+6y(t)=3f(t)$, $f(t)=e^{-t}U(t)$

(2) $y''(t)+3y'(t)+2y(t)=f'(t)+4f(t)$, $f(t)=e^{-2t}U(t)$

(3) $y'(t)+2y(t)=f'(t)+f(t)$, $f(t)=e^{-2t}U(t)$

(4) $y'''(t)+4y''(t)+8y'(t)=3f'(t)+8f(t)$, $f(t)=U(t)$

2.36 求下列系统的零输入响应、零状态响应和全响应。

(1) $y''(t)+3y'(t)+2y(t)=f(t)$, $f(t)=-2e^{-t}U(t)$, $y(0^-)=1$, $y'(0^-)=2$

(2) $y'(t)+2y(t)=f(t)$, $f(t)=\sin2tU(t)$, $y(0^-)=1$

(3) $y''(t)+3y'(t)+2y(t)=f(t)$, $f(t)=e^{-t}U(t)$, $y(0^-)=y'(0^-)=1$

2.37 如习题图 2-16 所示电路中，已知当 $u_s(t)=U(t)$ V，$i_s(t)=0$ A 时，$u_C(t)=(2e^{-2t}+0.5)$ V，$t\geq0$；当 $u_s(t)=0$ V，$i_s(t)=U(t)$ A 时，$u_C(t)=(0.5e^{-2t}+2)$ V，$t\geq0$。

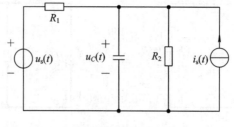

习题图 2-16

（1）求 R_1、R_2 和 C；

（2）求电路的全响应，并指出零输入响应、零状态响应。

2.38 一 LTI 系统，初始状态不详。当激励为 $f(t)$ 时其全响应为 $(2e^{-3t}+\sin 2t)U(t)$；当激励为 $2f(t)$ 时其全响应为 $(e^{-3t}+2\sin 2t)U(t)$。求：

（1）初始状态不变，当激励为 $f(t-1)$ 时其全响应，并指出零输入响应、零状态响应；

（2）初始状态是原来的两倍，激励为 $2f(t)$ 时其全响应。

2.39 系统输入与输出满足一阶微分方程 $y'(t)+2y(t)=f(t)$，则

（1）当输入 $f_1(t)=e^{-2t}U(t)$ 时，求系统输出 $y_{1f}(t)$；

（2）当输入 $f_2(t)=e^{-3t}U(t)$ 时，求系统输出 $y_{2f}(t)$；

（3）当输入 $f_3(t)=\alpha e^{-2t}U(t)+\beta e^{-3t}U(t)$ 时，求系统输出 $y_{3f}(t)$；

（4）当输入 $f_4(t)=e^{-2(t-T)}U(t-T)$ 时，求系统输出 $y_{4f}(t)$。

由此说明系统的线性特性和时不变性。

※扩展练习题

2.40 系统框图如习题图 2-17 所示，（1）列出系统的微分方程；（2）求单位冲激响应。

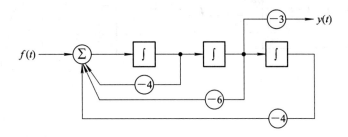

习题图 2-17

2.41 一 LTI 系统，已知其对应于习题图 2-18(a)所示的信号响应为习题图 2-18(b)所示。试绘出：

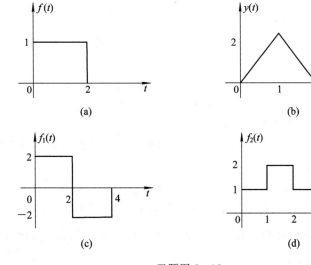

习题图 2-18

(1) 对应于习题图 2-18(c)所示信号的响应波形；

(2) 对应于习题图 2-18(d)所示信号的响应波形。

2.42 已知信号如习题图 2-19 所示，试分别画出各 $f_1(t) * f_2(t)$ 的波形。

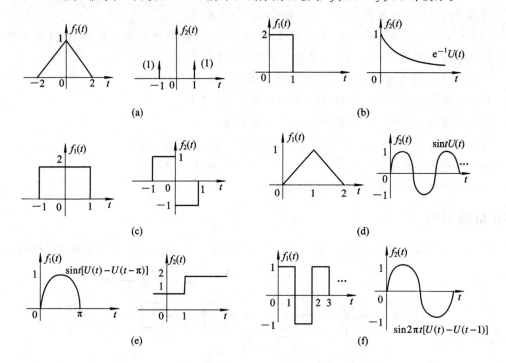

习题图 2-19

2.43 已知 LTI 系统一对激励信号和零状态响应如习题图 2-20 所示，求当系统激励为 $f(t)=\cos\pi t[U(t)-U(t-1)]$ 时，系统的零状态响应。

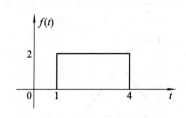
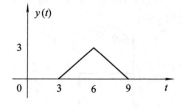

习题图 2-20

2.44 已知 LTI 系统的冲激响应 $h(t)=e^{-2t}U(t)$，求：

(1) 激励信号 $f(t)=e^{-t}[U(t)-U(t-2)]+\beta\delta(t-2)$ 时系统的零状态响应，若要系统在 $t>2$ 时响应为零，则 β 应为多少？

(2) 若激励信号 $f(t)=f_1(t)[U(t)-U(t-2)]+\beta\delta(t-2)$，其中 $f_1(t)$ 为任意时间信号，则要使系统在 $t>2$ 时响应为零，β 应为多少？验证(1)的结果。

2.45 已知某 LTI 系统的输入输出关系为 $y(t)=\displaystyle\int_{-\infty}^{t}e^{-(t-\tau)}f(\tau-2)d\tau$，求：

(1) 该系统的单位冲激响应；

（2）当输入信号如习题图 2-21 所示时，系统的响应。

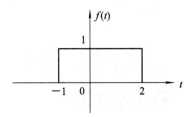

习题图 2-21

上 机 练 习

2.1　用一组 MATLAB 命令画出幅度为 3 V、基频为 50 Hz 的锯齿波，画出其中的 4 个周期。

2.2　已知信号 $f(t)$ 的波形如习题图 2-22 所示，用 MATLAB 画出 $f(3-2t)$ 的波形。

2.3　用 MATLAB 计算 $\mathrm{sinc}(t)$ 与 $\mathrm{sinc}(t)$ 的卷积，画出波形，观察波形，能得出什么结论？

2.4　已知某因果 LTI 系统的微分方程为 $y''(t)+\sqrt{2}y'(t)+y(t)=f(t)$，输入信号 $f(t)=U(t)-U(t-2)$，利用 MATLAB，求：

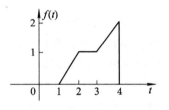

习题图 2-22

（1）系统的单位冲激响应和阶跃响应，绘出响应波形；

（2）用函数 lsim 计算系统的零状态响应，绘出响应波形；

（3）用卷积的方法计算系统的零状态响应，绘出响应波形并与（2）比较。

2.5　已知巴特沃兹二阶带通滤波器的微分方程为 $y''(t)+y'(t)+y(t)=f'(t)$，输入信号 $f(t)=\mathrm{sinc}(10\pi t)$，求：

（1）用函数 lsim 计算系统的零状态响应；

（2）用函数 filter 计算系统零状态响应的近似解；

（3）绘出（1）、（2）的响应波形并进行比较。

第3章 连续时间信号与系统的频域分析

【内容提要】 从本章开始，连续系统的分析方法从时域分析转到变换域分析。本章讨论频率域分析法，即傅里叶分析法，包括周期与非周期信号的傅里叶分析求取其频谱、傅里叶变换的性质，在频率域中求取系统响应的方法及描述系统频率特性的系统函数等。傅里叶分析方法不仅用于通信和控制领域中，在其他领域，如光学、力学中也有广泛应用。

通过第2章的学习可以知道，引入卷积运算后，分析 LTI 系统时，先求出系统的单位冲激响应，这是比较容易的，然后将输入信号表示（分解）成一组单位冲激信号的线性组合（移位加权和），根据叠加性质，LTI 系统对任意一个由单位冲激信号线性组合而成的输入信号的响应就是系统对这些单位冲激信号单个响应的线性组合，即可求出系统的零状态响应。将输入信号表示成一组单位冲激信号的线性组合是一种将复杂问题进行分解的思想。

在本章和第 4 章中也将采用相同的思想，将信号表示（分解）成另一组基本信号的线性组合，只不过这时所用的基本信号是复指数信号。这里需要借助傅里叶变换将信号分解成不同频率的复指数信号的线性组合，所得到的表示就是连续时间信号的傅里叶级数和傅里叶变换式，这种分解也称为傅里叶分解。之所以将复指数信号作为基本信号是因为，复指数信号经过 LTI 系统后其响应也具有一种特别简单的形式（输出信号仍然是相同频率的复指数信号）。这就提供了另一种非常方便的 LTI 系统分析法——频域分析法。

以下先讨论分解信号的工具——傅里叶级数和傅里叶变换，然后利用这个工具进行 LTI 系统的频域分析。

3.1 周期信号的傅里叶级数分析

3.1.1 三角函数形式的傅里叶级数

由数学分析课程中傅里叶级数的定义得到，周期信号 $f(t)$ 可由三角函数的线性组合来表示。若周期信号 $f(t)$ 的周期为 T，角频率为 $\omega_0 = \dfrac{2\pi}{T}$，则 $f(t)$ 可分解为

$$f(t) = a_0 + a_1 \cos\omega_0 t + a_2 \cos2\omega_0 t + \cdots + b_1 \sin\omega_0 t + b_2 \sin2\omega_0 t + \cdots$$

$$= a_0 + \sum_{n=1}^{\infty} (a_n \cos n\omega_0 t + b_n \sin n\omega_0 t) \tag{3-1}$$

式中，n 为正整数，各项三角函数的振幅 a_0，a_1，a_2，$\cdots$ 和 b_1，b_2，$\cdots$ 称为傅里叶级数的系

数，式(3-1)称为三角形式的傅里叶级数。各傅里叶级数的系数有以下定义：

直流分量

$$a_0 = \frac{1}{T}\int_{t_0}^{t_0+T} f(t)\ \mathrm{d}t \qquad (3-2)$$

余弦分量

$$a_n = \frac{2}{T}\int_{t_0}^{t_0+T} f(t)\ \cos n\omega_0 t\ \mathrm{d}t,\ n=1,2,\cdots \qquad (3-3)$$

正弦分量

$$b_n = \frac{2}{T}\int_{t_0}^{t_0+T} f(t)\ \sin n\omega_0 t\ \mathrm{d}t,\ n=1,2,\cdots \qquad (3-4)$$

为方便起见，一般积分区间都取为 $0 \sim T$ 或 $-\dfrac{T}{2} \sim \dfrac{T}{2}$。

三角函数集 $\{1, \cos\omega_0 t, \cos 2\omega_0 t, \cdots, \sin\omega_0 t, \sin 2\omega_0 t, \cdots\}$ 在区间 (t_0, t_0+T) 中组成正交函数集，而且是完备的正交函数集。周期信号 $f(t)$ 就可以由 n 个正交函数的线性组合来近似表达。这种正交函数集可以是三角函数集，也可以是复指数集等。关于完备正交函数集及其性质在此不作详细讨论，可以参考相关书籍。

必须指出，并非任意周期信号都可以分解为式(3-1)的傅里叶级数。能分解为式(3-1)的周期信号要满足狄里赫利(Dirichlet)条件，即

(1) 在一周期内，如果有间断点存在，则间断点的数目应是有限个。

(2) 在一周期内，极大值和极小值的数目应是有限个。

(3) 在一周期内，信号是绝对可积的，即 $\int_{t_0}^{t_0+T} |f(t)|\ \mathrm{d}t$ 等于有限值。通常遇到的周期信号都满足该条件，以后不再特别说明。

由式(3-1)可知，将周期信号 $f(t)$ 展开成傅里叶级数，就可以知道信号 $f(t)$ 中直流分量的大小，频率为 ω_0 的信号分量的振幅和相位，以及频率为 $2\omega_0$ 的信号分量的振幅和相位，等等。通常称频率为 ω_0 的信号为基波分量，频率为 $2\omega_0$ 的信号为二次谐波分量，依次类推为三次谐波、四次谐波等。这些分量就表明了信号 $f(t)$ 的频率特性。这种频率特性(频谱)在稍后介绍。

但式(3-1)中的各次谐波的振幅和相位直观上看还不是很清楚，进一步将式(3-1)中的同频率信号相合并，可以写出另一种形式的三角型傅里叶级数表达式为

$$f(t) = A_0 + \sum_{n=1}^{\infty} A_n \cos(n\omega_0 t + \varphi_n) \qquad (3-5)$$

式中

$$\left.\begin{array}{l} A_0 = a_0 \\ A_n = \sqrt{a_n^2 + b_n^2}, \quad n=1,2,\cdots,\ a_n = A_n\cos\varphi_n \\ \varphi_n = \arctan\left(-\dfrac{b_n}{a_n}\right), \quad b_n = -A_n\sin\varphi_n \end{array}\right\} \qquad (3-6)$$

这里，若将周期信号分解为式(3-5)的傅里叶级数，则该信号中所含的频率分量的情况便一清二楚了。

从式(3-3)和式(3-4)可知，a_n 与 b_n 都是 $n\omega_0$ 的函数，所以 A_n 和 φ_n 也都是 $n\omega_0$ 的函数。若 n 取负值，可知 a_n 和 A_n 是 n 的偶函数，b_n 与 φ_n 是 n 的奇函数。如果将 A_n 对 $n\omega_0$ 的关系绘成图形，$n\omega_0$ 用 ω 表示，即 $\omega = n\omega_0$，$n=0,1,2,\cdots$，以 ω 为横轴，所对应的 A_n 为纵轴，就可以画成一种线图，直观地表明信号 $f(t)$ 的各频率分量的振幅。这种表示 $A_n \sim$

$n\omega_0(\omega)$ 之间关系的图称为信号的幅度频率(幅度谱),每一条线表示某一频率分量的振幅,称为谱线。连接各谱线顶点的曲线称为包络,反映了各分量幅度变化的情况。类似地,还可以画出 $\varphi_n \sim n\omega_0(\omega)$ 之间的线图,称为信号的相位频谱(相位谱),反映各分量的相位关系。周期信号的幅度谱和相位谱组成信号的频率谱(频谱),如图 3-1 所示。相应地,若已知某个信号的频谱,也可以重构此信号。所以频谱提供了另一种描述信号的方法,即不同的信号,频谱不同。时域周期信号 $f(t)$ 可以用其相应的频谱来描述,这种信号的描述方法就叫信号的频域分析。时域和频域描述从不同角度给出了信号的特征,是分析系统的基础。

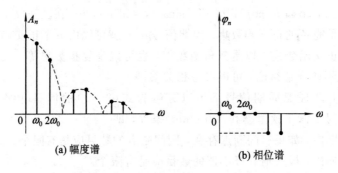

(a) 幅度谱　　　(b) 相位谱

图 3-1　周期信号的频谱

【例 3-1】　将图 3-2(a)所示的周期矩形脉冲信号展开成三角型傅里叶级数,并画出其频谱。

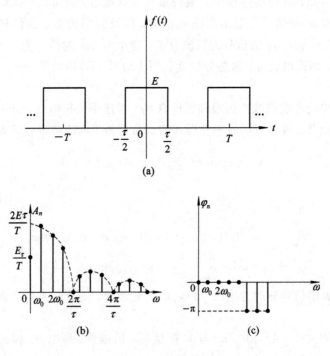

图 3-2　例 3-1 图

解　周期矩形脉冲信号在一个周期 $\left(-\dfrac{T}{2}, \dfrac{T}{2}\right)$ 区间可表示为

$$f(t) = \begin{cases} E, & |t| < \dfrac{\tau}{2} \\ 0, & |t| > \dfrac{\tau}{2} \end{cases}, \quad \omega_0 = \frac{2\pi}{T}$$

由式(3-2)~式(3-4)可求出各傅里叶系数为

$$a_0 = \frac{1}{T}\int_{-\frac{T}{2}}^{\frac{T}{2}} f(t)\,\mathrm{d}t = \frac{1}{T}\int_{-\frac{\tau}{2}}^{\frac{\tau}{2}} E\,\mathrm{d}t = \frac{E\tau}{T}$$

$$a_n = \frac{2}{T}\int_{-\frac{T}{2}}^{\frac{T}{2}} f(t)\,\cos n\omega_0 t\,\mathrm{d}t = \frac{2}{T}\int_{-\frac{\tau}{2}}^{\frac{\tau}{2}} E\cos \frac{2n\pi}{T}t\,\mathrm{d}t = \frac{2E\tau}{T}\,\mathrm{Sa}\!\left(\frac{n\omega_0\tau}{2}\right)$$

$$b_n = \frac{2}{T}\int_{-\frac{T}{2}}^{\frac{T}{2}} f(t)\,\sin n\omega_0 t\,\mathrm{d}t = 0$$

所以 $f(t)$ 可展开为

$$f(t) = \frac{E\tau}{T} + \sum_{n=1}^{\infty} \frac{2E\tau}{T}\,\mathrm{Sa}\!\left(\frac{n\omega_0\tau}{2}\right)\cos n\omega_0 t$$

为了画出频谱，求出振幅和相位，有

$$A_0 = a_0$$

$$A_n = |a_n|$$

$$\varphi_n = \arctan 0 = \begin{cases} 0, & a_n > 0 \\ -\pi\ \text{或}\ \pi, & a_n < 0 \end{cases}$$

其幅度谱 $A_n \sim \omega$ 和相位谱 $\varphi_n \sim \omega$ 分别如图 3-2(b)、(c)所示。

【例 3-2】　已知某信号的频谱如图 3-3 所示，求该信号的表达式。

解　由信号的频谱可以清楚地得出该信号各频率分量的振幅和相位，即

直流分量　　$A_0 = 1$

基波分量　　$A_1 = \dfrac{1}{2}$，　$\varphi_1 = -\dfrac{\pi}{2}$

二次谐波分量　　$A_2 = \dfrac{1}{4}$，　$\varphi_2 = \dfrac{\pi}{3}$

其他频率分量均为零。故可写出 $f(t)$ 的表达式为

$$f(t) = 1 + \frac{1}{2}\cos\!\left(\omega_0 t - \frac{\pi}{2}\right) + \frac{1}{4}\cos\!\left(2\omega_0 t + \frac{\pi}{3}\right)$$

可见，周期信号的频谱有共同的特性，即所有周期信号的频谱都是由间隔为 ω_0 的谱线组成的，称为离散谱。

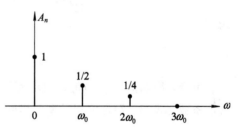

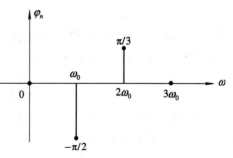

图 3-3　例 3-2 信号的频谱

3.1.2　复指数形式的傅里叶级数

周期信号的傅里叶级数也可以表示为复指数形式。由式(3-1)知

$$f(t) = a_0 + \sum_{n=1}^{\infty}(a_n \cos n\omega_0 t + b_n \sin n\omega_0 t)$$

将欧拉公式

$$\cos n\omega_0 t = \frac{1}{2}(\mathrm{e}^{\mathrm{j}n\omega_0 t} + \mathrm{e}^{-\mathrm{j}n\omega_0 t})$$

$$\sin n\omega_0 t = \frac{1}{2\mathrm{j}}(\mathrm{e}^{\mathrm{j}n\omega_0 t} - \mathrm{e}^{-\mathrm{j}n\omega_0 t})$$

代入上式得

$$f(t) = a_0 + \sum_{n=1}^{\infty} \left(\frac{a_n - \mathrm{j}b_n}{2} \mathrm{e}^{\mathrm{j}n\omega_0 t} + \frac{a_n + \mathrm{j}b_n}{2} \mathrm{e}^{-\mathrm{j}n\omega_0 t} \right)$$

令

$$F_n(\mathrm{j}n\omega_0) = \frac{1}{2}(a_n - \mathrm{j}b_n), \quad n = 1, 2, \cdots$$

并考虑到

$$a_n = a_{-n}, \quad b_n = -b_{-n}$$

得

$$F_n(-\mathrm{j}n\omega_0) = \frac{1}{2}(a_n + \mathrm{j}b_n)$$

所以有

$$f(t) = a_0 + \sum_{n=1}^{\infty} [F_n(\mathrm{j}n\omega_0) \mathrm{e}^{\mathrm{j}n\omega_0 t} + F_n(-\mathrm{j}n\omega_0) \mathrm{e}^{-\mathrm{j}n\omega_0 t}]$$

令 $F_n(0) = a_0$ 并考虑到

$$\sum_{n=1}^{\infty} F_n(-\mathrm{j}n\omega_0) \mathrm{e}^{-\mathrm{j}n\omega_0 t} = \sum_{n=-1}^{-\infty} F_n(\mathrm{j}n\omega_0) \mathrm{e}^{\mathrm{j}n\omega_0 t} \tag{3-7}$$

得到

$$f(t) = \sum_{n=-\infty}^{\infty} F_n(\mathrm{j}n\omega_0) \mathrm{e}^{\mathrm{j}n\omega_0 t}$$

可见，周期信号 $f(t)$ 可以表示为若干个复指数信号的组合。其中 $F_n(\mathrm{j}n\omega_0)$ 为复指数信号的系数。式(3-7)称为指数型傅里叶级数。因为

$$F_n(\mathrm{j}n\omega_0) = \frac{1}{2}(a_n - \mathrm{j}b_n) \tag{3-8}$$

所以 $F_n(\mathrm{j}n\omega_0)$ 一般为复函数，所以称之为傅里叶级数的复系数（复振幅），通常将 $F_n(\mathrm{j}n\omega_0)$ 简写为 F_n。将 a_n、b_n 的定义代入式(3-8)得到

$$F_n = \frac{1}{T} \int_{t_0}^{t_0+T} f(t) \mathrm{e}^{-\mathrm{j}n\omega_0 t} \, \mathrm{d}t, \quad n \in \mathbf{Z} \tag{3-9}$$

可以利用式(3-9)计算一个周期信号的复系数，从而将之表达为指数型傅里叶系数。

其实，复系数 F_n 与傅里叶级数的其他系数有密切关系，即

$$F_0 = a_0 = A_0, \quad F_n = \frac{1}{2}(a_n - \mathrm{j}b_n) = |F_n| \mathrm{e}^{\mathrm{j}\varphi_n} \tag{3-10}$$

$$\left. \begin{aligned} |F_n| &= \frac{1}{2}\sqrt{a_n^2 + b_n^2} = \frac{1}{2}A_n \\ \varphi_n &= \arctan\left(-\frac{b_n}{a_n}\right) \end{aligned} \right\} \tag{3-11}$$

可见，F_n 也应该是 $n\omega_0$ 的函数，且 $|F_n|$ 为 n 的偶函数，φ_n 为 n 的奇函数。将 $n\omega_0$ 用 ω 代替，也可以得到 $|F_n| \sim \omega$ 的关系和 $\varphi_n \sim \omega$ 的关系，以 ω 为横轴，$|F_n|$ 与 φ_n 为纵横，画出 $|F_n| \sim \omega$ 的谱线，称为（复数）幅度谱。画出 $\varphi_n \sim \omega$ 的谱线，称为（复数）相位谱。二者共同组成信号的复数频谱（复频谱）。值得注意的是，F_n 中的 n 可取负整数，故 ω 有正有负，即复频谱中不仅包括正频率项，而且含有负频率项，所以经常称复频谱为双边谱，如图 3-4 所示；而称图 3-1 所示的频谱为单边谱。

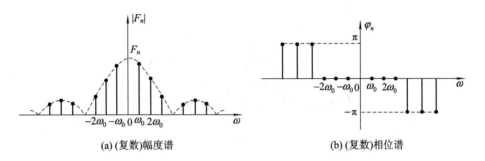

(a)（复数）幅度谱　　　　　　　　　(b)（复数）相位谱

图 3-4　周期信号的双边谱

对同一个周期信号，它的频谱只能有一个，既可以用三角型傅里叶级数展开，从而画出它的单边谱，又可以用指数型傅里叶级数展开，从而画出它的双边谱。那么双边谱和单边谱如何统一呢？其实这两种频谱表示方法实质上是一样的，其不同之处仅是单边谱中的每条谱线代表一个分量的振幅，而双边谱中每个分量的幅度一分为二，在正、负频率处各为一半，即

$$|F_n| + |F_{-n}| = A_n \quad \text{或} \quad |F_n| = |F_{-n}| = \frac{1}{2} A_n \qquad (3-12)$$

所以，只有两正、负频率上对应的两条谱线相加才代表一个频率分量的振幅；而相位谱是一致的，只要将单边谱中的相位谱进行奇对称，画成双边相位谱即可。

在双边谱中出现的负频率其实没有任何物理含义，完全是由于数学运算的结果，只有将负频率项与相应的正频率项成对合并起来，才是实际的频谱。

【例 3-3】　将例 3-1 中的周期矩形脉冲信号展开为指数型傅里叶级数，并画出其复频谱。

解　根据 F_n 的定义有

$$F_n = \frac{1}{T} \int_{-\frac{T}{2}}^{\frac{T}{2}} f(t) \mathrm{e}^{-\mathrm{j}n\omega_0 t} \, \mathrm{d}t = \frac{1}{T} \int_{-\frac{\tau}{2}}^{\frac{\tau}{2}} E \mathrm{e}^{-\mathrm{j}n\omega_0 t} \, \mathrm{d}t = \frac{E\tau}{T} \, \mathrm{Sa}\left(\frac{n\omega_0\tau}{2}\right)$$

所以

$$f(t) = \sum_{n=-\infty}^{\infty} F_n \mathrm{e}^{\mathrm{j}n\omega_0 t} = \frac{E\tau}{T} \sum_{n=-\infty}^{\infty} \mathrm{Sa}\left(\frac{n\omega_0\tau}{2}\right) \mathrm{e}^{\mathrm{j}n\omega_0 t}$$

相应的双边谱如图 3-5 所示。

将周期信号的幅度谱和相位谱分开画，如图 3-5(a)所示。只有当 F_n 为实数时，可以将频谱图画在一张图中，如图 3-5(b)所示。一般情况下，F_n 为复函数时，幅度谱和相位谱就不能画在一张图中，必须分为幅度谱与相位谱两张图。

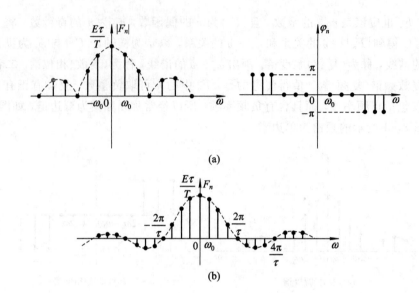

(a)

(b)

图 3-5　例 3-3 矩形脉冲信号的双边谱

【例 3-4】　求信号 $\delta_T(t) = \sum\limits_{n=-\infty}^{\infty} \delta(t-nT)$ 的频谱。

解　因为

$$F_n = \frac{1}{T}\int_{-\frac{T}{2}}^{\frac{T}{2}} \delta(t)\mathrm{e}^{-jn\omega_0 t}\,\mathrm{d}t = \frac{1}{T}$$

所以

$$\delta_T(t) = \frac{1}{T}\sum_{n=-\infty}^{\infty}\mathrm{e}^{jn\omega_0 t}$$

相应的信号波形及其频谱图如图 3-6 所示。

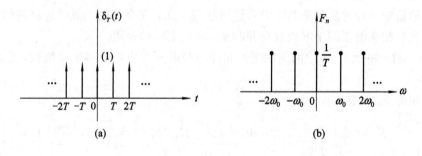

(a)　　　　(b)

图 3-6　例 3-4 的信号波形及其频谱图

【例 3-5】　已知连续周期信号 $f(t)=2+4\cos\dfrac{\pi}{4}t+8\cos\left(\dfrac{3\pi}{4}t+\dfrac{\pi}{2}\right)$，将其表示成复指数信号形式，并画出其频谱。

解　从 $f(t)$ 的已知表达形式可知，它是 $f(t)$ 的三角型傅里叶级数形式，故知 $f(t)$ 中含直流分量、基波分量、三次谐波分量，即

$$\omega_0 = \frac{\pi}{4}$$

$$A_0 = 2$$

$$A_1 = 4, \quad \varphi_1 = 0$$

$$A_3 = 8, \quad \varphi_3 = \frac{\pi}{2}$$

从傅里叶系数与复振幅之间的关系，或单边谱与双边谱之间的关系可以得出

$$F_0 = 2$$

$$F_1 = \frac{A_1}{2} = 2, \quad F_{-1} = 2$$

$$F_3 = 4\mathrm{e}^{\mathrm{j}\frac{\pi}{2}}, \quad F_{-3} = 4\mathrm{e}^{-\mathrm{j}\frac{\pi}{2}}$$

所以将 $f(t)$ 表示成指数型傅里叶级数为

$$\begin{aligned}
f(t) &= \sum_{n=-\infty}^{\infty} F_n \mathrm{e}^{\mathrm{j}n\omega_0 t} \\
&= 2 + 2\mathrm{e}^{\mathrm{j}\omega_0 t} + 2\mathrm{e}^{-\mathrm{j}\omega_0 t} + 4\mathrm{e}^{\mathrm{j}\frac{\pi}{2}}\mathrm{e}^{\mathrm{j}3\omega_0 t} + 4\mathrm{e}^{-\mathrm{j}\frac{\pi}{2}}\mathrm{e}^{-\mathrm{j}3\omega_0 t} \\
&= 2 + 2\mathrm{e}^{\mathrm{j}\frac{\pi}{4}t} + 2\mathrm{e}^{-\mathrm{j}\frac{\pi}{4}t} + 4\mathrm{e}^{\mathrm{j}\left(\frac{3}{4}\pi t + \frac{\pi}{2}\right)} + 4\mathrm{e}^{-\mathrm{j}\left(\frac{3}{4}\pi t + \frac{\pi}{2}\right)}
\end{aligned}$$

画出的相应频谱如图 3-7 所示。

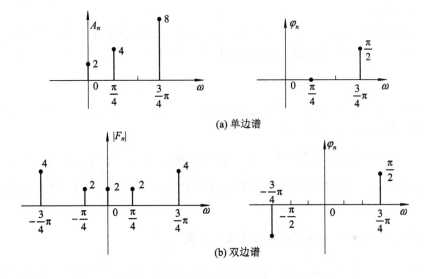

图 3-7 例 3-5 的单边谱和双边谱

3.1.3 周期信号频谱的特点

在实际应用中，周期矩形脉冲信号具有很重要的地位。下面就以周期矩形脉冲信号为例，揭示周期信号的频谱特点。

由前面的讨论知道，周期矩形脉冲信号的波形及其频谱如图 3-8 所示。

通过对周期矩形脉冲信号的频谱分析，可以归纳出有关周期信号频谱结构的一般特点如下：

（1）周期信号的频谱都是离散谱，谱线间隔为 ω_0，谱线（谐波分量）只存在于基波频率

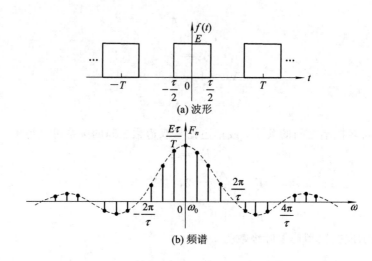

图 3-8　周期矩形脉冲信号的波形及其频谱

ω_0 的整数倍上。

（2）在理论上周期信号的谐波分量是无限多的。在整个频率范围内高次谐波幅度虽然时有起伏，但总的趋势是按照一定规律递减的。这表明，信号能量主要集中在低频范围内。对周期矩形脉冲而言，其能量主要集中在第一个过零点以内，而且谐波分量的振幅 A_n 随着 T 的增大而减小。

（3）信号的频带宽度。基于上述理由，把从零频开始的能量主要集中的频率范围称为信号的有效频带宽度，简称带宽。如周期矩形脉冲信号的带宽为

$$B = \frac{2\pi}{\tau}\ (\text{rad/s}) \quad \text{或} \quad \Delta f = \frac{1}{\tau}\ (\text{Hz}) \tag{3-13}$$

（4）信号的时间特性与频率特性之间的关系。从式（3-13）可知，时域中脉冲持续时间愈短，在频域中信号占有的频带愈宽。

（5）谱线密度与周期 T 的关系。因为谱线间隔 $\omega_0 = \dfrac{2\pi}{T}$，所以周期愈大，谱线间隔愈小，谱线愈加密集。当周期信号的周期 T 趋近于无穷大，即 $T \to \infty$ 时，周期信号就变成非周期信号，离散谱将趋近于连续谱。

3.1.4　周期信号频谱分析的 MATLAB 实现

利用 MATLAB 提供的计算定积分的函数 quad 和 quadv，可以比较方便地计算给定周期信号的傅里叶级数。quad 和 quadv 的调用格式为

　　　　y=quad(FUN, A, B)

其中，FUN 是被积函数，是字符串或函数句柄；A 和 B 分别是积分下限和上限。利用该函数，傅里叶级数的系数可由下式求出：

　　　　F_n=quad(FUN, −T/2, T/2)/T

其中，T 是信号的周期。

【例 3-6】　利用 MATLAB 求图 3-9 所示周期方波的傅里叶函数，并给出幅度谱和相位谱；然后将求得的系数代入公式 $f(t) = \sum_{n=-N}^{N} F_n e^{jn\omega_0 t}$，求出 $f(t)$ 的近似值，画出 $N=6$

时的合成波形。

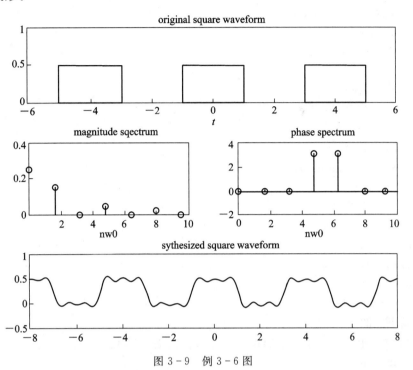

图 3-9 例 3-6 图

解 用于求解的 MATLAB 代码如下:

```
%program ch3_6
clear;
T=4;
width=2;
A=0.5;
t1=-T/2:0.01:T/2;
ft1=0.5*[abs(t1)<width/2];
t2=[t1-T t1 t1+T];
ft=repmat(ft1, 1, 3);
subplot(3, 1, 1);
plot(t2, ft);
xlabel('t');
title('original square waveform');
w0=2*pi/T;
N=6;
K=0:N;
for k=0:N
    factor=['exp(-j*t*', num2str(w0), '*', num2str(k), ')'];
    f_t=[num2str(A), '*rectpuls(t, 2)'];
    Fn(k+1)=quad([f_t, '.*', factor], -T/2, T/2)/T;
end
```

```
subplot(3, 2, 3);
stem(K * w0, abs(Fn));
xlabel('nw0');
title('magnitude spectrum');


ph=angle(Fn);
subplot(3, 2, 4);
stem(K * w0, ph);
xlabel('nw0');
title('phase spectrum');


t=-2 * T:0.01:2 * T;
K=[0:N]';
ft=Fn * exp(j * w0 * K * t);
subplot(3, 1, 3);
plot(f, ft);
title('sythesized square waveform');
```

运行结果如图 3-9 所示。

【例 3-7】 用 MATLAB 求解例 3-1 的频谱，设 $T=4$，$\tau=2$。

解 求解的代码如下：

```
%program ch3_7
clear;
T=4;
width=2;
A=0.5;
t1=-T/2:0.01:T/2;
ft1=0.5 * [abs(t1)<width/2];
t2=[t1-T t1 t1+T];
ft=repmat(ft1, 1, 3);
subplot(2, 1, 1);
plot(t2, ft);
xlabel('t');
title('original square waveform');
axis([-6 6 -0.5 1]);
w0=2 * pi/T;
N=5;
K=0:N;
for k=0:N
    factor=['exp(-j * t * ', num2str(w0), ' * ', num2str(k), ')'];
    f_t=[num2str(A), ' * rectpuls(t, 2)'];
    Fn(k+1)=quad([f_t, '. * ', factor], -T/2, T/2)/T;
end
```

```
subplot(2, 2, 3);
stem(K * w0, abs(Fn));
xlabel('nw0');
title('magnitude spectrum');
hold on;
% phase
ph＝angle(Fn);
subplot(2, 2, 4);
stem(K * w0, ph);
xlabel('nw0');
title('phase spectrum');
```

运行结果如图 3－10 所示。

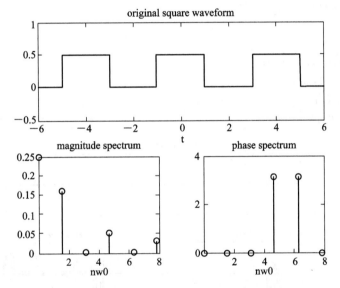

图 3－10　例 3－7 运行结果

【例 3－8】　用 MATLAB 求解例 3－3。

解　求解的代码如下：

```
% program ch3_8
T＝4;
width＝2;
A＝0.5;
t1＝－T/2:0.01:T/2;
ft1＝0.5 * [abs(t1)＜width/2];
t2＝[t1－T t1 t1＋T];
ft＝repmat(ft1, 1, 3);
subplot(4, 1, 1);
plot(t2, ft);
xlabel('t');
title('original square waveform');
```

```
w1=-4*pi;
w2=4*pi;
N=50;
wk=linspace(w1, w2, N);
F=zeros(1, N);
for k=1:N;
    factor=['exp(-j*t*', num2str(wk(k)), ')'];
    f_t=[num2str(A), '*rectpuls(t, 2)'];
    F(k)=quad([f_t, '.*', factor], -T/2, T/2)/T;
end
subplot(4, 2, 3);
stem(wk, abs(F));
title('magnitude spectrum');
subplot(4, 2, 4);
stem(wk, angle(F));
title('phase spectrum');
subplot(4, 1, 3);
plot(wk, F);
```

运行结果如图 3-11 所示。

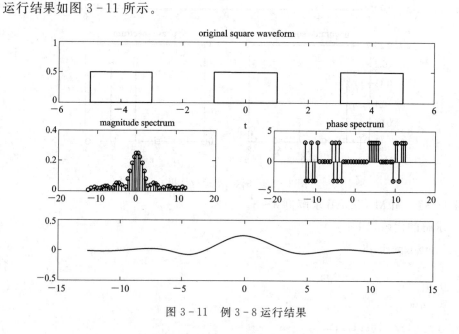

图 3-11　例 3-8 运行结果

3.2　非周期信号的傅里叶变换分析

3.2.1　从傅里叶级数到傅里叶变换

周期信号与非周期信号的关系，从数学上看，非周期信号就是令周期信号的周期趋于无限大时的极限情况。各种形式的单脉信号就是常见的非周期信号。

从上一节中就发现，周期矩形脉冲信号的谱线密度与周期 T 相关。当周期 T 无限增大时，谱线间隔与谱线高度均将趋于无穷小，而周期矩形脉冲信号就变成单一矩形脉冲。也就是说，非周期信号的频谱是由无限多个幅度为无穷小的连续频率分量所组成的。虽然各频率分量的绝对幅度为无穷小，但其相对大小仍然是有差别的。为此，有下面频谱密度函数的定义。

令

$$F(j\omega) = \lim_{T \to \infty} T \cdot F_n = \lim_{T \to \infty} \frac{F_n}{\frac{1}{T}} \tag{3-14}$$

当 $T \to \infty$ 时，$n\omega_0 \to \omega$，即

$$\lim_{T \to \infty} \frac{F_n}{\frac{1}{T}} = \lim_{T \to \infty} T \cdot \frac{1}{T} \int_{-\frac{T}{2}}^{\frac{T}{2}} f(t) e^{-jn\omega_0 t} \, dt = \int_{-\infty}^{+\infty} f(t) e^{-j\omega t} \, dt$$

所以有

$$F(j\omega) = \int_{-\infty}^{+\infty} f(t) e^{-j\omega t} \, dt \tag{3-15}$$

$F(j\omega)$ 称为频谱密度函数，简称频谱函数。从式（3-14）的量纲可知，其意义为单位频率上的幅度，揭示了非周期信号连续频谱的规律。

与周期信号的傅里叶级数（这里的 $f_T(t)$ 指周期为 T 的周期信号）为

$$f_T(t) = \sum_{n=-\infty}^{\infty} F_n e^{jn\omega_0 t}$$

相应的，当周期 $T \to \infty$ 时，$f(t)$ 将成为非周期信号，即有

$$\begin{aligned}
f(t) &= \lim_{T \to \infty} \sum_{n=-\infty}^{\infty} F_n e^{jn\omega_0 t} \\
&= \lim_{T \to \infty} \sum_{n=-\infty}^{\infty} T \cdot F_n(jn\omega_0) e^{jn\omega_0 t} \cdot \frac{1}{T} \\
&= \lim_{T \to \infty} \frac{1}{2\pi} \sum_{n=-\infty}^{\infty} T \cdot F_n(jn\omega_0) e^{jn\omega_0 t} \cdot \omega_0 \\
&= \frac{1}{2\pi} \int_{-\infty}^{+\infty} F(j\omega) e^{j\omega t} \, d\omega
\end{aligned} \tag{3-16}$$

式（3-16）表明，非周期信号 $f(t)$ 可以分解为无限多个虚指数函数分量 $e^{j\omega t}$ 之和，指数分量的谱系数为 $\frac{F(j\omega)}{2\pi} d\omega$，是一无穷小量，这些分量的频率范围为 $-\infty \sim +\infty$，占据整个频率域。

重新写出式（3-15）和式（3-16），即

$$\left. \begin{aligned}
F(j\omega) &= \int_{-\infty}^{+\infty} f(t) e^{-j\omega t} \, dt \\
f(t) &= \frac{1}{2\pi} \int_{-\infty}^{+\infty} F(j\omega) e^{j\omega t} \, d\omega
\end{aligned} \right\} \tag{3-17}$$

则称式（3-17）是一对变换式，前者称为傅里叶（正）变换，简称傅氏变换，后者称为傅里叶逆变换，简称傅氏逆变换。傅氏变换是将非周期信号的时间函数变换为相应的频谱函数；

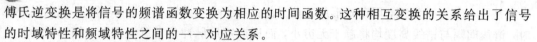

傅氏逆变换是将信号的频谱函数变换为相应的时间函数。这种相互变换的关系给出了信号的时域特性和频域特性之间的一一对应关系。

为了书写方便，常采用如下符号：

$$F(j\omega) = \mathcal{F}[f(t)], \quad f(t) = \mathcal{F}^{-1}[F(j\omega)] \tag{3-18}$$

即

$$f(t) \leftrightarrow F(j\omega) \tag{3-19}$$

需要指出的是，傅氏变换和傅氏逆变换都是无穷区间的广义积分，因此傅里叶变换存在与否还需要进行数学证明。本书不去研究这一复杂的数学理论证明，只对傅氏变换存在的充分条件加以讨论。

如果 $f(t)$ 满足绝对可积条件，即

$$\int_{-\infty}^{+\infty} |f(t)| \, dt = 有限值 \tag{3-20}$$

则其傅氏变换 $F(j\omega)$ 存在。其实，所有能量信号都能满足上述绝对可积条件。但这个条件只是充分条件而不是必要条件。一些不满足绝对可积条件的函数也可以有傅氏变换。除此之外，还有一些重要函数，例如冲激信号、阶跃信号、周期信号等，当引入 δ 信号之后，也存在相应的傅里叶变换。

3.2.2 频谱函数 $F(j\omega)$ 的特性

由式(3-17)可知，$F(j\omega)$ 一般为 ω 的复函数，若信号 $f(t)$ 是实信号，其频谱函数可表示为

$$\begin{aligned} F(j\omega) &= \int_{-\infty}^{+\infty} f(t)e^{-j\omega t} \, dt = \int_{-\infty}^{+\infty} f(t)\cos\omega t \, dt - j\int_{-\infty}^{+\infty} f(t)\sin\omega t \, dt \\ &= R(\omega) + jX(\omega) \\ &= |F(j\omega)|e^{j\varphi(\omega)} = F(\omega)e^{j\varphi(\omega)} \end{aligned} \tag{3-21}$$

从式(3-21)可以得到如下结论：

(1) 实部 $R(\omega)$ 是 ω 的偶函数，虚部 $X(\omega)$ 是 ω 的奇函数。

(2) 模量 $|F(j\omega)|$ 代表非周期信号 $f(t)$ 的各频经分量的相对大小，是 ω 的偶函数，幅角 $\varphi(\omega)$ 则代表相应各频率分量的相位，是 ω 的奇函数。

(3) 以 ω 为横坐标轴，$|F(j\omega)|$ 为纵坐标轴，将 $|F(j\omega)| \sim \omega$ 的关系画成图形，就称为信号的幅度谱；类似地，将 $\varphi(\omega) \sim \omega$ 的关系画成图形，就称为信号的相位谱。幅度谱和相位谱就组成一个非周期信号的频谱，反映了非周期信号的时间特性与频率特性之间的关系，也叫信号的频谱分析。

(4) 若信号 $f(t)$ 为偶函数，则 $F(j\omega) = R(\omega)$；若 $f(t)$ 为奇函数，则 $F(j\omega) = jX(\omega)$。

若信号 $f(t)$ 是虚信号，其频谱函数的奇偶性与上述特性有所不同，具体请参照附录 C。

【例 3-9】 求图 3-12(a)所示矩形脉冲信号的频谱。

解 图 3-12(a)所示矩形脉冲信号 $f(t)$ 的表达式为

$$f(t) = \begin{cases} E, & |t| < \dfrac{\tau}{2} \\ 0, & 其他 \end{cases}$$

此函数的傅氏变换为

$$F(j\omega) = \int_{-\infty}^{+\infty} f(t) e^{-jn\omega_0 t} \, dt = \int_{-\frac{\tau}{2}}^{\frac{\tau}{2}} E \cdot e^{-j\omega t} \, dt = E\tau \cdot \frac{\sin\frac{\omega\tau}{2}}{\frac{\omega\tau}{2}} = E\tau \, \text{Sa}\left(\frac{\omega\tau}{2}\right)$$

可见，其幅度谱是

$$|F(j\omega)| = E\tau \left| \text{Sa}\left(\frac{\omega\tau}{2}\right) \right|$$

相位谱是

$$\varphi(\omega) = \begin{cases} 0, & F(j\omega) > 0 \\ \pi \text{ 或} -\pi, & F(j\omega) < 0 \end{cases}$$

其频谱图分别如图 3-12(b)、(c)所示。

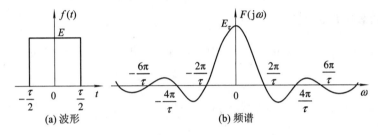

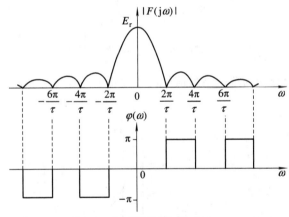

(c) 幅度谱和相位谱

图 3-12 矩形脉冲信号的波形和频谱

由例 3-9 可知，若傅氏变换 $F(j\omega)$ 是实函数，频谱可画在一张图上，如图 3-12(b)所示。若 $F(j\omega)$ 是复函数，频谱只能画在两张图上，即分别画幅度谱和相位谱，如图 3-12(c)所示。

3.2.3 典型非周期信号的傅里叶变换

1. 矩形脉冲信号(门信号)$g_\tau(t)$

由例 3-9 可知，幅度 $E=1$ 的矩形脉冲信号 $g_\tau(t)$ 的傅里叶变换为

$$g_\tau(t) \leftrightarrow \tau \, \mathrm{Sa}\left(\frac{\omega\tau}{2}\right) \tag{3-22}$$

相应的信号波形及频谱如图 3-13 所示。

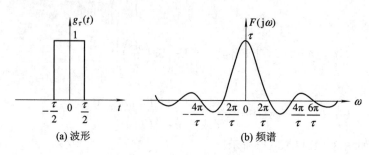

(a) 波形   (b) 频谱

图 3-13　门信号的波形及频谱

2. 单边指数信号 $e^{-at}U(t)(a>0)$

$$F(\mathrm{j}\omega) = \int_{-\infty}^{+\infty} f(t)e^{-\mathrm{j}\omega t}\,\mathrm{d}t = \int_{-\infty}^{+\infty} e^{-at}U(T)\cdot e^{-\mathrm{j}\omega t}\,\mathrm{d}t = \int_{0}^{+\infty} e^{-(a+\mathrm{j}\omega)t}\,\mathrm{d}t = \frac{1}{a+\mathrm{j}\omega}$$

即

$$\left.\begin{aligned}
e^{-at}U(t) &\leftrightarrow \frac{1}{a+\mathrm{j}\omega} \\[2mm]
|F(\mathrm{j}\omega)| &= \frac{1}{\sqrt{a^2+\omega^2}} \\[2mm]
\varphi(\omega) &= -\arctan\frac{\omega}{a}
\end{aligned}\right\} \tag{3-23}$$

式中，$|F(\mathrm{j}\omega)|$ 和 $\varphi(\omega)$ 分别为单边指数信号的幅度谱和相位谱。相应的信号波形及频谱如图 3-14 所示。

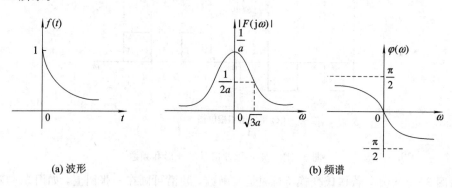

(a) 波形   (b) 频谱

图 3-14　单边指数信号的波形及频谱

3. 双边指数信号 $e^{-a|t|}\,(a>0)$

$$F(\mathrm{j}\omega) = \int_{-\infty}^{+\infty} f(t)e^{-\mathrm{j}\omega t}\,\mathrm{d}t = \int_{-\infty}^{+\infty} e^{-a|t|}\cdot e^{-\mathrm{j}\omega t}\,\mathrm{d}t$$

$$= \int_{-\infty}^{0} e^{at}\cdot e^{-\mathrm{j}\omega t}\,\mathrm{d}t + \int_{0}^{+\infty} e^{-at}\cdot e^{-\mathrm{j}\omega t}\,\mathrm{d}t$$

$$= \frac{1}{a-\mathrm{j}\omega} + \frac{1}{a+\mathrm{j}\omega} = \frac{2a}{a^2+\omega^2}$$

即

$$\left.\begin{aligned} \mathrm{e}^{-a|t|} &\leftrightarrow \frac{2a}{\omega^2 + a^2} \\ F(\omega) &= \frac{2a}{\omega^2 + a^2} \\ \varphi(\omega) &= 0 \end{aligned}\right\} \qquad (3-24)$$

相应的信号波形及频谱如图 3-15 所示。

4. 符号函数 sgn(t)

$$\mathrm{sgn}(t) = \begin{cases} 1, & t > 0 \\ -1, & t < 0 \end{cases}$$

$$\mathrm{sgn}(t) = \lim_{a \to 0}[\mathrm{e}^{-at}U(t) - \mathrm{e}^{at}U(-t)]$$

$$F(\mathrm{j}\omega) = \lim_{a \to 0}\left[\int_0^{+\infty} \mathrm{e}^{-(a+\mathrm{j}\omega)t}\,\mathrm{d}t - \int_{-\infty}^{0} \mathrm{e}^{(a-\mathrm{j}\omega)t}\,\mathrm{d}t\right]$$

$$= \lim_{a \to 0}\left(\frac{1}{a+\mathrm{j}\omega} - \frac{1}{a-\mathrm{j}\omega}\right) = \frac{2}{\mathrm{j}\omega}$$

$$\left.\begin{aligned} \mathrm{sgn}(t) &\leftrightarrow \frac{2}{\mathrm{j}\omega} \\ F(\omega) &= \frac{2}{|\omega|} \\ \varphi(\omega) &= \begin{cases} +\dfrac{\pi}{2}, & \omega < 0 \\ -\dfrac{\pi}{2}, & \omega > 0 \end{cases} \end{aligned}\right\} \qquad (3-25)$$

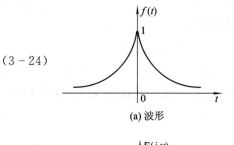

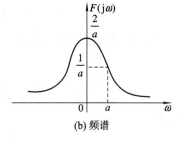

图 3-15 双边指数信号的波形及频谱

其波形和频谱如图 3-16 所示。

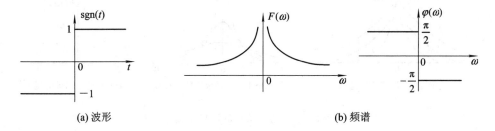

图 3-16 符号函数的波形和频谱

5. 冲激信号和冲激偶

$$\delta(t) \leftrightarrow 1$$

由于

$$\delta(t) = \frac{1}{2\pi}\int_{-\infty}^{+\infty} 1 \cdot \mathrm{e}^{\mathrm{j}\omega t}\,\mathrm{d}\omega$$

$$\frac{\mathrm{d}}{\mathrm{d}t}\delta(t) = \delta'(t) = \frac{1}{2\pi}\int_{-\infty}^{+\infty} \mathrm{j}\omega \cdot \mathrm{e}^{\mathrm{j}\omega t}\,\mathrm{d}\omega$$

所以可知 $\delta'(t)$ 的频谱函数为

$$F(\mathrm{j}\omega) = \mathrm{j}\omega$$

信号与系统分析(第三版)

即
$$\delta'(t) \leftrightarrow j\omega$$
同理可得
$$\delta^{(n)}(t) \leftrightarrow (j\omega)^n$$
$$\left.\right\} \tag{3-26}$$

6. 单位直流信号

如图 3-17(a)所示，直流信号可看成双边指数信号 $a \to 0$ 的极限情况，可根据双边指数信号的频谱取极限的情况来求其频谱。

$$1 = \lim_{a \to 0} f(t) = \lim_{a \to 0} e^{-a|t|}$$

$$F(j\omega) = \lim_{a \to 0} \frac{2a}{a^2 + \omega^2} = \begin{cases} 0, & \omega \neq 0 \\ \infty, & \omega = 0 \end{cases}$$

$F(j\omega)$ 显然是一个冲激函数，其强度为

$$\int_{-\infty}^{+\infty} \frac{2a}{a^2 + \omega^2} \, d\omega = 2 \int_{-\infty}^{+\infty} \frac{1}{1 + \left(\frac{\omega}{a}\right)^2} \, d\left(\frac{\omega}{a}\right)$$

因为

$$\int_{-\infty}^{+\infty} \frac{1}{1 + x^2} \, dx = \arctan x \Big|_{-\infty}^{+\infty} = \pi$$

所以

$$\int_{-\infty}^{+\infty} \frac{2a}{a^2 + \omega^2} \, d\omega = 2\pi$$

即

$$1 \leftrightarrow 2\pi\delta(\omega) \tag{3-27}$$

相应的信号波形及频谱如图 3-17 所示。

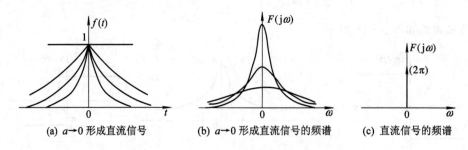

(a) $a \to 0$ 形成直流信号　　(b) $a \to 0$ 形成直流信号的频谱　　(c) 直流信号的频谱

图 3-17　直流信号的波形及频谱

7. 阶跃信号 $U(t)$

把阶跃信号作偶分量、奇分量分解，有

$$U(t) = \frac{1}{2} \times 1 + \frac{1}{2} \, \text{sgn}(t)$$

$$F(j\omega) = \pi\delta(\omega) + \frac{1}{j\omega}$$

即

$$U(t) \leftrightarrow \pi\delta(\omega) + \frac{1}{j\omega} \tag{3-28}$$

相应的信号波形和频谱如图 3-18 所示。

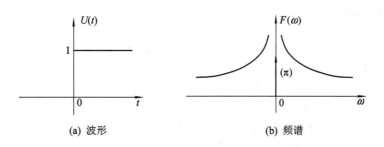

(a) 波形   (b) 频谱

图 3-18 阶跃信号的波形及频谱

常用信号的傅里叶变换及其频谱可参看附录 C。

3.2.4 非周期信号频谱的 MATLAB 求解

虽然 MATLAB 提供了函数 Fourier 用于计算符号函数的傅里叶变换，但多数情况下用 Fourier 计算得到的结果往往非常烦琐，并不令人满意。因此，更多情况下，利用 MATLAB 提供的函数求信号频谱的数值解更为方便。MATLAB 提供的计算数值积分的函数，可以用来求信号频谱的数值解。其中两个常用的函数 quad 和 quadl，它们的一般调用格式如下：

```
y=quad(FUN, a, b)
y=quadl(FUN, a, b)
```

其中，FUN 是一个表示函数名称的字符串或函数句柄。a、b 分别表示积分的下限和上限。

【例 3-10】 用 MATLAB 计算 $\text{sinc}(t)$ 的频谱，绘出 $[-2\pi, 2\pi]$ 之间的频谱图。

解 用于求解的 MATLAB 代码如下：

```
%program ch3_10
w1=-2*pi;
w2=2*pi;
t1=-10;
t2=10;
N=500;
wk=linspace(w1, w2, N);

F=zeros(1, N);
for k=1:N;
    factor=['exp(-j*t*', num2str(wk(k)), ')'];
    F(k)=quad(['sinc(t).*', factor], t1, t2);
end
%drawing
subplot(2, 1, 1);
h=plot(wk/pi, abs(F));
h1=get(h, 'parent');
set(h1, 'xtick', [-2*pi -pi 0 pi 2*pi], 'xticklabel', [-2 -1 0 1 2]);
xlabel('unit in\pi');
```

```
title('magnitude spectrum of sinc(t)');
subplot(2, 1, 2);
h=plot(wk/pi, angle(F));
h1=get(n, 'parent');
set(h1, 'xtick', [-2*pi -pi 0 pi 2*pi], 'xticklabel', [-2 -1 0 1 2]);
xlabel('unit in\pi');
title('phase spectrum of sinc(t)');
```

运行结果如图 3 - 19 所示。

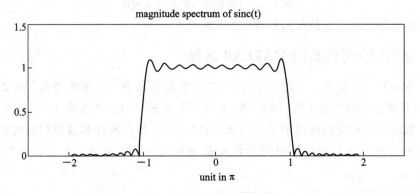

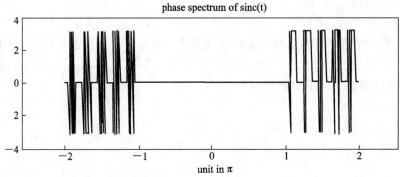

图 3 - 19　例 3 - 10 运行结果

【例 3 - 11】　用 MATLAB 求解例 3 - 9，设 $\tau=2$，$E=1$。

解　求解的代码如下：

```
%program ch3_11
clear;
T=2;
A=1;
t1=-T:0.01:T;
ft=A*rectpuls(t1, T);
subplot(3, 1, 1);
plot(t1, ft);
xlabel('t');
title('original waveform');
axis([-2 2 -0.2 1.2]);
```

```
w1=-4 * pi;
w2=4 * pi;
N=500;
wk=linspace(w1, w2, N);
F=zeros(1, N);
for k=1:N;
    factor=['exp(-j * t *', num2str(wk(k)), ')'];
    f_t=[num2str(A), '* rectpuls(t, 2)'];
    F(k)=quad([f_t, '. *', factor], -T/2, T/2);
end
subplot(3, 1, 2);
plot(wk, abs(F));
title('magnitude spectrum of f(t)');
subplot(3, 1, 3);
plot(wk, angle(F));
title('phase spectrum of f(t)');
```

运行结果如图 3-20 所示。

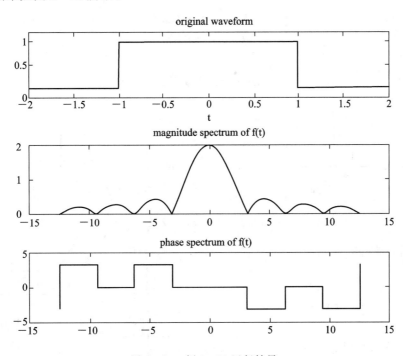

图 3-20　例 3-11 运行结果

3.3　傅里叶变换的性质

　　3.2 节研究了信号的频谱函数,并通过傅氏变换建立了信号的时域和频域之间的对应关系。在信号分析时,经常还需要对时域信号进行某种运算。那么这种运算之后的时域信号在频域发生了何种变化,与原信号的频谱又有何关系;反过来,若在频域发生了某种变化，在时域又有何变动。研究这些问题当然可以使用式(3-17)求积分得到，但这种方法计算过程比较复杂。使用下面所介绍的傅里叶变换的性质，就方便得多，而且其物理概念也很清楚。

3.3.1　线性特性

若

$$f_1(t) \leftrightarrow F_1(j\omega), \quad f_2(t) \leftrightarrow F_2(j\omega)$$

则

$$a_1 f_1(t) + a_2 f_2(t) \leftrightarrow a_1 F_1(j\omega) + a_2 F_2(j\omega) \tag{3-29}$$

式中，a_1 和 a_2 为任意常数。

【例 3-12】 求图 3-21(a)所示信号的频谱 $F(j\omega)$。

解 因为

$$f(t) = f_1(t) + f_2(t)$$

$$g_\tau(t) \leftrightarrow \tau \, \mathrm{Sa}\left(\frac{\omega\tau}{2}\right)$$

故

$$f_1(t) \leftrightarrow 4 \, \mathrm{Sa}(2\omega)$$

$$f_2(t) \leftrightarrow 2 \, \mathrm{Sa}(\omega)$$

所以

$$F(j\omega) \leftrightarrow 4 \, \mathrm{Sa}(2\omega) + 2 \, \mathrm{Sa}(\omega)$$

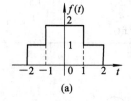 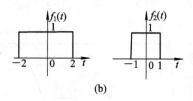

图 3-21　例 3-12 图

3.3.2　对称特性

若

$$f(t) \leftrightarrow F(j\omega)$$

则

$$F(jt) \leftrightarrow 2\pi f(-\omega) \tag{3-30}$$

该性质说明，若偶函数 $f(t)$ 的频谱函数为 $F(j\omega)$，另一与 $F(j\omega)$ 形式完全相同的时域信号 $F(jt)$ 的频谱函数就与信号 $f(t)$ 的形式相同，只相差系数 2π。图 3-22 所示就是一个例子。

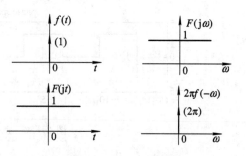

图 3-22　冲激信号的傅氏变换和对称性

【例 3-13】 已知信号 $\mathrm{Sa}(\omega_0 t)$ 的波形如图 3-23(a)所示，求其频谱函数。

解 由前面典型信号的傅里叶变换知

$$g_\tau(t) \leftrightarrow \tau \mathrm{Sa}\left(\frac{\omega\tau}{2}\right)$$

则

$$\tau\,\mathrm{Sa}\left(\frac{\tau}{2}t\right) \leftrightarrow 2\pi g_\tau(\omega)$$

令

$$\frac{\tau}{2} = \omega_0$$

所以

$$\mathrm{Sa}(\omega_0 t) \leftrightarrow \frac{\pi}{\omega_0} g_{2\omega_0}(\omega) \tag{3-31}$$

相应的频谱图如图 3-23(b)所示。

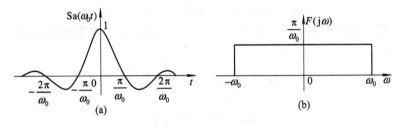

图 3-23 例 3-13 图

3.3.3 时移特性

若

$$f(t) \leftrightarrow F(\mathrm{j}\omega)$$

则

$$f(t-t_0) \leftrightarrow F(\mathrm{j}\omega)\mathrm{e}^{-\mathrm{j}\omega t_0} \tag{3-32}$$

【例 3-14】 已知门信号 $g_\tau(t)$ 和 $g_\tau\left(t+\frac{\tau}{2}\right)$ 分别如图 3-24(a)和(b)所示,求 $g_\tau\left(t+\frac{\tau}{2}\right)$ 的相位谱。

解 由门信号 $g_\tau(t)$ 的频谱知道它的相位谱如图 3-24(c)所示,则根据时移特性知 $g_\tau\left(t+\frac{\tau}{2}\right)$ 的相位谱如图 3-24(d)所示。

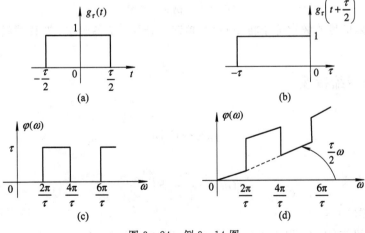

图 3-24 例 3-14 图

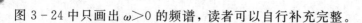

图 3 - 24 中只画出 $\omega > 0$ 的频谱，读者可以自行补充完整。

3.3.4 频移特性

若

$$f(t) \leftrightarrow F(j\omega)$$

则

$$f(t)\mathrm{e}^{\mathrm{j}\omega_0 t} \leftrightarrow F[\mathrm{j}(\omega - \omega_0)] \tag{3-33}$$

结合欧拉公式和线性特性得

$$\left. \begin{array}{l} \cos\omega_0 t \leftrightarrow \pi[\delta(\omega + \omega_0) + \delta(\omega - \omega_0)] \\ \sin\omega_0 t \leftrightarrow \mathrm{j}\pi[\delta(\omega + \omega_0) - \delta(\omega - \omega_0)] \end{array} \right\} \tag{3-34}$$

【例 3 - 15】 已知矩形调幅信号 $f(t) = g_\tau(t)\cos(\omega_0 t)$，试求其频谱函数。

解 因为

$$f(t) = \frac{1}{2}g_\tau(t)(\mathrm{e}^{\mathrm{j}\omega_0 t} + \mathrm{e}^{-\mathrm{j}\omega_0 t})$$

$$g_\tau(t) \leftrightarrow \tau \, \mathrm{Sa}\left(\frac{\omega\tau}{2}\right)$$

根据频移特性，可得

$$f(t) \leftrightarrow \frac{1}{2}\tau \, \mathrm{Sa}\left(\frac{\omega - \omega_0}{2}\tau\right) + \frac{1}{2}\tau \, \mathrm{Sa}\left(\frac{\omega + \omega_0}{2}\tau\right)$$

其波形及频谱如图 3 - 25 所示。

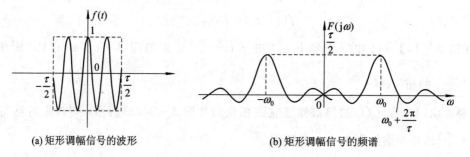

(a) 矩形调幅信号的波形　　　　　(b) 矩形调幅信号的频谱

图 3 - 25　例 3 - 15 图

可见，调幅信号的频谱等于将 $g_\tau(t)$ 的频谱一分为二，各向左、右移载频 ω_0，进行了频谱搬移。

3.3.5 时域展缩特性

若

$$f(t) \leftrightarrow F(j\omega)$$

则

$$f(at) \leftrightarrow \frac{1}{|a|}F\left(\mathrm{j}\frac{\omega}{a}\right) \tag{3-35}$$

式中，a 为非零实常数。

如果对时间信号 $f(t)$ 既有平移又有展缩，即 $f(t)$ 变为 $f(at+b)$ 时，它的频谱函数为

$$f(at+b) \leftrightarrow \frac{1}{|a|} e^{j\omega\left(\frac{b}{a}\right)} F\left(j\frac{\omega}{a}\right) \qquad (3-36)$$

【例 3 - 16】 已知如图 3 - 26(a) 所示的函数是宽度为 2 的门信号, 即 $f_1(t)=g_2(t)$, 其傅里叶变换 $F_1(j\omega)=2\,\text{Sa}(\omega)=\frac{2\,\sin\omega}{\omega}$, 求图 3 - 26(b)、(c) 中函数 $f_2(t)$、$f_3(t)$ 的傅里叶变换。

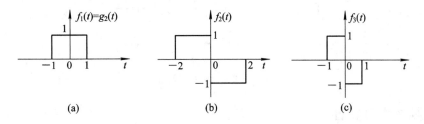

图 3 - 26 例 3 - 16 图

解 (1) 图 3 - 26(b) 中函数 $f_2(t)$ 可写为时移信号 $f_1(t+1)$ 与 $f_1(t-1)$ 之差, 即
$$f_2(t) = f_1(t+1) - f_1(t-1)$$
由傅里叶变换的线性和时移特性可得 $f_2(t)$ 的傅里叶变换为
$$F_2(j\omega) = F_1(j\omega)e^{j\omega} - F_1(j\omega)e^{-j\omega} = \frac{2\,\sin\omega}{\omega}(e^{j\omega} - e^{-j\omega}) = j4\frac{\sin^2\omega}{\omega}$$
(2) 图 3 - 26(c) 中的函数 $f_3(t)$ 是 $f_2(t)$ 的压缩, 可写为
$$f_3(t) = f_2(2t)$$
由时域展缩特性可得
$$F_3(j\omega) = \frac{1}{2}F_2\left(j\frac{\omega}{2}\right) = \frac{1}{2}\,j4\frac{\sin^2\left(\frac{\omega}{2}\right)}{\frac{\omega}{2}} = j4\frac{\sin^2\left(\frac{\omega}{2}\right)}{\omega}$$

3.3.6 时域微分特性

若
$$f(t) \leftrightarrow F(j\omega)$$
则
$$f'(t) \leftrightarrow j\omega F(j\omega) \qquad (3-37)$$

【例 3 - 17】 已知图 3 - 27(a) 所示信号的频谱函数为 $F_1(j\omega) = \tau^2\,\text{Sa}^2\left(\frac{\omega\tau}{2}\right)$, 求图 3 - 27(b) 所示信号的频谱函数。

解 因为
$$f_1(t) \leftrightarrow \tau^2\,\text{Sa}^2\left(\frac{\omega\tau}{2}\right)$$
而
$$f_2(t) = f_1'(t)$$
根据时域微分性质可得

$$f_2(t) \leftrightarrow F_2(j\omega) = j\omega \cdot \tau^2 \, \mathrm{Sa}^2\left(\frac{\omega\tau}{2}\right)$$

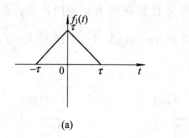 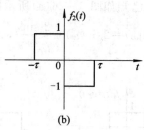

图 3 - 27　例 3 - 17 图

3.3.7　频域微分特性

若

$$f(t) \leftrightarrow F(j\omega)$$

则

$$(-jt)f(t) \leftrightarrow \frac{d}{d\omega}F(j\omega) \tag{3-38}$$

【例 3 - 18】　求 $f(t)=t$ 和 $f(t)=tU(t)$ 的频谱。

解　因为

$$1 \leftrightarrow 2\pi\delta(\omega)$$

则

$$t \leftrightarrow 2\pi j\delta'(\omega) \tag{3-39}$$

又因

$$U(t) \leftrightarrow \pi\delta(\omega) + \frac{1}{j\omega}$$

则

$$tU(t) \leftrightarrow j\pi\delta'(\omega) - \frac{1}{\omega^2} \tag{3-40}$$

3.3.8　时域积分特性

若

$$f(t) \leftrightarrow F(j\omega)$$

则

$$\int_{-\infty}^{t} f(\tau)\,d\tau \leftrightarrow \frac{F(j\omega)}{j\omega} + \pi F(0)\delta(\omega) \tag{3-41}$$

【例 3 - 19】　求图 3 - 28(a)所示信号 $f(t)$ 的频谱 $F(j\omega)$。

解　因为 $f'(t)=g_1(t)$，如图 3 - 28(b)所示。则有

$$f'(t) \leftrightarrow \mathrm{Sa}\left(\frac{\omega}{2}\right) = F_1(j\omega)$$

又因

$$F_1(0) = 1 \neq 0$$

所以

$$F(j\omega) = \frac{1}{j\omega}F_1(j\omega) + \pi F_1(0)\delta(\omega) = \frac{1}{j\omega}\,\mathrm{Sa}\left(\frac{\omega}{2}\right) + \pi\delta(\omega)$$

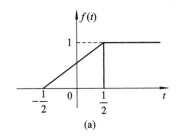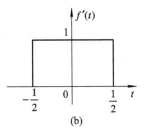

图 3-28 例 3-19 图

3.3.9 卷积特性(卷积定理)

卷积定理在信号与系统分析中占有重要地位,是应用最广的性质之一,在以后章节的频域分析当中,将会认识到这一点。

1. 时域卷积定理

若

$$f_1(t) \leftrightarrow F_1(j\omega)$$
$$f_2(t) \leftrightarrow F_2(j\omega)$$

则

$$f_1(t) * f_2(t) \leftrightarrow F_1(j\omega) \cdot F_2(j\omega) \qquad (3-42)$$

式(3-42)称为时域卷积定理,它说明两个时间信号卷积的频谱等于各个时间信号频谱的乘积,即在时域中两信号的卷积等效于在频域中频谱相乘,即把时域的卷积运算简化为频域的代数运算,这也是频域分析的目的所在。

【例 3-20】 求图 3-29 所示信号 $f(t)$ 的频谱 $F(j\omega)$。

解 因为

$$f(t) = g_\tau(t) * g_\tau(t)$$

$$g_\tau(t) \leftrightarrow \tau\,\mathrm{Sa}\left(\frac{\omega\tau}{2}\right)$$

所以

$$F(j\omega) = \left[\tau\,\mathrm{Sa}\left(\frac{\omega\tau}{2}\right)\right]^2$$

图 3-29 例 3-20 图

【例 3-21】 求图 3-30 所示信号 $f(t)$ 的频谱 $F(j\omega)$。

解 因为

$$f(t) = g_2(t) * \delta(t+2) + g_2(t) * \delta(t-2)$$

所以

$$F(j\omega) = 2 \, \text{Sa}(\omega) e^{j2\omega} + 2 \, \text{Sa}(\omega) e^{-j2\omega} = 4 \cos 2\omega \cdot \text{Sa}(\omega)$$

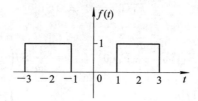

图 3-30 例 3-21 图

2. 频域卷积定理

若

$$f_1(t) \leftrightarrow F_1(j\omega)$$

$$f_2(t) \leftrightarrow F_2(j\omega)$$

则

$$f_1(t) \cdot f_2(t) \leftrightarrow \frac{1}{2\pi} \big[F_1(j\omega) * F_2(j\omega) \big] \tag{3-43}$$

【例 3-22】 求图 3-31(a)所示信号 $f(t)$ 的频谱 $F(j\omega)$，其中 $f(t) = f_1(t) \cdot f_2(t) = f_1(t) \cdot \cos 10\pi t$。

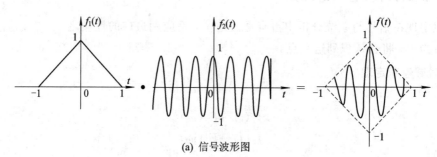

(a) 信号波形图

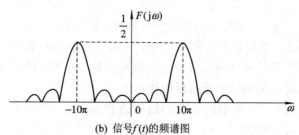

(b) 信号 $f(t)$ 的频谱图

图 3-31 例 3-22 图

解 由例 3-20 可知，因为

$$f_1(t) = g_1(t) * g_1(t), \quad g_1(t) \leftrightarrow \text{Sa}\left(\frac{\omega}{2}\right)$$

所以

$$F(j\omega) = \frac{1}{2\pi} \left\{ \text{Sa}^2\left(\frac{\omega}{2}\right) * \big[\pi\delta(\omega - 10\pi) + \pi\delta(\omega + 10\pi) \big] \right\}$$

$$= \frac{1}{2} \text{Sa}^2\left(\frac{\omega - 10\pi}{2}\right) + \frac{1}{2} \text{Sa}^2\left(\frac{\omega + 10\pi}{2}\right)$$

相应的频谱如图 3-31(b)所示。

3.4 连续系统的频域分析

前面已经提到，在时域分析法中，采用了一种思想——将复杂问题分解为许多简单问题的组合，即将普通信号分解成很多单位冲激信号（基本信号）的线性组合。在频域分析法中将采用相同的思想，把普通信号利用傅里叶变换分解成一系列复指数信号（基本信号）的线性组合。通过前几节内容的学习我们已经掌握了傅里叶变换这个基本工具，下面在介绍频域分析法之前先来看看复指数信号作为分解过程的基本信号具有什么样的特点。

复指数信号有一个非常重要的特性，即：一个 LTI 系统对复指数信号的响应也是同样（同频率）一个复指数信号，不同的只是在幅度上有个增益，如图 3-32 所示。

$$f(t) = e^{j\omega_0 t} \rightarrow \boxed{\text{LTI系统}} \rightarrow y(t) = H(j\omega_0)e^{j\omega_0 t}$$

图 3-32 复指数信号经过 LTI 系统

图中，$H(j\omega_0)$ 是常数，是系统单位冲激响应 $h(t)$ 的傅里叶变换在 ω_0 处的值。该结论可以用时域分析法证明。

根据时域分析法，系统的单位冲激响应为 $h(t)$，输入信号 $f(t) = e^{j\omega_0 t}$，则输出为

$$y(t) = f(t) * h(t) = e^{j\omega_0 t} * h(t) = \int_{-\infty}^{t} e^{j\omega_0(t-\tau)} h(\tau)\,\mathrm{d}\tau = \int_{-\infty}^{t} e^{j\omega_0 t} e^{-j\omega_0 \tau} h(\tau)\,\mathrm{d}\tau$$

式中，$e^{j\omega_0 t}$ 对 τ 是常数，可以拿到积分号外面，则

$$y(t) = e^{j\omega_0 t}\int_{-\infty}^{t} e^{-j\omega_0 \tau} h(\tau)\,\mathrm{d}\tau = e^{j\omega_0 t} H(j\omega_0)$$

对于更一般的情况，如果输入信号 $f(t)$ 是由若干个不同频率的复指数信号线性组合而成，即 $f(t) = a_1 e^{j\omega_1 t} + a_2 e^{j\omega_2 t} + a_3 e^{j\omega_3 t}$，根据复指数信号的性质，系统对输入信号每一个复指数分量的响应为

$$a_1 e^{j\omega_1 t} \rightarrow H(j\omega_1) a_1 e^{j\omega_1 t}$$
$$a_2 e^{j\omega_2 t} \rightarrow H(j\omega_2) a_2 e^{j\omega_2 t}$$
$$a_3 e^{j\omega_3 t} \rightarrow H(j\omega_3) a_3 e^{j\omega_3 t}$$

根据叠加性质，系统最后的输出信号为

$$y(t) = H(j\omega_1) a_1 e^{j\omega_1 t} + H(j\omega_2) a_2 e^{j\omega_2 t} + H(j\omega_3) a_3 e^{j\omega_3 t}$$

根据前面介绍的傅里叶级数和傅里叶变换，普通信号可以分解为一系列复指数信号的线性组合，即

$$f(t) = \frac{1}{2\pi}\int_{-\infty}^{+\infty} F(j\omega) e^{j\omega t}\,\mathrm{d}\omega$$

积分号内 $F(j\omega) e^{j\omega t}$ 即是分解出的信号分量，每一分量经过系统后产生的响应应为 $H(j\omega) F(j\omega) e^{j\omega t}$，根据叠加定理，可以求出系统的响应为

$$y(t) = \frac{1}{2\pi}\int_{-\infty}^{+\infty} H(j\omega) F(j\omega) e^{j\omega t}\,\mathrm{d}\omega$$

根据傅里叶逆变换式知上式可写为

$$y(t) = F^{-1}\big[H(j\omega) F(j\omega)\big]$$

即

$$Y(j\omega)=H(j\omega)F(j\omega)$$

在时域分析法中，系统的激励和响应关系为

$$y(t)=f(t)*h(t)$$

用时域分析求系统的激励需要计算烦琐的卷积。如果将系统激励和响应的关系变换到频域考察，可知

$$Y(j\omega)=H(j\omega)F(j\omega)$$

利用频域中系统的激励和响应的关系，只需简单的代数相乘运算，即可求出频域中系统的激励，再利用傅里叶逆变换可求出系统的时域响应 $y(t)$，这就是频域分析法。频域分析法中的基本关系式$Y(j\omega)=H(j\omega)F(j\omega)$也可由卷积定理推出。

下面将从系统的角度通过图 3-33 说明系统的频域分析法，并介绍频域分析法中的一个重要概念——频率响应。

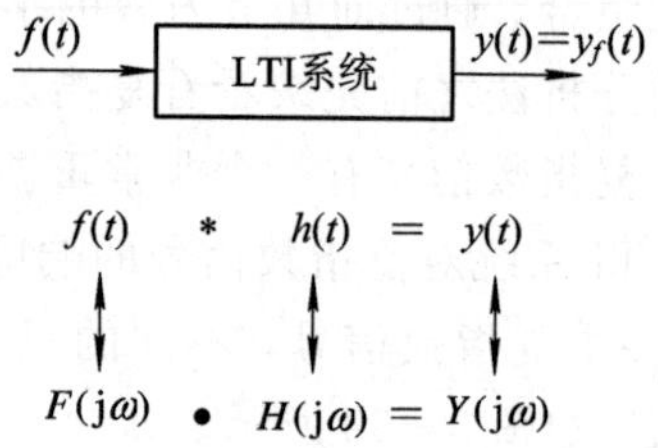

图 3-33　时域和频域分析示意图

3.4.1　系统频域分析法

由第 2 章连续系统的时域分析已知，在零状态下输入信号 $f(t)$，系统的冲激响应 $h(t)$ 和零状态响应满足

$$y_f(t)=f(t)*h(t)$$

将上式两端取傅里叶变换有(设 $y_f(t)\leftrightarrow Y(j\omega)$，$f(t)\leftrightarrow F(j\omega)$，$h(t)\leftrightarrow H(j\omega)$)

$$Y(j\omega)=F(j\omega)\cdot H(j\omega) \tag{3-44}$$

式(3-44)便是系统输入和输出在频域中的关系，式中 $H(j\omega)$将输入输出联系起来，是频域分析中的重要概念。将式(3-44)变形为

$$H(j\omega)=\frac{Y(j\omega)}{F(j\omega)} \tag{3-45}$$

这里，$H(j\omega)$称为系统的系统函数(也叫系统的频率响应)，它等于输出的频谱函数与输入的频谱函数之比。随着输入信号(电压源或电流源)与待求响应(电压或电流)的不同，系统函数将具有不同的含义，即它可以是阻抗函数、导纳函数、电压比或电流比。

一般而言，系统函数 $H(j\omega)$是一个复函数，可写为

$$H(j\omega)=|H(j\omega)|e^{j\varphi(\omega)}=H(\omega)e^{j\varphi(\omega)} \tag{3-46}$$

式中，$H(\omega)$与 $\varphi(\omega)$都是 ω 的函数。将 $H(\omega)\sim\omega$ 的关系称为幅频特性，$\varphi(\omega)\sim\omega$ 的关系称为相频特性，而且 $H(\omega)$是 ω 的偶函数，$\varphi(\omega)$是 ω 的奇函数。

前面已经表明，系统函数 $H(j\omega)$就是冲激响应 $h(t)$的频谱函数，即有下面的关系：

$$\left.\begin{aligned}H(j\omega)&=\mathscr{F}[h(t)]\\ h(t)&=\mathscr{F}^{-1}[H(j\omega)]\end{aligned}\right\} \tag{3-47}$$

即

$$h(t)\leftrightarrow H(j\omega) \tag{3-48}$$

由于冲激响应 $h(t)$取决于系统本身，它描述的是系统的时域特性，因此 $H(j\omega)$也同样仅仅取决于系统的结构，系统一旦给定，$H(j\omega)$也随之确定。系统不同，$H(j\omega)$也不同，所以 $H(j\omega)$是在频域中表征系统的重要方式。

系统的频域分析法,就是利用系统函数对输入信号的频谱进行处理,求得输出信号的频域函数,如式(3-44)所示,以揭示系统对输入信号的处理功能。频域分析法是信号分析和处理的有效工具。

3.4.2 系统频域分析法举例

【例 3 - 23】 已知某系统的系统函数为

$$H(j\omega) = \frac{j\omega}{(j\omega)^2 + 5(j\omega) + 6}$$

当激励为 $f(t) = 2e^{-t}U(t)$ 时,求系统的响应。

解 所求响应指零状态响应。设响应 $y_f(t) \leftrightarrow Y(j\omega)$,$f(t) \leftrightarrow F(j\omega)$,根据频域分析法有

$$Y(j\omega) = H(j\omega)F(j\omega) = \frac{j\omega}{(j\omega)^2 + 5(j\omega) + 6} \cdot \frac{2}{j\omega + 1}$$

$$= \frac{2j\omega}{(j\omega + 1)(j\omega + 2)(j\omega + 3)} = -\frac{1}{j\omega + 1} + \frac{4}{j\omega + 2} - \frac{3}{j\omega + 3}$$

所以

$$y_f(t) = \mathscr{F}^{-1}[Y(j\omega)] = (-e^{-t} + 4e^{-2t} - 3e^{-3t})U(t)$$

当然,若系统给出初始储能,则应考虑零输入响应和零状态响应。零输入响应只能采用第 2 章介绍的时域法来求解。

【例 3 - 24】 已知某系统的微分方程为

$$y'(t) + \frac{1}{2}y(t) = \frac{1}{2}f(t)$$

若激励 $f(t) = 12e^{-t}U(t)$,求系统的响应。

解 令 $f(t) \leftrightarrow F(j\omega)$,$y(t) \leftrightarrow Y(j\omega)$,对微分方程两边取傅里叶变换,得

$$j\omega Y(j\omega) + \frac{1}{2}Y(j\omega) = \frac{1}{2}F(j\omega)$$

可得系统的系统函数为

$$H(j\omega) = \frac{Y(j\omega)}{F(j\omega)} = \frac{\frac{1}{2}}{j\omega + \frac{1}{2}}$$

由于 $f(t) \leftrightarrow F(j\omega) = \dfrac{12}{j\omega + 1}$,所以有

$$Y(j\omega) = H(j\omega)F(j\omega) = \frac{6}{\left(j\omega + \frac{1}{2}\right)(j\omega + 1)} = \frac{12}{j\omega + \frac{1}{2}} - \frac{12}{j\omega + 1}$$

所以响应 $y(t)$ 为

$$y(t) = \mathscr{F}^{-1}[Y(j\omega)] = 12(e^{-\frac{1}{2}t} - e^{-t})U(t)$$

可见,系统的微分方程与频域中的系统函数是一一对应的,已知系统函数,也能确定系统的微分方程。

【例 3 - 25】 试分析图 3 - 34 所示 RC 电路的阶跃响应。

解 将 RC 电路中的 C 用 $\dfrac{1}{j\omega C}$ 代替,并设 $f(t) \leftrightarrow F(j\omega)$,$y(t) \leftrightarrow Y(j\omega)$,根据系统函数的

定义有

$$H(j\omega) = \frac{Y(j\omega)}{F(j\omega)} = \frac{\frac{1}{j\omega C}}{R + \frac{1}{j\omega C}} = \frac{1}{1 + j\omega RC}$$

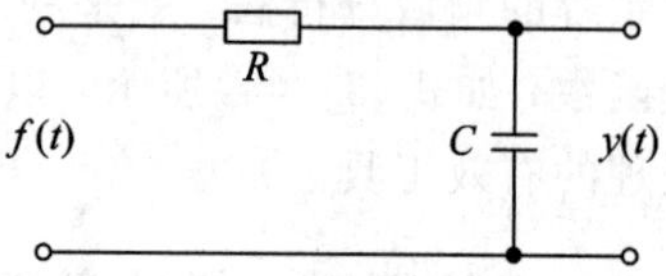

图 3-34   例 3-25 的 RC 电路

若设 $a = \frac{1}{RC}$，则有

$$H(j\omega) = \frac{a}{j\omega + a}$$

现在求阶跃响应，则激励信号 $f(t) = U(t)$，所以

$$Y(j\omega) = H(j\omega)F(j\omega) = \frac{a}{j\omega + a} \cdot \left[\pi\delta(\omega) + \frac{1}{j\omega} \right]$$

$$= \pi\delta(\omega) + \frac{a}{(j\omega)(j\omega + a)} = \pi\delta(\omega) + \frac{1}{j\omega} - \frac{1}{j\omega + a}$$

所以阶跃响应 $y(t)$ 为

$$y(t) = \mathscr{F}^{-1}\left[Y(j\omega) \right] = (1 - e^{-at})U(t)$$

从此例可以知道，若系统为电路图系统，可以将电路中的元件用阻抗表示，然后用相量法求得系统函数 $H(j\omega)$，从而用频域分析法求得响应。

【例 3-26】 如图 3-35(a)所示系统，已知乘法器的输入 $f_1(t) = \dfrac{\sin 2t}{t}$，$f_2(t) = \cos 3t$，系统的系统函数 $H(j\omega)$ 为

$$H(j\omega) = \begin{cases} 1, & |\omega| < 3 \text{ rad/s} \\ 0, & |\omega| > 3 \text{ rad/s} \end{cases}$$

求输出 $y(t)$。

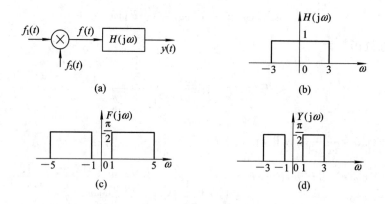

图 3-35   例 3-26 图

解   设乘法器的输出为 $f(t) = f_1(t) \cdot f_2(t)$，并设 $f(t) \leftrightarrow F(j\omega)$，$f_1(t) \leftrightarrow F_1(j\omega)$，$f_2(t) \leftrightarrow F_2(j\omega)$，$y(t) \leftrightarrow Y(j\omega)$，则有

$$F(j\omega) = \frac{1}{2\pi} F_1(j\omega) * F_2(j\omega)$$

由于

$$g_\tau(t) \leftrightarrow \tau \, \text{Sa}\left(\frac{\omega\tau}{2} \right)$$

令 $\tau = 4$，根据对称性可得

$$f_1(t) = 2\,\mathrm{Sa}(2t) \leftrightarrow \pi g_4(\omega) = F_1(\mathrm{j}\omega)$$

$$f_2(t) = \cos 3t \leftrightarrow \pi[\delta(\omega+3) + \delta(\omega-3)] = F_2(\mathrm{j}\omega)$$

所以有

$$F(\mathrm{j}\omega) = \frac{1}{2\pi} \cdot \pi g_4(\omega) * \pi[\delta(\omega+3)+\delta(\omega-3)] = \frac{\pi}{2}[g_4(\omega+3)+g_4(\omega-3)]$$

$F(\mathrm{j}\omega)$ 如图 3-35(c) 所示。系统函数 $H(\mathrm{j}\omega) = g_6(\omega)$，如图 3-35(b) 所示。则有

$$Y(\mathrm{j}\omega) = H(\mathrm{j}\omega)F(\mathrm{j}\omega) = g_6(\omega) \cdot \frac{\pi}{2}[g_4(\omega+3)+g_4(\omega-3)]$$

$$= \frac{\pi}{2}[g_2(\omega+2)+g_2(\omega-2)]$$

$$= \frac{1}{2\pi} \cdot \pi g_2(\omega) * \pi[\delta(\omega+2)+\delta(\omega-2)]$$

$Y(\mathrm{j}\omega)$ 如图 3-35(d) 所示，所以响应 $y(t)$ 为

$$y(t) = \mathscr{F}^{-1}[Y(\mathrm{j}\omega)] = \mathrm{Sa}(t) \cdot \cos 2t$$

可见，若系统以框图形式给出，必须一步一步求出各个信号的频谱函数，最终求出响应的频谱函数。

3.4.3 连续信号频域分析的 MATLAB 实现

【例 3-27】 用 MATLAB 求解例 3-12。

解 求解的代码如下：

```
%program ch3_27
clear;
T=4;
t1=-T:0.01:T;
ft=rectpuls(t1, 4)+rectpuls(t1, 2);
subplot(3, 1, 1);
plot(t1, ft);
xlabel('t');
title('original waveform');
w1=-4*pi;
w2=4*pi;
N=500;
wk=linspace(w1, w2, N);
F=zeros(1, N);
for k=1:N;
    factor=['exp(-j*t*', num2str(wk(k)), ')'];
    f_t=['rectpuls(t, 4)+rectpuls(t, 2)'];
    F(k)=quad([f_t, '.*', factor], -T/2, T/2);
end
subplot(3, 1, 2);
plot(wk, abs(F));
```

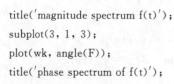

```
        factor=['exp(−j * t * ', num2str(wk(k)), ')'];
        F(k)=quad(['sinc(2 * t/pi). * ', factor], t1, t2);
end
subplot(3, 1, 2);
plot(wk, abs(F));
title('magnitude spectrum ');
subplot(3, 1, 3);
plot(wk, angle(F));
title('phase spectrum ');
```

运行结果如图 3 - 37 所示。

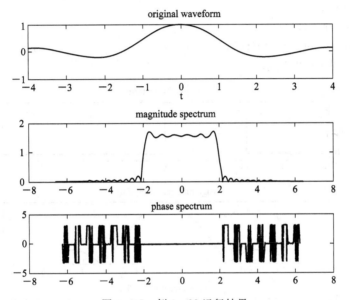

图 3 - 37 例 3 - 28 运行结果

【**例 3 - 29**】 用 MATLAB 求解例 3 - 14，设 $\tau=4$。

解 求解的代码如下：

```
%program ch3_29
clear;
T=4;
t1=−T:0.01:T;
ft=rectpuls(t1+1, 2);
subplot(3, 1, 1);
plot(t1, ft);
xlabel('t');
title('original square waveform');
axis([−4 4 −0.2 1.2]);
w1=−2 * pi;
w2=2 * pi;
t1=−10;
t2=10;
```

信号与系统分析(第三版)

```
N=500;
wk=linspace(w1, w2, N);
F=zeros(1, N);
for k=1:N;
    factor=['exp(-j * t * ', num2str(wk(k)), ')'];
    F(k)=quad(['rectpuls(t-1, 2). * ', factor], t1, t2);
end
subplot(3, 1, 2);
plot(wk, abs(F));
title('magnitude spectrum of f(t)');
subplot(3, 1, 3);
plot(wk, angle(F));
title('phase spectrum of f(t)');
```

运行结果如图 3-38 所示。

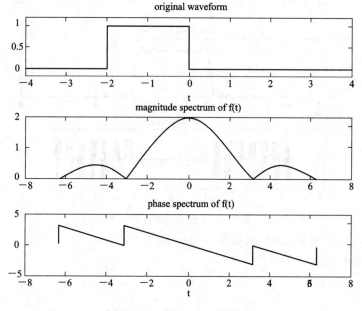

图 3-38　例 3-29 运行结果

【例 3-30】　用 MATLAB 求解例 3-15，设 $\tau=10$，$\omega_0=5$。

解　求解的代码如下：

```
%program ch3_30
clear;
T=10;
t1=-T:0.01:T;
ft=rectpuls(t1, 10). * cos(5 * t1);
subplot(3, 1, 1);
plot(t1, ft);
xlabel('t');
title('original waveform');
```

```
w1=-2*pi;
w2=2*pi;
t1=-10;
t2=10;
N=100;
wk=linspace(w1, w2, N);
F=zeros(1, N);
for k=1:N;
    factor=['exp(-j*t*', num2str(wk(k)), ')'];
    F(k)=quad(['rectpuls(t, 10).*cos(5*t).*', factor], t1, t2);
end
subplot(3, 1, 2);
plot(wk, abs(F));
title('magnitude spectrum of f(t)');
subplot(3, 1, 3);
plot(wk, angle(F));
title('phase spectrum');
```

运行结果如图 3-39 所示。

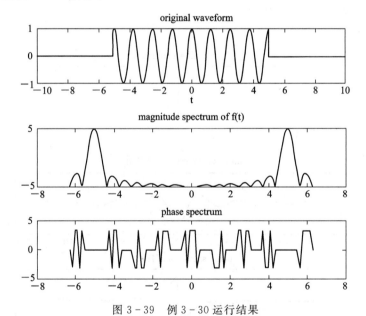

图 3-39 例 3-30 运行结果

【例 3-31】 用 MATLAB 求解例 3-16 中图 3-26(b) 的频谱。

解 求解的代码如下：

```
%program ch3_31
clear;
T=4;
t1=-T:0.01:T;
ft=rectpuls(t1+1, 2)-rectpuls(t1-1, 2);
subplot(3, 1, 1);
```

```
    plot(t1, ft);
    xlabel('t');
    title('original waveform');
    w1=-4 * pi;
    w2=4 * pi;
    N=500;
    wk=linspace(w1, w2, N);
    F=zeros(1, N);
    for k=1:N;
        factor=['exp(-j * t *', num2str(wk(k)), ')'];
            f_t=['rectpuls(t+1, 2)-rectpuls(t-1, 2)'];
            F(k)=quad([f_t, '. *', factor], -T/2, T/2);
    end
    subplot(3, 1, 2);
    plot(wk, abs(F));
    title('magnitude spectrum of f1(t)');
    subplot(3, 1, 3);
    plot(wk, angle(F));
    title('phase spectrum of f1(t)');
```

运行结果如图 3-40 所示。

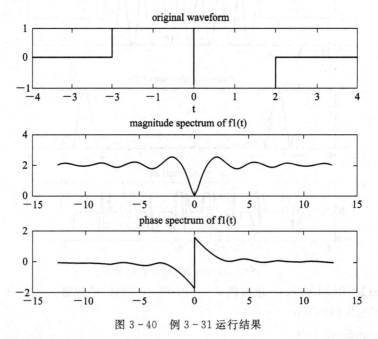

图 3-40　例 3-31 运行结果

【例 3-32】　用 MATLAB 实现例 3-18。

解　求解的代码如下：

```
%program ch3_32
clear;
T=4;
```

```
t1=-T:0.01:T;
ft1=t1;
figure(1);
subplot(3, 1, 1);
plot(t1, ft1);
xlabel('t');
title('original waveform of t ');
w1=-4 * pi;
w2=4 * pi;
N=500;
wk=linspace(w1, w2, N);
F1=zeros(1, N);
for k=1:N;
    factor=['exp(-j * t *', num2str(wk(k)), ')'];
        f_t=['t'];
        F1(k)=quad([f_t, '. *', factor], -T/2, T/2);
end
subplot(3, 1, 2);
plot(wk, abs(F1));
title('magnitude spectrum of t');
subplot(3, 1, 3);
plot(wk, angle(F1));
title('phase spectrum of t');
ft2=t1. * (t1>=0);
figure(2);
subplot(3, 1, 1);
plot(t1, ft2);
xlabel('t');
title('original waveform of tu(t) ');

F2=zeros(1, N);
for k=1:N;
    factor=['exp(-j * t *', num2str(wk(k)), ')'];
        f_t=['t. * (t>=0)'];
        F2(k)=quad([f_t, '. *', factor], -T/2, T/2);
end
subplot(3, 1, 2);
plot(wk, abs(F2));
title('magnitude spectrum of tu(t)');
subplot(3, 1, 3);
plot(wk, angle(F2));
title('phase spectrum of tu(t)');
```

运行结果如图 3-41 所示。

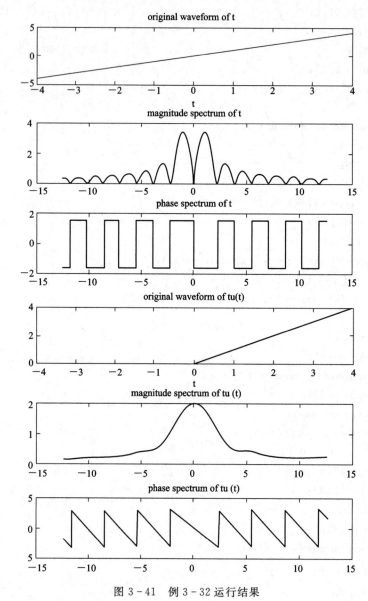

图 3 - 41 例 3 - 32 运行结果

【**例 3 - 33**】 用 MATLAB 求解例 3 - 19。

解 求解的代码如下：

```
%program ch3_33
clear;
T=4;
t1=−T:0.01:T;
ft=tripuls(t1, 1, 1)+(t1>(1/2));
subplot(3, 1, 1);
plot(t1, ft);
xlabel('t');
title('original waveform');
```

```
w1=-4 * pi;
w2=4 * pi;
N=500;
wk=linspace(w1, w2, N);
F=zeros(1, N);
for k=1:N;
    factor=['exp(-j * t * ', num2str(wk(k)), ')'];
        f_t=['tripuls(t, 1, 1)+(t>=(1/2))'];
        F(k)=quad([f_t, '. * ', factor], -T/2, T/2);
end
subplot(3, 1, 2);
plot(wk, abs(F));
title('magnitude spectrum of f(t)');
subplot(3, 1, 3);
plot(wk, angle(F));
title('phase spectrum of f(t)');
```

运行结果如图 3-42 所示。

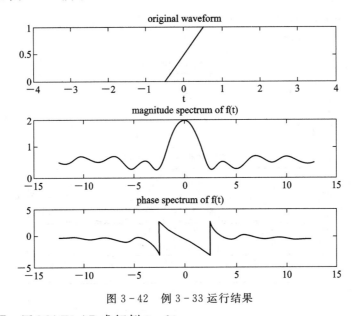

图 3-42　例 3-33 运行结果

【例 3-34】　用 MATLAB 求解例 3-20。

解　求解的代码如下:

```
%program ch3_34
clear;
T=4;
t1=-T:0.01:T;
ft=tripuls(t1, 2);
subplot(3, 1, 1);
plot(t1, ft);
```

```
xlabel('t');
title('original waveform');
w1=-4 * pi;
w2=4 * pi;
N=500;
wk=linspace(w1, w2, N);
F=zeros(1, N);
for k=1:N;
    factor=['exp(-j * t * ', num2str(wk(k)), ')'];
        f_t=['tripuls(t, 2)'];
        F(k)=quad([f_t, '. * ', factor], -T/2, T/2);
end

subplot(3, 1, 2);
plot(wk, abs(F));
title('magnitude spectrum of f(t)');
subplot(3, 1, 3);
plot(wk, angle(F));
title('phase spectrum of f(t)');
```

运行结果如图 3-43 所示。

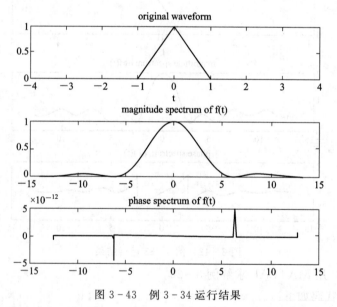

图 3-43 例 3-34 运行结果

【例 3-35】 用 MATLAB 求解例 3-21。

解 求解的代码如下：

```
%program ch3_35
clear;
T=4;
t1=-T:0.01:T;
ft=rectpuls(t1+2, 2)+rectpuls(t1-2, 2);
```

```
subplot(3, 1, 1);
plot(t1, ft);
xlabel('t');
title('original waveform');
w1=-4 * pi;
w2=4 * pi;
N=500;
wk=linspace(w1, w2, N);
F=zeros(1, N);
for k=1:N;
    factor=['exp(-j * t * ', num2str(wk(k)), ')'];
        f_t=['rectpuls(t+2, 2)+rectpuls(t-2, 2)'];
        F(k)=quad([f_t, '. * ', factor], -T/2, T/2);
end
subplot(3, 1, 2);
plot(wk, abs(F));
title('magnitude spectrum of f(t)');
subplot(3, 1, 3);
plot(wk, angle(F));
title('phase spectrum of f(t)');
```

运行结果如图 3-44 所示。

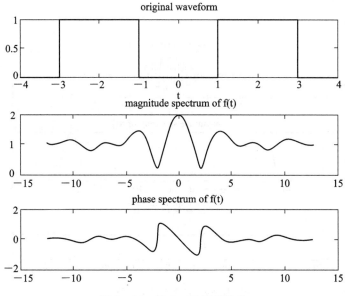

图 3-44 例 3-35 运行结果

【**例 3-36**】 用 MATLAB 求解例 3-22。

解 求解的代码如下：

```
%program ch3_36
clear;
T=4;
```

```
t1=-T:0.01:T;
ft=tripuls(t1, 2). * cos(10 * pi * t1);
subplot(3, 1, 1);
plot(t1, ft);
xlabel('t');
title('original waveform');
w1=-15 * pi;
w2=15 * pi;
N=50;
wk=linspace(w1, w2, N);
F=zeros(1, N);
for k=1:N;
    factor=['exp(-j * t * ', num2str(wk(k)), ')'];
        f_t=['tripuls(t, 2). * cos(', num2str(10), ' * pi * t)'];
        F(k)=quad([f_t, '. * ', factor], -T/2, T/2);
end
subplot(3, 1, 2);
plot(wk, abs(F));
title('magnitude spectrum of f(t)');
subplot(3, 1, 3);
plot(wk, angle(F));
title('phase spectrum of f(t)');
```

运行结果如图 3-45 所示。

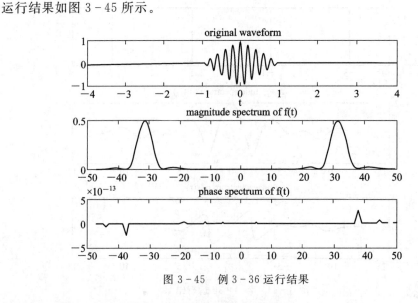

图 3-45　例 3-36 运行结果

3.4.4　用 MATLAB 计算连续系统的频率响应

　　如果系统的微分方程已知，可以利用函数 freqs 来求出系统的频率响应，其一般调用方式为

H=freqs(b, a, w)

其中，b、a 分别为微分方程右边和左边各阶导数前的系数组成的向量，w 是计算频率响应的频率抽样点构成的向量。

【**例 3 - 37**】 求系统 $y'(t) + 2y(t) = f(t)$ 的频率响应。

解 求解的程序代码如下：

```
%program ch3_37
clear;
b=1;
a=[1 2];
fs=0.01:pi;
w=0:fs:4 * pi;
H=freqs(b, a, w);
subplot(2, 1, 1);
plot(w, abs(H));
xlabel('Frequency(rad/s)');
ylabel('Magnitude');
subplot(2, 1, 2);
plot(w, 180 * angle(H)/pi);
xlabel('Frequency(rad/s)');
ylabel('phase(degree)');
```

运行结果如图 3 - 46 所示。

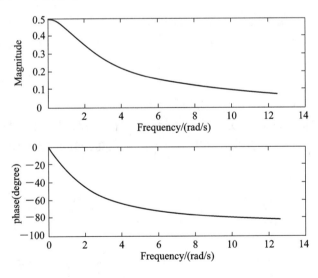

图 3 - 46 例 3 - 37 运行结果

3.5 连续系统频域分析应用举例

傅里叶分析应用于通信系统的分析和设计中，是非常重要的工具，可以说通信系统的发展处处都有着傅里叶变换的运用。本节只举出几个最简单的应用例子，来讨论傅里叶分

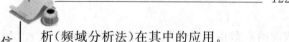

析(频域分析法)在其中的应用。

3.5.1　无失真传输系统

通信系统的主要任务就是有效而可靠地传输信号。所谓无失真传输就是指响应信号的波形是激励信号的精确再现，即响应信号和激励信号的波形完全一致，各点的瞬时值可以相差一比例常数。同时，由于通过系统的信号不可避免地会发生时延，则无失真传输要求时延是常数。在实际系统中，如果本来就是利用系统进行波形变换，那么这种失真就是所需要的。但在许多情况下则希望信号经过系统后尽可能实现无失真传输。下面就讨论一个无失真传输系统应该满足的条件。

设激励信号为 $f(t)$，响应为 $y(t)$，无失真传输的条件为

$$y(t) = kf(t - t_0) \tag{3-49}$$

式中，k 为常数，t_0 为延迟时间。

从频域角度来分析，对式(3-49)取傅里叶变换，并设 $y(t) \leftrightarrow Y(j\omega)$，$f(t) \leftrightarrow F(j\omega)$，则有

$$Y(j\omega) = kF(j\omega)e^{-j\omega t_0} \tag{3-50}$$

从系统角度考虑，又有

$$Y(j\omega) = H(j\omega) \cdot F(j\omega) \tag{3-51}$$

对照式(3-50)和式(3-51)可得

$$H(j\omega) = ke^{-j\omega t_0} \tag{3-52}$$

这就是说，为了实现无失真传输，该系统的系统函数 $H(j\omega)$ 必须具有式(3-52)的形式，即对系统的频率响应提出了条件。它表明在全部频率范围内系统必须具有的幅频特性和相频特性为

$$\left.\begin{array}{r} H(\omega) = k \\ \varphi(\omega) = -\omega t_0 \end{array}\right\} \tag{3-53}$$

即可实现无失真传输。式(3-53)表明，系统函数的幅频特性是一个常数，相频特性与频率成正比，是通过原点的一条直线，斜率为 $-t_0$。无失真传输系统的频率响应如图 3-47 所示。

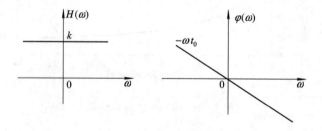

图 3-47　无失真传输系统的频率响应

为了达到无失真传输，在理论上要求系统在整个频率范围内都满足无失真传输条件。但是由于可实现性的限制，实际上不可能构成这样的系统。实际的系统只要在所需要的带宽中满足无失真条件就可以了。

3.5.2 理想低通滤波器

理想低通滤波器是具有这样功能的系统：低于某一频率 ω_c 的所有信号能无失真地通过（这个频率范围称为通带），高于 ω_c 的信号（这个频率范围称为阻带）则完全阻塞，ω_c 称为截止频率。可见，理想低通滤波器在通带内是一个无失真传输系统。因此，理想低通滤波器的系统函数应为

$$H(j\omega) = \begin{cases} 1 \cdot e^{-j\omega t_0}, & |\omega| < \omega_c \\ 0, & |\omega| > \omega_c \end{cases} \tag{3-54}$$

其频谱如图 3-48 所示。

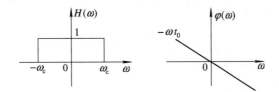

图 3-48 理想低通滤波器的频谱

因为系统的冲激响应与系统函数为一对傅氏变换对，所以理想低通滤波器的冲激响应 $h(t)$ 为

$$h(t) = \mathscr{F}^{-1}[H(j\omega)] = \mathscr{F}^{-1}[g_{2\omega_c}(\omega) \cdot e^{j\omega t_0}] = \frac{\omega_c}{\pi} Sa[\omega_c(t-t_0)]$$

其波形如图 3-49 所示。

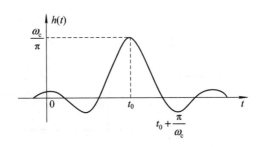

图 3-49 理想低通滤波器 $h(t)$ 的波形

由此可见，与输入信号相比，$h(t)$ 产生严重失真。这是因为 $\delta(t)$ 的频带为无限宽而理想低通滤波器通带为 ω_c，经过理想低通后，它必然对信号波形产生影响，即高于 ω_c 的频率分量都衰减为零。若 ω_c 增大，$h(t)$ 峰值增加，脉宽变窄，当 $\omega_c \to \infty$ 时，可以实现无失真传输，但系统已不是理想低通滤波器了。从图 3-49 中还可以看到，虽然 $\delta(t)$ 作用于 $t=0$，但 $h(t)$ 在 $t<0$ 时就有响应，显然是违背因果关系的，所以理想低通滤波器在物理上是无法实现的。

此外，还可以用频域法分析出理想低通滤波器的阶跃响应，在此不作详细讨论，读者可自行参阅相关书籍。

虽然理想低通滤波器在物理上不可实现，但它的特性与实际滤波器相类似，对于实现系统具有指导意义。如 RC 积分电路、RLC 串联电路等就可组成实际的低通滤波器。关于

各种滤波器电路的分析和设计将在后续课程中研究。

3.5.3 调制与解调

调制就是用一个信号去控制另一个信号的某一参数的过程。没有适当的调制，电子通信根本无法实现。无线电通信是用空间辐射方式传送信号的。比如要传递语言信号，将语言信号作为调制信号，通过调制，把它所携带的信息通过频率高得多的载波信号辐射出去，到了接收端后再通过解调，从已经调制的载波信号中把信息恢复出来。另一方面，通过调制将所传送的信号以不同频率传送，可以在同一信道传送多路信号而互不干扰。当然，调制还在其他技术领域中得到了应用。下面利用载频分析来分析幅度调制与解调的原理。

设 $f(t)$ 为待传输的信号，$s(t)=\cos\omega_0 t$ 为载波信号，ω_0 为载波频率，则发送端的调幅信号 $y(t)$ 为

$$y(t) = f(t) \cdot \cos\omega_0 t$$

设 $y(t) \leftrightarrow Y(j\omega)$，$f(t) \leftrightarrow F(j\omega)$，则有

$$Y(j\omega) = \frac{1}{2\pi}F(j\omega) * \pi[\delta(\omega+\omega_0) + \delta(\omega-\omega_0)]$$

$$= \frac{1}{2}\{F[j(\omega+\omega_0)] + F[j(\omega-\omega_0)]\} \tag{3-55}$$

幅度调制的方框图及频谱变换关系如图 3-50 所示。

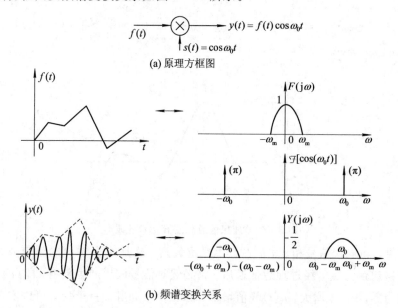

(a) 原理方框图

(b) 频谱变换关系

图 3-50　调制原理方框图及其频谱变换关系

由图 3-50(b)可见，原信号的频域 $F(j\omega)$ 经过调制被搬移至 $\pm\omega_0$ 处，即所需的高频范围内，成为已调的高频信号，很容易以电磁波形式辐射。

由已调制信号 $y(t)$ 恢复原始信号 $f(t)$ 的过程称为解调。图 3-51(a)所示是实现解调的原理方框图。

由图 3-51 可得

$$f_1(t) = y(t)\,\cos\omega_0 t = f(t)\cdot\cos^2\omega_0 t = \frac{1}{2}f(t)(1+\cos2\omega_0 t)$$

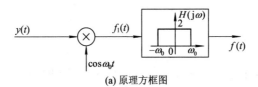

(a) 原理方框图

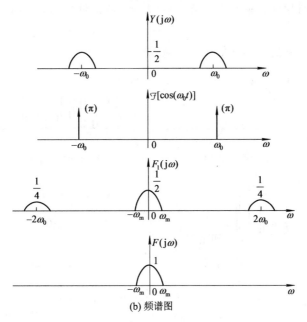

(b) 频谱图

图 3-51　同步解调原理方框图及其频谱图

设 $f_1(t) \leftrightarrow F_1(j\omega)$，则有

$$F_1(j\omega) = \frac{1}{2}F(j\omega) + \frac{1}{2}\cdot\frac{1}{2\pi}F(j\omega)*\pi[\delta(\omega+2\omega_0)+\delta(\omega-2\omega_0)]$$

$$= \frac{1}{2}F(j\omega) + \frac{1}{4}\{F[j(\omega+2\omega_0)]+F[j(\omega-2\omega_0)]\} \qquad (3-56)$$

其频谱如图 3-51(b)所示。由此可知，$F_1(j\omega)$ 中果然包含原信号 $f(t)$ 的全部信息 $F(j\omega)$，此外，还有附加的高频分量。这时，在 $f_1(t)$ 后接一个低通滤波器，假设低通滤波器的幅频特性如图 3-51(a)所示，就能使 ω_m 以下的频率分量通过而抑制大于 ω_m 的信号，从而滤除多余的高频信号，达到恢复调制信号 $f(t)$，完成解调的目的。当然，此时截止频率 ω_c 应满足 $\omega_m < \omega_c < 2\omega_0 - \omega_m$。

3.6　抽样及抽样定理

　　抽样(也称取样、采样)技术已广泛应用在各种技术领域中。对于模拟信号，并不需要无限多个连续的时间点上的瞬时值来决定其变化规律，而只需要各个等间隔点上的离散的抽样值就够了，即将连续信号进行抽样变成离散的脉冲序列，也即所谓的抽样信号。抽样信号中包含有原信号的所有信息。在一定条件下，从抽样信号中又可以完整地恢复原来的信号。下面就讨论信号的抽样和信号的恢复，利用频域分析方法，可以很清楚地看到这一过程。

3.6.1 信号的抽样

若 $p_T(t)$ 是脉宽为 τ 的矩形脉冲序列，其幅度为 1，周期为 T_s。使信号 $f(t)$ 与 $p_T(t)$ 相乘，即为对 $f(t)$ 进行抽样，输出信号用 $f_s(t)$ 表示，称为抽样信号，即

$$f_s(t) = f(t) \cdot p_T(t) \tag{3-57}$$

图 3-52 所示是抽样系统及抽样信号的时域描述。

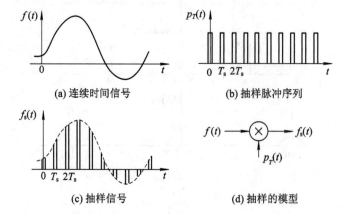

(a) 连续时间信号   (b) 抽样脉冲序列

(c) 抽样信号   (d) 抽样的模型

图 3-52　抽样系统及抽样信号的时域描述

若将矩形脉冲序列换成周期为 T_s 的冲激函数序列 $\delta_{T_s}(t)$，则这种抽样称为冲激抽样或理想抽样。此时，抽样信号 $f_s(t)$ 为

$$f_s(t) = f(t) \cdot \delta_{T_s}(t) = f(t) \cdot \sum_{n=-\infty}^{\infty} \delta(t - nT_s) = \sum_{n=-\infty}^{\infty} f(nT_s)\delta(t - nT_s) \tag{3-58}$$

即抽样信号由一系列冲激信号构成，每个冲激间隔为 T_s，其强度等于连续信号 $f(t)$ 的抽样值 $f(nT_s)$。若设 $f(t) \leftrightarrow F(j\omega)$，则可以得到抽样信号的频谱函数为

$$F_s(j\omega) = \frac{1}{2\pi}F(j\omega) * \mathscr{F}[\delta_{T_s}(t)]$$

前面讨论过 $\delta_{T_s}(t)$ 的傅里叶变换，即

$$\mathscr{F}[\delta_{T_s}(t)] = \omega_s \sum_{n=-\infty}^{\infty} \delta(\omega - n\omega_s)$$

式中，$\omega_s = \dfrac{2\pi}{T_s}$，所以有

$$F_s(j\omega) = \frac{1}{2\pi}F(j\omega) * \omega_s \sum_{n=-\infty}^{\infty} \delta(\omega - n\omega_s) = \frac{\omega_s}{2\pi}\sum_{n=-\infty}^{\infty} F[j(\omega - n\omega_s)]$$

$$= \frac{1}{T_s}\sum_{n=-\infty}^{\infty} F[j(\omega - n\omega_s)] \tag{3-59}$$

冲激抽样信号及抽样信号的频谱如图 3-53 所示。

由图 3-53 可知，抽样信号 $f_s(t)$ 的频谱由原信号频谱 $F(j\omega)$ 的无限个频移项组成，频

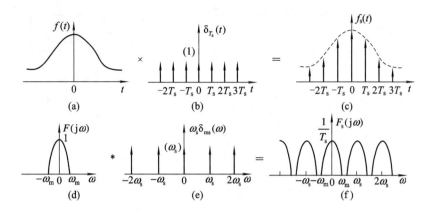

图 3-53　冲激抽样信号及抽样信号的频谱

移的角频率为 $n\omega_s (n=0, \pm1, \pm2, \cdots)$，其幅值为原频谱的 $1/T_s$。

注意：图 3-53(f) 中所示的抽样信号的频谱是在一定限制条件下才有的结果。这个限制条件是

$$\omega_s \geqslant 2\omega_m \quad 或 \quad T_s \leqslant \frac{1}{2f_m} \tag{3-60}$$

只有满足这个条件，各相邻频移才不会发生混叠，如图 3-54 所示。

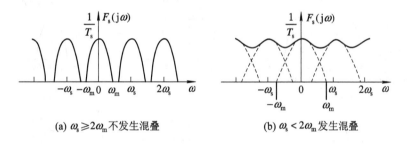

(a) $\omega_s \geqslant 2\omega_m$ 不发生混叠　　　(b) $\omega_s < 2\omega_m$ 发生混叠

图 3-54　发生混叠现象的条件

可见，若想从抽样信号的频谱 $F_s(j\omega)$ 中得到原信号的频谱 $F(j\omega)$，即从抽样信号 $f_s(t)$ 中恢复原信号 $f(t)$，必须满足式(3-60)的条件，即使抽样信号的频谱不发生混叠。

3.6.2　时域抽样定理

由前面的讨论可知，抽样信号中包含有原信号的所有信息，从频谱关系可看得很清楚。在满足 $\omega_s \geqslant 2\omega_m$ 的条件下，使 $f_s(t)$ 通过一个增益（幅度）为 T_s 的理想低通滤波器，把所有的高频分量滤去，仅留下原信号的频谱 $F(j\omega)$ 就可以达到恢复出原信号 $f(t)$ 的目的。为此，设理想低通滤波器的系统函数为

$$H(j\omega) = \begin{cases} T_s, & |\omega| < \omega_c \\ 0, & |\omega| > \omega_c \end{cases} \tag{3-61}$$

其中截止频率 ω_c 应满足

$$\omega_m < \omega_c \leqslant \omega_s - \omega_m \tag{3-62}$$

从抽样信号恢复原信号的频谱变换过程如图 3-55 所示。从频域的角度分析可知

$$F(j\omega) = F_s(j\omega) \cdot H(j\omega) \qquad (3-63)$$

从时域角度分析得

$$f(t) = f_s(t) * h(t) \qquad (3-64)$$

因为

$$h(t) = \mathscr{F}^{-1}[H(j\omega)] = T_s \cdot \frac{\omega_c}{\pi} \mathrm{Sa}(\omega_c t)$$

$$(3-65)$$

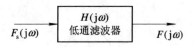

图 3-55　从抽样信号恢复原信号的频谱变换过程

而

$$f_s(t) = \sum_{n=-\infty}^{\infty} f(nT_s)\delta(t - nT_s)$$

所以有

$$f(t) = \sum_{n=-\infty}^{\infty} f(nT_s)\delta(t - tT_s) * T_s \cdot \frac{\omega_c}{\pi} \mathrm{Sa}(\omega_c t)$$

$$= \sum_{n=-\infty}^{\infty} \frac{T_s \omega_c}{\pi} f(nT_s) \, \mathrm{Sa}[\omega_c(t - nT_s)] \qquad (3-66)$$

式(3-66)表明，原来的信号 $f(t)$ 可表示为无穷个抽样函数(Sa 函数)的线性组合，Sa 函数的峰值由 $f(nT_s)$ 决定。从抽样信号恢复出原信号的时域、频域关系如图 3-56 所示。

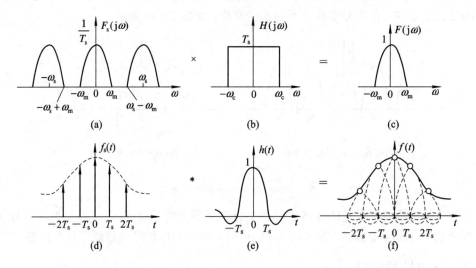

图 3-56　从抽样信号恢复原信号的时域、频域关系 $\left(\omega_c = \dfrac{\omega_s}{2}\right)$

　　由上述讨论可以总结出重要的时域抽样定理：一个频带受限的信号 $f(t)$（即信号 $f(t)$ 在区间 $-\omega_m \sim +\omega_m$ 的范围内频谱为非零值，在此区间之外的区域为零），可唯一地由其均匀间隔的抽样值确定，当且仅当抽样频率满足 $\omega_s \geqslant 2\omega_m$（或 $f_s \geqslant 2f_m$），或者说抽样周期满足 $T_s \leqslant \dfrac{1}{2f_m}$。这就是时域抽样定理。不满足时域抽样定理时，频域中会发生混叠，就不能恢复信号 $f(t)$。通常将最小允许抽样频率 $f_s = 2f_m$ 称为奈奎斯特频率，把最大允许抽样间隔 $T_s = \dfrac{1}{2f_m}$ 称为奈奎斯特间隔。

　　需要说明的是，除了时域抽样定理之外，还有频域抽样定理与时域抽样定理相对称。

在此就不再讨论，读者可参阅相关书籍。

【**例 3 - 38**】　已知一个信号处理系统如图 3 - 57(a)所示，其中 $f(t) = \dfrac{\omega_m}{\pi} \mathrm{Sa}(\omega_m t)$，

$\delta_T(t) = \displaystyle\sum_{n=-\infty}^{\infty} \delta(t - nT)$，$H_1(\mathrm{j}\omega)$ 的频谱如图 3 - 57(b)所示，试求：

（1）$f_1(t)$ 的频谱；

（2）欲使 $f_s(t)$ 包含 $f_1(t)$ 的全部信息，最大采样间隔 T_s 应为多大；

（3）若以 $2\omega_s$（ω_s 为奈奎斯特角频率）进行采样，欲使 $y(t) = f_1(t)$，理想低通滤波器 $H_2(\mathrm{j}\omega)$ 的截止频率 ω_c 的取值范围应为多大。

解　（1）因为 $g_\tau(t) \leftrightarrow \tau \mathrm{Sa}\left(\dfrac{\omega\tau}{2}\right)$，根据对称性可得信号 $f(t)$ 的频谱函数 $F(\mathrm{j}\omega)$ 为

$$F(\mathrm{j}\omega) = g_{2\omega_m}(\omega)$$

其频谱如图 3 - 57(c)所示。设 $f_1(t) \leftrightarrow F_1(\mathrm{j}\omega)$，则由系统可知

$$F_1(\mathrm{j}\omega) = H(\mathrm{j}\omega)F(\mathrm{j}\omega)$$

其频谱如图 3 - 57(d)所示。

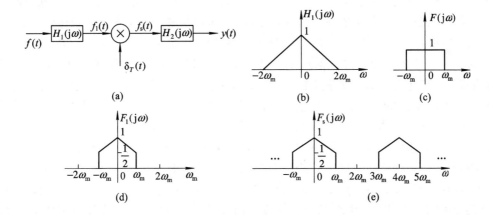

图 3 - 57　例 3 - 38 图

（2）由系统可知，$f_1(t)$ 经冲激抽样得到抽样信号 $f_s(t)$，欲使 $f_s(t)$ 包含 $f(t)$ 的全部信息，则需满足时域抽样定理，即抽样间隔 T_s 为

$$T_s \leqslant \frac{1}{2f_m} = \frac{\pi}{\omega_m}$$

式中，ω_m 为 $F_1(\mathrm{j}\omega)$ 的带宽，所以最大采样间隔为 $T_s = \dfrac{\pi}{\omega_m}$。

（3）由时域抽样定理得奈奎斯特频率 f_s 为

$$f_s = 2f_m \quad \text{或} \quad \omega_s = 2\omega_m$$

现在以 $2\omega_s$ 进行抽样，满足抽样频率大于 $2\omega_m$ 的条件，即现在的抽样频率为 $2\omega_s = 4\omega_m$。所以得到抽样信号 $f_s(t)$ 的频谱函数为

$$F_s(\mathrm{j}\omega) = \frac{1}{2\pi}F_1(\mathrm{j}\omega) * \mathscr{F}[\delta_T(t)] = \frac{1}{2\pi} \cdot F_1(\mathrm{j}\omega) * 4\omega_m \sum_{n=-\infty}^{\infty} \delta(\omega - n4\omega_m)$$

$$= \frac{2\omega_m}{\pi} \sum_{n=-\infty}^{\infty} F_1[\mathrm{j}(\omega - n4\omega_m)]$$

即 $f_s(t)$ 的频谱是由 $F_1(j\omega)$ 的频谱的周期延拓，每隔 $4\omega_m$ 出现一次。$F_s(j\omega)$ 如图 3-57(e) 所示。可见，要从 $f_s(t)$ 中恢复出 $f_1(t)$，则 $H_2(j\omega)$ 必须是一理想低通滤波器，它将频率小于 ω_m 的信号分量通过，频率大于 ω_m 的信号分量滤掉。由 $F_s(j\omega)$ 的频谱可得 $H_2(j\omega)$ 的截止频率 ω_c 应满足：

$$\omega_m < \omega_c \leqslant 3\omega_m$$

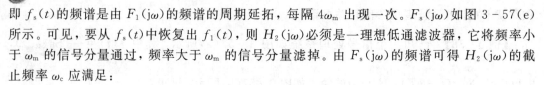

课程思政扩展阅读

中国网络通信技术的发展（下）

■ 3G——移动宽带多媒体通信开启

随着通信行业的高速发展，人们对移动通信网络的传输速率及提供的服务类型有了更大的需求，第三代移动通信网络应运而生。3G 是以 CDMA（码分多址）技术为核心，相对于 1G 采用的 FDMA（频分多址）和 2G 采用的 TDMA（时分多址），CDMA 系统以其频率规划简单、系统容量大、频率复用系数高、抗多径能力强、通信质量好、软容量、软切换等特点展现了明显的优势，其传输速度的提升使得 3G 可提供移动宽带多媒体通信业务。

1985 年成立的美国高通公司在 2G 时代就是 CDMA 的推行者，高通 CDMA2000 是由窄带 CDMA 技术发展而来的，是从原来 CDMAOne 结构直接升级到 3G，这样就大大降低了建设成本。高通后续围绕功率控制、同频复用等技术构建了 CDMA 专利墙，将所有有关 CDMA 技术的专利都纳入麾下。接着高通将 CDMA 算法嵌入芯片，提供出一整套系统单芯片（System on Chip，SoC）解决方案，而当时大部分手机厂商都没有这个技术能力，而高通做到了，它把通信基带、CPU、GPU 等全部集成到芯片中卖给各大手机厂商。在美国高通称霸的压力下，欧洲的老牌通信企业不善罢甘休，1998 年 12 月，欧洲领头成立 3GPP（3rd Generation Partnership Project，第三代合作伙伴计划），绕开了高通专利，在基于 GSM 网基础上，直接架设在现有的 GSM 网络上实现升级，完成了 WCDMA 过渡。WCDMA 在国际上逐渐得到推广普及且其终端种类极为丰富，占有了较大的市场份额，希望成为 3G 唯一的国际标准，能够再次引领全球通信行业。但高通也不甘示弱，随即成立了 3GPP2，极力推行自己的 CDMA2000 技术。

在美国高通 CDMA2000 和欧洲 WCDMA 激烈竞争国际 3G 标准的形势下，2000 年 5 月"中国标准"在争议中横空出世，在中美两国共同努力下，ITU（国际电信联盟）最终通过了中国提出的 TD-SCDMA 标准，与欧洲的 WCDMA 和美国的 CDMA2000 并列成为 3G 的三大标准。这样，在 3G 时代，国际电信三大技术标准，即 CDMA2000（CDMA Multi-Carrier，由 CDMA IS95 发展而来）、WCDMA（Wideband CDMA，宽频分码多重存取）和 TD-SCDMA（Time Division-Synchronous CDMA，时分同步 CDMA，中国自主研发定制的 3G 标准）三足鼎立的格局就形成了。中国能有如此的进步，并不仅仅是把握住了机遇，更是因为在华为、中兴的打拼下，中国的国际电信市场已经不容小觑，才得以在全球通信格局上有了影响力。

三个 3G 通信标准中，中国的 TD-SCDMA 是最薄弱的一个，当时几乎还是停留在图纸上，没有芯片，没有手机，没有基站，没有仪器仪表，一切都要从基础做起，国家就将推广 TD-SCDMA 这一重任交给了中国移动。为了使最弱小的 TD-SCDMA 标准成长起来，由大唐集团发起成立了 TD-SCDMA 联盟，争取到华为、中兴、联想等十家运营商、研发部门和设备制造部门参加进来，合力完善 TD-SCDMA 标准的推广应用，2002 年 10 月 30 日在人民大会堂召开了 TD-SCDMA 联盟的成立大会。中国移动不负国家重托，于 2008 年 4 月北京奥运会前，TD-SCDMA 开始运行。到 2009 年 1 月，工信部正式为移动（TD-SCDMA）、电信（CDMA2000）和联通（WCDMA）发放了 3G 牌照，标志着我国正式进入 3G 时代。与此同时，以苹果手机和安卓手机为代表的智能手机迅速崛起，取代了曾经遍布全国的功能机。进入 3G 时代之后，我国三大运营商之间的竞争也进一步加剧。

■ 4G——移动互联新高度

4G 的核心技术是 OFDM（正交频分复用）技术，是由 MCM（Multi-Carrier Modulation，多载波调制）发展而来的，其将信道分成若干正交子信道进行数据流传输，减少了子信道之间的相互干扰，提高了宽带使用率，其数据传输速率更快，网络安全性能更强，可提供可视电话、电话会议、虚拟现实等业务类型。OFDM 技术调制模式有两种，分别是 TD-LTE（时分双工）和 FDD-LTE（频分双工），两者相似度高达 90%，各有优势。

中国在过去通信标准中只能跟在欧美的后头，4G 时代中国要迎头赶上，在全球通信网络中不再落后。当得知欧洲采取 FDD 技术后，中国立刻开始主攻 TDD 模式，最终做出了 TD-LTE，这是第一个由中国主导的、具有全球竞争力的 4G 标准。2010 年 4 月 15 日，由中国移动建设的全球首个 TD-LTE 演示网在上海世博园开通。2012 年 3 月 30 日，浙江在全国率先开通 4G 体验网络，并在杭州 B1 公交车上推出 4G 免费体验。2013 年 12 月，工信部向三大运营商发放了 TD-LTE 4G 牌照。出于保护 TD-LTE 产业发展考虑，工信部没有发放 FDD-LTE 牌照，这等于给了中国通信业发展抢跑 4G 的机会。2017 年，TD-LTE 基站有 200 万个，占全球 4G 基站的 40%，全球支持 TD-LTE 的终端近 4269 款，支持 TD-LTE 的手机达 3255 款以上。

■ 5G——万物互联

5G 技术要将车辆、船舶、建筑物、仪表、机器和其他实体物品与电子、软件、传感器和云连接起来，所谓万物互联，全球只有一种国际标准成为共识。在 OFDMA 和 MIMO 技术基础上，5G 为支持三大应用场景，采用了灵活的全新系统设计。在频段方面，5G 同时支持中低频和高频频段，其中中低频满足覆盖和容量需求，高频满足在热点区域提升容量的需求，5G 针对中低频和高频设计了统一的技术方案，并支持百 MHz 的基础带宽。为了支持高速率传输和更优覆盖，5G 采用 LDPC、Polar 新型信道编码方案和性能更强的大规模天线技术等。2018 年 6 月 13 日，3GPP 5G NR 标准 SA（Standalone，独立组网）方案正式完成并发布，这标志着首个真正完整意义上的国际 5G 标准正式出炉。于是各国都展开了 5G 的竞赛，争取在 5G 中抢到先机，这样能够让自己国家的科技和经济得到更一步的发展。

中国在全球通信行业的地位已经从受人欺辱，到跟班欧美，再到如今与欧美分庭抗礼，这是中国企业一步一步打下来的（以华为公司为领头羊）。华为的 5G 技术主要分为三块，第一块是专利技术，第二块是 5G 通信设备，第三块是基带芯片。其实华为从 2009 年就已经开始进行 5G 研究了，从专利技术来看，目前华为主导的 Polar 码是 5G eMBB 场景的信令信道编码方案，是标准制定者之一。在 5G 标准中，华为获得的专利占比达 22.93%，中兴、OPPO 等公司也获得了一些 5G 专利，中国 5G 专利数超过了美国高通。据

信号与系统分析（第三版）

《全球 5G 专利活动报告（2022 年）》显示，截至 2021 年 12 月 31 日，全球声明的 5G 标准必要专利数量超过 6.49 万件，有效全球专利族超过 4.61 万项。数据显示，华为有效全球专利族数量占比为 14%，排名第一；高通排在第二位，占比为 9.8%；三星排在第三位，占比为 9.1%；排名第四至第十位的企业依次是 LG、中兴、诺基亚、爱立信、大唐、OPPO 和夏普。从 5G 通信设备来看，据《2020 年全球第四季度 5G 通信设备市场份额数据报告》显示，华为以 31.4% 依旧排名第一；爱立信则以 28.9% 的市场份额位列第二；诺基亚则以 18.5% 的市场份额位列排行榜的第三名。而在基带芯片这一块，华为是目前拥有 5G 基带芯片的厂商之一，华为自主研发的巴龙 5000 可实现业界最快 5G 峰值下载速率，在 Sub-6GHz 频段（低频频段，5G 的主用频段）实现全球最快 4.6 Gb/s，比业界平均水平快一倍；在毫米波频段（高频频段，5G 的扩展频段）达业界最快 6.5 Gb/s，是 4G LTE 可体验速率的 10 倍。同时，巴龙 5000 在全球率先支持 Sa（5G 独立组网）和 Nsa（5G 非独立组网，即 5G 网络架构在 LTE 上）组网方式，可以灵活应对 5G 产业发展不同阶段下用户和运营商对硬件设备的通信能力要求。此外，巴龙 5000 还是全球首个支持 v2x（vehicle to everything）的多模芯片，可以提供低延时、高可靠的车联网方案。在 5G 基带的布局和前瞻上，华为已经走在了竞争对手的前面。

纵观中国移动通信技术的发展，经历了"1G 空白，2G 跟随，3G 突破，4G 同步，5G 引领"的崛起历程。在这个发展过程中，通信技术的发展极大地改变了人们的生活方式，极大地影响着我国经济社会发展的方方面面，可以说，中国通信技术的发展史也反映了中国社会经济改革开放的发展史，体现出技术的哲学属性，体现出中国智慧，体现出中国企业的爱国主义情怀，体现出中国特色社会主义制度的优越性。

★本扩展阅读内容主要来源于以下网站和文献：

[1] 百度百科.

[2] https://www.jianshu.com/p/47eda1d1f531.

[3] 余全洲. 1G～5G 通信系统的演进及关键技术[J]. 通讯世界，2016(22)：34 - 35.

[4] 罗克研. 从 1G 到 5G 中国通信在变革中腾飞[J]. 中国质量万里行，2019(10)：18 - 21.

[5] 王天赐，张强，张琳. 通信网络从 1G 到 5G 的技术革新[J]. 电子世界，2019(5)：27 - 28.

[6] http://www.superweb999.com/article/1052727.html.

[7] http://www.cinic.org.cn/hy/tx/1284212.html.

习　题

• 基础练习题

3.1 选择题。

(1) 如习题图 3-1 所示周期信号，其傅里叶系数 F_0 为（　　　）。

A. 0 　　　　　　B. 2 　　　　　　C. 4 　　　　　　D. 6

(2) 信号 $f(t) = 5|\sin 200\pi t|$ 含有的频率成分为（　　　）。

A. 100 Hz 　　　B. 0 Hz 　　　C. 200 Hz 　　　D. 300 Hz

(3) 已知 $f(t)$ 的频谱 $F(j\omega)$ 如习题图 3-2 所示，则 $f(0)$ 为（　　　）。

A. 2 　　　　　B. $\dfrac{3}{\pi}$ 　　　　　C. 3 　　　　　D. 6

(4) 信号如习题图 3-3 所示，其频谱函数 $F(j\omega)$ 中的 $F(0)$ 为（　　　）。

A. 5 　　　　　B. 2 　　　　　C. 4 　　　　　D. 6

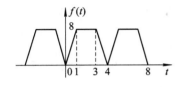
习题图 3-1

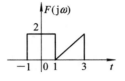
习题图 3-2

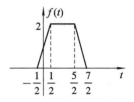
习题图 3-3

(5) 下列不改变信号幅度谱的运算是（　　　）。

A. 时域微积分 　　　　　　　　B. 信号时移

C. 时间尺度变换 　　　　　　　D. 时域反折

3.2　判断正误题。

(1) 周期信号的平均值即为直流分量，对应于傅里叶系数的 A_0。　　　　　　（　　　）

(2) 任何周期信号都可以分解为复指数信号或正、余弦信号的叠加。　　　　（　　　）

(3) 傅里叶变换 $F(j\omega)$ 表示信号在单位频带上的频谱，故称为频谱密度函数。（　　　）

(4) 由直流信号和冲激信号频谱的特点可知，直流信号易于滤除而冲激信号难以滤除。　　　　　　　　　　　　　　　　　　　　　　　　　　　　　　（　　　）

(5) 理想低通滤波器是物理可实现系统。　　　　　　　　　　　　　　　（　　　）

(6) 应用频域分析法分析线性时不变因果系统时，要求系统单位冲激响应 $h(t)$ 满足绝对可积条件。　　　　　　　　　　　　　　　　　　　　　　　　　（　　　）

(7) 所谓无失真传输是指，在信号传输过程中，其各频率分量的频率、相位和幅度都不改变。　　　　　　　　　　　　　　　　　　　　　　　　　　　　　（　　　）

3.3　填空题。

(1) 设 $F(j\omega)$ 为实信号 $f(t)$ 的傅里叶变换，且 $F(j\omega)=R(\omega)+jX(\omega)$，则 $f(t)$ 的偶分量 $f_c(t)$ 的傅里叶变换 $F_c(j\omega)=$ ＿＿＿＿＿＿；奇分量 $f_o(t)$ 的傅里叶变换 $F_o(j\omega)=$ ＿＿＿＿＿＿。

(2) 周期信号 $f(t)=1+\cos(t-60°)$，其傅里叶复系数 $F_n=$ ＿＿＿＿＿＿。

(3) 已知 $f(t)\leftrightarrow F(j\omega)$，$F(j\omega)$ 如习题图 3-4(a) 所示，则图 (b) 所示 $F_1(j\omega)$ 的傅里叶逆变换 $f_1(t)=$ ＿＿＿＿＿＿。（用 $f(t)$ 来表示）

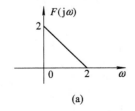
(a)

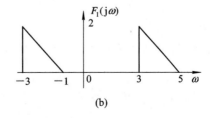
(b)

习题图 3-4

(4) 习题图 3-5(a)、(b)所示电路的频率特性 $H(\text{j}\omega)$ 分别为_____、_____。由此可见，图(a)所示电路为_____滤波器，图(b)所示电路为_____滤波器。

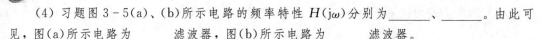

习题图 3-5

(5) 设习题图 3-6(a)所示信号的傅里叶变换为 $F(\text{j}\omega)=R(\omega)+\text{j}X(\omega)$，则图(b)和(c)所示信号的傅里叶变换分别为_____、_____。

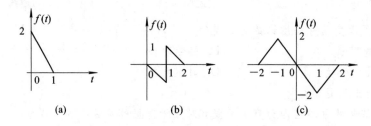

习题图 3-6

3.4 设 $F(\text{j}\omega)$ 是实函数 $f(t)$ 的傅里叶变换，且 $F(\text{j}\omega)=|F(\text{j}\omega)|\text{e}^{\text{j}\varphi(\omega)}=R(\omega)+\text{j}X_\omega$，试述 $|F(\text{j}\omega)|$、$\varphi(\omega)$、$R(\omega)$、$X(\omega)$ 的奇偶性。

3.5 已知信号 $f(t)$ 的带宽为 ω_1，求信号 $2f(t)$、$f(2t)$、$f(t/2)$、$f(-t)$、$f(t-2)$ 的带宽。

3.6 求下列周期信号的基波角频率 ω_0 和周期 T。

(1) $A\cos4t+B\sin6t$ (2) $A\sin2\pi t-B\sin3\pi t+C\sin5\pi t$

(3) $(\sin\pi)t^2$ (4) $\text{e}^{\text{j}10t}$ (5) $|\cos\pi t|$

(6) $(\cos2t-\sin5t)^2$ (7) $\text{e}^{-\text{j}t}+\cos5t$

3.7 一连续周期信号 $f(t)$，周期 $T=8$，已知其非零傅里叶复系数是：$F_1=F_{-1}^*=2$，$F_3=F_{-3}^*=4\text{j}$，试将 $f(t)$ 展开成三角型傅里叶级数，求 A_n 并画出单边幅度谱和相位谱。

3.8 已知连续周期信号：$f(t)=2+\cos\left(\frac{2}{3}\pi t\right)+4\sin\left(\frac{5}{3}\pi t\right)$，将其表示成复指数信号形式，求 $F_n(\text{j}n\omega_0)$ 并画出双边幅度谱和相位谱。

3.9 已知周期电压 $u(t)=2+2\cos\left(t+\frac{\pi}{4}\right)-\sin\left(2t+\frac{\pi}{4}\right)+\cos\left(3t+\frac{\pi}{3}\right)$，试画出其单边、双边幅度谱和相位谱。

3.10 已知连续周期信号的周期 $T=2$，在一周期内有

$$f(t)=\begin{cases}\dfrac{2}{T}t^2+t, & -\dfrac{T}{2}\leqslant t<0 \\ -\dfrac{2}{T}t^2+t, & 0\leqslant t<\dfrac{T}{2}\end{cases}$$

(1) 求 $f(t)$ 的三角型傅里叶级数；

(2) 比较 $f(t)$、$f'(t)$、$f''(t)$ 的波形和频谱。

3.11 已知连续周期信号 $f(t)$ 如习题图 3-7 所示。

(1) 求指数型与三角型傅里叶级数；

(2) 求级数 $S=1-\dfrac{1}{3}+\dfrac{1}{5}-\dfrac{1}{7}+\cdots$ 之和。

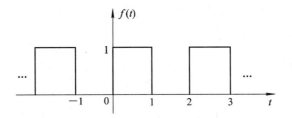

习题图 3-7

3.12 试求习题图 3-8 所示周期信号的傅里叶复系数，并比较其特点（提示：可根据时移性、线性特性来求解）。

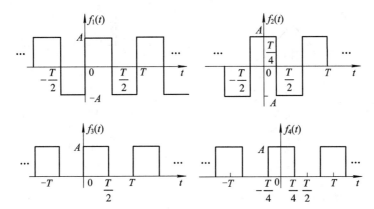

习题图 3-8

3.13 求习题图 3-9 所示周期信号的傅里叶系数。

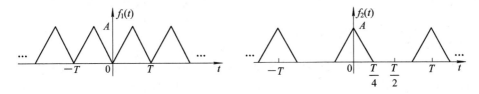

习题图 3-9

3.14 求习题图 3-10(a) 所示半波整流余弦周期信号的傅里叶系数，并画出其频谱草图。

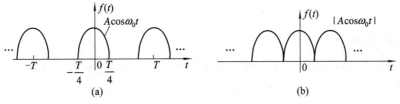

(a)　　　　　　　　　(b)

习题图 3-10

试讨论若将余弦信号进行全波整流，如习题图 3－10(b)所示，则哪些频率分量会发生变化。

3.15 已知 LTI 系统的冲激响应为 $h(t)=e^{-4t}U(t)$，对下列各个输入求系统输出的复傅里叶系数。

(1) $f(t)=\cos 2\pi t$ (2) $f(t)=\displaystyle\sum_{k=-\infty}^{\infty}\delta(t-k)$

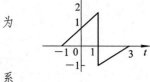

3.16 已知 $f(t)$ 的波形如习题图 3－11 所示，且 $F(j\omega)$ 为 $f(t)$ 的傅里叶变换，求 $\displaystyle\int_{-\infty}^{+\infty}F(j\omega)\,d\omega$。

习题图 3－11

3.17 由 3.16 题的结论，试判断若输入为以下信号时，系统的输出所含频率分量，并验证之。

(1) $f(t)=\cos\left(6\pi t+\dfrac{2}{4}\right)+\sin 4\pi t$ (2) $f(t)=\displaystyle\sum_{k=-\infty}^{\infty}(-1)^k\delta(t-k)$

3.18 求习题图 3－12 所示各信号的傅里叶变换。

(a)

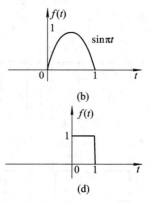

(b)

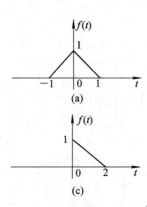

(c)

(d)

习题图 3－12

3.19 求下列信号的傅里叶变换。

(1) $e^{-3t}[U(t+2)-U(t-3)]$ (2) $U(t/2-1)$

(3) $e^{2+t}U(-t+1)$ (4) $e^{-jt}\delta(t-2)$

(5) $e^{-2(t-1)}U(t)$ (6) $e^{-2(t-1)}\delta(t-1)$

(7) $e^{2t}U(-t+1)$ (8) $U(t)-U(t-3)$

(9) $1+U(t)$

3.20 已知信号 $f_1(t)$、$f_2(t)$ 的带宽分别为 ω_1、ω_2，且 $\omega_1>\omega_2$，求下列信号的带宽。

(1) $f_1(t)\cdot f_2(t)$ (2) $f_1(t)*f_2(t)$ (3) $f_1(t)+2f_2(t)$

(4) $f_1^2(t)*f_2(t)$ (5) $f_1(2t)\cdot f_2(t-1)$

3.21 利用傅里叶变换的对称性，求下列信号的傅里叶变换。

(1) $f(t)=\dfrac{2\beta}{t^2+\beta^2}$ (2) $f(t)=\dfrac{\sin 2\pi(t-1)}{\pi(t-1)}$

(3) $f(t)=[\mathrm{Sa}(2\pi t)]^2$ (4) $f(t)=\dfrac{1}{\pi t}$

3.22 已知 $f(t)\leftrightarrow F(j\omega)$，利用傅里叶变换的性质，求下列信号的傅里叶变换。

(1) $f(3t-5)$ (2) $f(1-t)$ (3) $tf(3t)$

(4) $e^{jt}f(3-2t)$ (5) $(1-t)f(1-t)$ (6) $(2t-2)f(t)$

(7) $t \dfrac{\mathrm{d}}{\mathrm{d}t} f(t)$　　　　(8) $\mathrm{e}^{-\mathrm{j}\omega_0 t} \dfrac{\mathrm{d}}{\mathrm{d}t} f(t)$　　　　(9) $\displaystyle\int_{-\infty}^{t+5} f(\tau)\,\mathrm{d}\tau$

(10) $\displaystyle\int_{-\infty}^{1-t/2} f(\tau)\,\mathrm{d}\tau$　　　(11) $\dfrac{\mathrm{d}}{\mathrm{d}t} f(t) * \dfrac{1}{\pi t}$　　　(12) $t \dfrac{\mathrm{d}}{\mathrm{d}t} f(1-t)$

(13) $(t-2) f(t) \mathrm{e}^{\mathrm{j}2(t-3)}$　　　(14) $f(t) U(t)$　　　　(15) $f(t) \cos 2t$

(16) $f(t) * \mathrm{Sa}(2t)$

3.23　若实信号 $f(t)$ 的频谱函数 $F(\mathrm{j}\omega)=R(\omega)+\mathrm{j}X(\omega)$，试证明 $f(t)$ 的偶分量和奇分量的频谱函数分别为 $R(\omega)$ 和 $\mathrm{j}X(\omega)$。

3.24　求习题图 3-13 所示各信号的傅里叶变换(可利用 3.26 题的结果)。

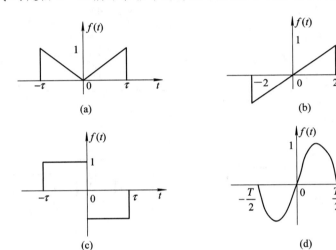

习题图 3-13

3.25　利用傅里叶变换的对称性，求下列信号的傅里叶逆变换。

(1) $F(\mathrm{j}\omega)=\cos\left(4\omega+\dfrac{\pi}{3}\right)$　(2) $F(\mathrm{j}\omega)=U(\omega+4)-U(\omega-4)$

(3) $F(\mathrm{j}\omega)=2[\delta(\omega-1)-\delta(\omega+1)]+3[\delta(\omega+2\pi)+\delta(\omega-2\pi)]$

3.26　利用傅里叶变换的性质，求下列信号的傅里叶逆变换。

(1) $F(\mathrm{j}\omega)=\dfrac{1}{(\mathrm{j}\omega+2)^2}$　　　　　　(2) $F(\mathrm{j}\omega)=-\dfrac{2}{\omega^2}$

(3) $F(\mathrm{j}\omega)=6\pi\delta(\omega)-\dfrac{5}{\omega^2-\mathrm{j}\omega+6}$　　　(4) $F(\mathrm{j}\omega)=\dfrac{\sin[3(\omega-2\pi)]}{\omega-2\pi}$

(5) $F(\mathrm{j}\omega)=\omega^2$　　　　　　　　(6) $F(\mathrm{j}\omega)=\delta(\omega-3)$

(7) $F(\mathrm{j}\omega)=[U(\omega)-U(\omega-2)]\mathrm{e}^{-\mathrm{j}2\omega}$　　(8) $F(\mathrm{j}\omega)=\mathrm{Sa}(\omega)\displaystyle\sum_{k=0}^{\infty}\mathrm{e}^{-\mathrm{j}2k\omega}$

(9) $F(\mathrm{j}\omega)=\mathrm{e}^{2\omega}U(-\omega)$

3.27　利用傅里叶变换的性质，求下列性质的傅里叶变换。

(1) $f(t)=-\dfrac{1}{\pi t^2}$　　　　　　　(2) $f(t)=\dfrac{\mathrm{d}}{\mathrm{d}t}\delta(t)+2\delta(3-2t)$

(3) $f(t)=(1+\cos\pi t)g_2(t)$　　　　　(4) $f(t)=t^n$

(5) $f(t)=\dfrac{1}{t}$

3.28　由微积分性质求习题图 3 - 14 所示信号的傅里叶变换。你还能用其他方法求解吗？

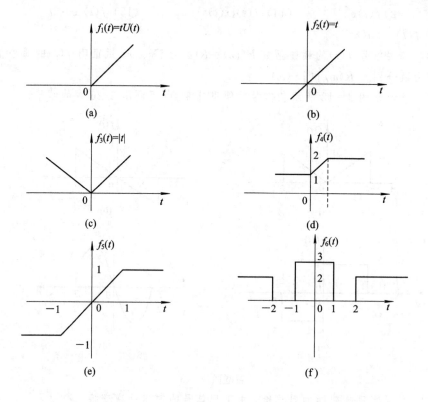

习题图 3 - 14

3.29　由调制定理求习题图 3 - 15 所示信号的傅里叶变换，并粗略画出幅度谱。

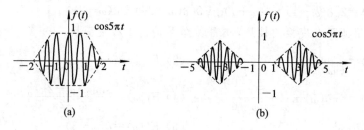

习题图 3 - 15

3.30　求下列信号的卷积 $f_1(t) * f_2(t)$。

(1) $f_1(t)=4\mathrm{e}^{-4t}U(t)$，$f_2(t)=t\mathrm{e}^{-2t}U(t)$

(2) $f_1(t)=t\mathrm{e}^{-4t}U(t)$，$f_2(t)=4t\mathrm{e}^{-2t}U(t)$

(3) $f_1(t)=2\mathrm{e}^{-t}U(t)$，$f_2(t)=\mathrm{e}^{t}U(-t)$

3.31　已知信号 $f(t)$ 的幅频和相频特性分别如习题图 3 - 16 所示，求 $f(t)$ 并画出波形。

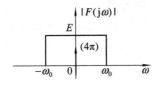

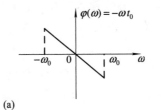

(a)

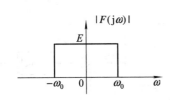

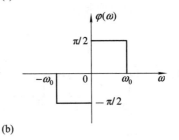

(b)

习题图 3－16

3.32 已知 LTI 系统的微分方程如下：

$$y''(t) + 4y'(t) + 3y(t) = f(t)$$
$$y''(t) + 5y'(t) + 6y(t) = f'(t) + f(t)$$

（1）求系统的频率响应 $H(j\omega)$ 和冲激响应 $h(t)$；

（2）若激励 $f(t) = e^{-2t}U(t)$，求系统的零状态响应 $y_f(t)$。

3.33 已知 LTI 系统的输入信号 $f(t) = \sin 6\pi t + \cos 2\pi t$，当系统的单位冲激响应分别为

（1）$h_1(t) = \mathrm{Sa}(4\pi t)$

（2）$h_2(t) = 32\,\mathrm{Sa}(4\pi t)\cdot \mathrm{Sa}(8\pi t)$

时，求其输出 $y(t)$。

3.34 已知 LTI 系统的频率响应 $H(j\omega)$ 如习题图
3－17 所示，其相频特性 $\varphi(\omega) = 0$。求当输入 $f(t) =$
$\displaystyle\sum_{n=-\infty}^{\infty} e^{-jn\pi/2} e^{jn\omega_0 t}$，其中 $\omega_0 = 1\ \mathrm{rad/s}$ 时的输出 $y(t)$。

3.35 已知 LTI 系统的频率响应 $H(j\omega)$ 如习题
3－21(a)所示，其相频特性 $\varphi(\omega) = 0$。求当输入 $f(t)$
为习题图 3－18(b)所示周期方波信号时，系统的响应
$y(t)$；若要使输出保留输入的五个频率分量，则系统
带宽应为多少？

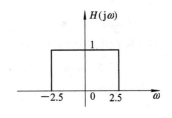

习题图 3－17

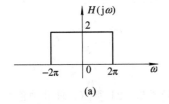

(a)

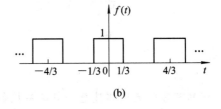

(b)

习题图 3－18

3.36 求下列系统的零输入响应、零状态响应和全响应。

(1) $y''(t)+3y'(t)+2y(t)=f(t)$，$f(t)=-2e^{-t}U(t)$，$y(0^-)=1$，$y'(0^-)=2$

(2) $y'(t)+2y(t)=f(t)$，$f(t)=\sin 2tU(t)$，$y(0^-)=1$

(3) $y''(t)+3y'(t)+2y(t)=f(t)$，$f(t)=e^{-t}U(t)$，$y(0^-)=y'(0^-)=1$

3.37 如习题图 3-19 所示系统，已知输入信号 $f(t)$ 的频谱为 $F(j\omega)$，$H_2(j\omega)=g_6(\omega)$，试画出 $x(t)$、$y(t)$ 的频谱。

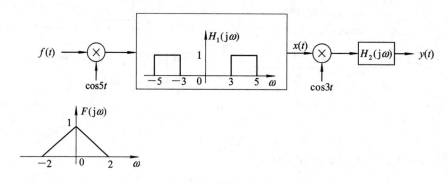

习题图 3-19

3.38 已知基带信号 $f_1(t)$ 带限于 ω_1，信号 $f_2(t)$ 带限于 ω_2，求对下列信号进行理想抽样时，所允许的最大抽样间隔 T。

(1) $f_1(t) \cdot f_2(t)$ 　　　　　　　　(2) $f_1(t)+f_2(t)$

(3) $f_1(t) * f_2(t)$ 　　　　　　　　(4) $f_1^2(t)$

(5) $f_1(3t)$ 　　　　　　　　　　　(6) $f_1(-t-5)f_1(t)$

3.39 确定下列信号的奈奎斯特间隔。

(1) $\mathrm{Sa}(50t)$ 　　　　　　　　　(2) $[\mathrm{Sa}(100t)+\mathrm{Sa}^2(40t)]^5$

(3) $\mathrm{Sa}(100t)+\mathrm{Sa}^2(80t)$

3.40 题 3.34 中，若 LTI 系统的幅频特性和相频特性分别如习题图 3-20(a)、(b)所示，求在相同激励下系统的响应。

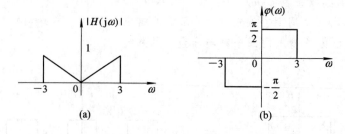

(a) 　　　　　　　　　　　　　(b)

习题图 3-20

3.41 已知某理想高通滤波器的频率特性如习题图 3-21 所示，求其冲激响应。

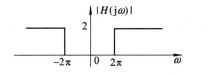

习题图 3－21

3.42　一个线性时不变系统的频率响应如习题图 3－22 所示，若输入 $f(t) = \dfrac{\sin 3t}{t}\cos 5t$，求 $y(t)$。

3.43　如习题图 3－23 所示系统，已知

$$f(t) = \sum_{n=-\infty}^{\infty} e^{jn\omega_0 t}, \quad n = 0, \pm 1, \pm 2, \cdots \quad (\omega_0 = 1 \text{ rad/s})$$

$$s(t) = \cos t$$

$$H(j\omega) = \begin{cases} e^{-j\frac{\pi}{3}\omega}, & |\omega| < 1.5 \text{ rad/s} \\ 0, & |\omega| > 1.5 \text{ rad/s} \end{cases}$$

求系统响应 $y(t)$。

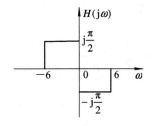

习题图 3－22

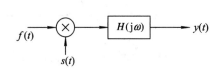

习题图 3－23

※扩展练习题

3.44　已知周期矩形信号 $f(t)$ 波形如习题图 3－24 所示，计算当信号参数分别为 $T = 1\ \mu s$，$\tau = 0.5\ \mu s$，$E = 1$ V 和 $T = 3\ \mu s$，$\tau = 1.5\ \mu s$，$E = 3$ V 时：

（1）$f(t)$ 的谱线间隔和带宽；

（2）两种情况下 $f(t)$ 的基波幅度之比；

（3）第一种情况下 $f(t)$ 的基波幅度与第二种情况 $f(t)$ 的几次谐波分量幅度相同？

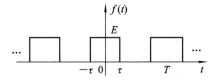

习题图 3－24

3.45　习题图 3－25 所示是一个脉冲幅度调制（PAM）系统，输出 $y(t)$ 是 PAM 信号，输入带限信号 $f(t)$ 的频谱如图所示。

(1) 试画出 $f_p(t)$ 和 $y(t)$ 的频谱；

(2) 为使经过一个适当的滤波器 $H_1(j\omega)$ 后能还原出 $\hat{f}(t) = f(t)$，求 τ 的最大允许值；

(3) 确定滤波器的频率特性 $H_1(j\omega)$。

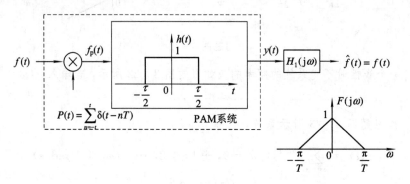

习题图 3 - 25

3.46　习题图 3 - 26 所示系统对输入带限信号 $f(t)$ 进行理想抽样，$f(t)$ 的频谱如图所示。求

(1) $f_s(t)$ 的时域和频域表达式(用 $f(t)$ 和 $F(j\omega)$ 表示)，并画出其频谱波形；

(2) $f_{s1}(t)$ 的时域和频域表达式(用 $f(t)$ 和 $F(j\omega)$ 表示)，并画出其频谱波形；

(3) 要从 $f_{s1}(t)$ 中恢复 $f(t)$，理想滤波器的频率特性 $H(j\omega)$。

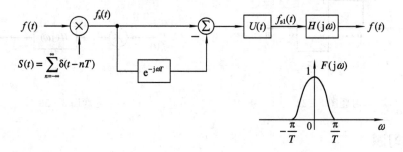

习题图 3 - 26

3.47　如习题图 3 - 27 所示系统，已知 $f(t) = \dfrac{\sin 2t}{\pi t}$，$H(j\omega) = j\mathrm{sgn}(\omega)$，求输出 $y(t)$。

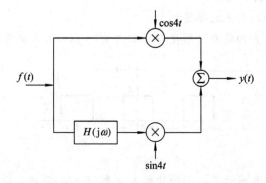

习题图 3 - 27

信号与系统分析(第三版)

3.48 信号 $f(t)$ 如习题图 3-28 所示，设其频谱函数为 $F(\mathrm{j}\omega)$，求下列各值。注：不需求 $F(\mathrm{j}\omega)$。

(1) $F(0)$

(2) $\displaystyle\int_{-\infty}^{\infty} F(\mathrm{j}\omega)\mathrm{d}\omega$

(3) $\displaystyle\int_{-\infty}^{\infty} |F(\mathrm{j}\omega)^2 \mathrm{d}\omega$

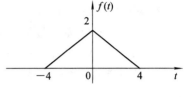

习题图 3-28

3.49 设 $X(\mathrm{j}\omega)$ 为习题图 3-29 所示信号的傅里叶变换：

(1) 求 $\arg X(\mathrm{j}\omega)$；　(2) 求 $X(\mathrm{j}0)$；

(3) 求 $\displaystyle\int_{-\infty}^{\infty} X(\mathrm{j}\omega)\mathrm{d}\omega$；

(4) 计算 $\displaystyle\int_{-\infty}^{\infty} X(\mathrm{j}\omega)\frac{2\sin\omega}{\omega}\mathrm{e}^{\mathrm{j}2\omega}\mathrm{d}\omega$；

(5) 计算 $\displaystyle\int_{-\infty}^{\infty} |X(\mathrm{j}\omega)|^2\mathrm{d}\omega$；

(6) 画出 $\mathrm{Re}[X(\mathrm{j}\omega)]$ 的反变换。

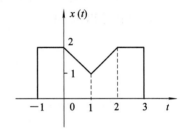

习题图 3-29

3.50 考虑一 LTI 系统 S，其单位冲激响应为 $h(t)=\dfrac{\sin 4(t-1)}{\pi(t-1)}$，求系统 S 对下面每个输入信号的输出：

(1) $x_1(t)=\cos\left(6t+\dfrac{\pi}{12}\right)$　　(2) $x_2(t)=\displaystyle\sum_{k=0}^{\infty}\left(\dfrac{1}{2}\right)^k\sin 3kt$

(3) $x_3(t)=\dfrac{\sin 4(t+1)}{\pi(t+1)}$　　(4) $x_4(t)=\left(\dfrac{\sin 2t}{\pi t}\right)^2$

上 机 练 习

3.1 求习题图 3-30 所示三角波的傅里叶级数，并利用 MATLAB：

(1) 画出其双边幅度谱和相位谱；

(2) 若记 $\hat{f}(t)=\displaystyle\sum_{n=-N}^{N} F_n\mathrm{e}^{\mathrm{j}n\omega_0 t}$，画出 $N=3、5、9$ 时的波形图。

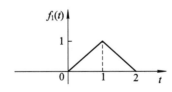

习题图 3-30

3.2 设 $f(t)=\mathrm{e}^{-2|t|}$。求 $f(t)$、$f(t-2)$ 的傅里叶变换，并分别画出其幅度谱和相位谱。

3.3 用 freqs 画出下列系统的幅频特性，并确定其是否具有低通、高通或带通特性。

(1) $H(\mathrm{j}\omega)=\dfrac{4}{(\mathrm{j}\omega)^3+4(\mathrm{j}\omega)+8\mathrm{j}\omega+8}$

(2) $y''(t) + \sqrt{2}y'(t) + y(t) = f''(t)$

3.4 信号 $f_1(t)$ 如习题图 3-30 所示。

(1) 画出 $f(t) = f_1(t) \cos 50t$ 的波形；

(2) 某系统的频率响应为

$$H(j\omega) = \frac{10^4}{(j\omega)^4 + 26.131(j\omega)^3 + 3.4142 \times 10^2 (j\omega)^2 + 2.6131 \times 10^3 (j\omega) + 10^4}$$

画出 $H(j\omega)$ 的幅频特性和相频特性；

(2) 将 $f(t)$ 通过上述系统，画出 $f(t)$ 和输出信号的幅度谱；

(3) 画出输出信号的波形。

第4章 连续时间信号与系统的复频域分析

【内容提要】 本章引入复频率 $s=\sigma+j\omega$，以复指数信号 e^{st} 为基本信号，可以将信号分解为许多不同复频率的复指数分量之叠加（积分），从而系统的零状态响应是输入信号各分量引起的响应的叠加（积分）——拉普拉斯变换。若考虑到系统的初始状态，则系统的零输入响应和零状态响应可同时求得，从而得到系统的全响应。此外，系统函数 $H(s)$ 是复频域（s 域）分析中的一个重要内容，本章将在研究系统函数的零极点分布与系统时域、频域特性关系的基础上，讨论系统的稳定性等问题。拉普拉斯变换有单边与双边之分，本章主要讨论单边拉普拉斯变换。

4.1 拉普拉斯变换

第3章中，傅里叶分析采用将信号分解为复正弦分量的叠加来研究信号和LTI系统的表示。傅里叶分析在涉及信号与系统的谐波分析、频率响应、波形失真和频谱搬移等方面都能给出物理意义十分清楚的结果，它在信号分析与处理方面是极为有用的，但傅里叶分析法也存在一定的局限性，对于非绝对可积的信号，由于其傅里叶变换可能不存在（如信号 $e^{2t}U(t)$），或者变换式中含有冲激或冲激的导数（如信号 $U(t)$ 和 $tU(t)$），使变换式的形式和运算都较为复杂，并不适合采用傅里叶分析。另外，在系统分析方面，由于傅里叶变换不包含初始状态，当系统具有初始状态时，若采用傅里叶分析，全响应的计算会比较烦琐。

拉普拉斯变换（Laplace Transform，以下简称拉氏变换）可以看做是连续时间信号傅里叶变换的推广，它是基于复指数信号 e^{st} 的，能够为连续时间LTI系统及其与信号的相互作用提供比傅里叶方法更为广泛的特性描述。比如，拉氏变换能够用于分析一大类涉及非绝对可积信号的问题，诸如非稳定系统的冲激响应等。

拉氏变换分为两类：单边拉氏变换和双边拉氏变换。单边拉氏变换是求解具有初始条件的微分方程的方便工具，也非常适合对因果LTI系统进行瞬态分析和稳态分析。双边拉氏变换则适合用来讨论系统的特性（如稳定性、因果性及频率响应等）。本书主要讨论单边拉氏变换。除非特别说明，本书中的拉氏变换均指单边拉氏变换。

4.1.1 单边拉普拉斯变换

在实际应用中，大多数情况下仅仅涉及因果信号和因果系统，即 $t<0$ 时输入信号和输

出信号均为零。为此定义信号的单边拉普拉斯变换如下：

$$\mathscr{L}[f(t)] = F(s) = \int_{0^-}^{+\infty} f(t)\mathrm{e}^{-st}\,\mathrm{d}t \qquad (4-1)$$

式中，s 为复变量，$s = \sigma + \mathrm{j}\omega$，$\sigma$、$\omega$ 为实数。

积分下限从 0^- 开始是考虑到信号 $f(t)$ 在 $t=0$ 处可能包含有冲激或不连续点，一般情况下将积分下限写为 0，只在必要时(即 $f(t)$ 在 $t=0$ 处含有冲激或不连续点时)才将之写为 0^-。$F(s)$ 的逆变换表示为

$$f(t) = \mathscr{L}^{-1}[F(s)] = \begin{cases} 0, & t < 0 \\ \dfrac{1}{2\pi\mathrm{j}} \displaystyle\int_{\sigma-\mathrm{j}\infty}^{\sigma+\mathrm{j}\infty} F(s)\mathrm{e}^{st}\,\mathrm{d}s, & t \geqslant 0 \end{cases} \qquad (4-2)$$

这样式(4-1)和式(4-2)便构成了单边拉氏变换对。这里用 $\mathscr{L}[f(t)]$ 表示取正变换，用 $\mathscr{L}^{-1}[F(s)]$ 表示取逆变换。$F(s)$ 和 $f(t)$ 分别称为象函数与原函数。$f(t)$ 与 $F(s)$ 的关系简记为 $f(t) \leftrightarrow F(s)$。

4.1.2 拉普拉斯变换的收敛域

从定义可知，式(4-1)中的积分收敛，信号 $f(t)$ 的拉氏变换 $F(s)$ 才存在。这说明，一个信号的拉氏变换由代数表示式和使该表示式能成立的变量 s 值的范围共同确定。一般把使式(4-1)积分收敛的 s 值的范围称为拉氏变换的收敛域(Region of Convergence)，简记为 ROC。也就是说，ROC 是由这样一些 $s = \sigma + \mathrm{j}\omega$ 组成的，对这些 s 来说，$\mathrm{e}^{-\sigma t} f(t)$ 的傅里叶变换收敛。为进一步讨论 ROC，下面先介绍零、极点的概念。

1. s 平面与零、极点

借助复平面(又称为 s 平面)可以方便地从图形上表示复频率 s。如图 4-1 所示，水平轴代表 s 的实部，记为 $\mathrm{Re}[s]$ 或 σ，垂直轴代表 s 的虚部，记为 $\mathrm{Im}[s]$ 或 $\mathrm{j}\omega$，水平轴与垂直轴通常分别称为 σ 轴与 $\mathrm{j}\omega$ 轴。如果信号 $f(t)$ 绝对可积，则可从拉氏变换中得到傅里叶变换：

$$F(\mathrm{j}\omega) = F(s) \mid_{\sigma=0}$$

或等价写为

$$F(\mathrm{j}\omega) = F(s) \mid_{s=\mathrm{j}\omega}$$

在 s 平面上，$\sigma = 0$ 对应于虚轴，因此，通过沿虚轴对拉氏变换求值便可得到傅里叶变换。

$\mathrm{j}\omega$ 轴把 s 平面分为两半，$\mathrm{j}\omega$ 轴左边区域称为左半平面，$\mathrm{j}\omega$ 轴右边区域称为右半平面。在左半平面上，s 的实部为负；在右半平面上，s 的实部为正。

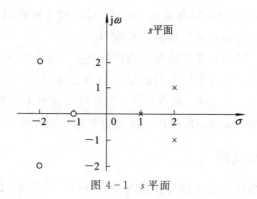

图 4-1 s 平面

在工程上最常遇到的拉氏变换的形式是有理分式,即 $F(s)$ 为两个多项式之比,称为有理拉氏变换。其一般表示式可写为

$$F(s) = \frac{N(s)}{D(s)} = \frac{b_m s^m + b_{m-1} s^{m-1} + \cdots + b_0}{s^n + a_{n-1} s^{n-1} + \cdots + a_0} \qquad (4-3)$$

将分子与分母分别进行因式分解后,$F(s)$ 可写为

$$F(s) = \frac{b_m \prod\limits_{j=1}^{m} (s - z_j)}{\prod\limits_{k=1}^{n} (s - p_k)} \qquad (4-4)$$

式中,z_k 是分子多项式的根,称之为 $F(s)$ 的零点;p_k 是分母多项式的根,称之为 $F(s)$ 的极点。在 s 平面上,用符号"。"表示零点的位置,用符号"×"表示极点的位置,如图 4-1 所示。该图称为 $F(s)$ 的零极点图。显然,除了常数 b_m,$F(s)$ 由 s 平面上的零、极点位置唯一确定。

2. 单边拉氏变换收敛域的特性

单边拉氏变换的 ROC 是 s 平面上某一条直线 $\mathrm{Re}[s] = \sigma_0$ 的右边,若变换是有理的,则 ROC 位于最右边极点的右边。也就是说,由单边拉氏变换的表示式即可唯一确定其 ROC。故在讨论单边拉氏变换时,可以不标出 ROC。

【例 4-1】 确定指数信号

$$f(t) = \mathrm{e}^{-at} U(t) \qquad (a > 0,\text{实数})$$

的拉氏变换及其收敛域,并画出零极点图。

解 将 $f(t)$ 代入式(4-1),得

$$F(s) = \int_0^{+\infty} \mathrm{e}^{-(s+a)t} \, \mathrm{d}t = -\frac{1}{s+a} \mathrm{e}^{-(s+a)t} \Big|_0^{+\infty}$$

为求 $\mathrm{e}^{-(s+a)t}$ 的极限,利用 $s = \sigma + \mathrm{j}\omega$,得到

$$\mathrm{e}^{-(s+a)t} \Big|_0^{+\infty} = \mathrm{e}^{-(\sigma+a)t} \cdot \mathrm{e}^{-\mathrm{j}\omega t} \Big|_0^{+\infty}$$

若 $\sigma > -a$,则当 $t \to \infty$ 时,$\mathrm{e}^{-(\sigma+a)t} \to 0$,此时

$$F(s) = -\frac{1}{s+a}(0-1) = \frac{1}{s+a}, \quad \sigma > -a$$

若 $\sigma \leqslant -a$,则 $F(s)$ 不存在,因为积分不收敛。因此,该信号拉氏变换的 ROC 是 $\sigma > -a$,或者等效为 $\mathrm{Re}[s] > -a$。图 4-2 所示的阴影部分代表 ROC,极点位于 $s = -a$ 处。

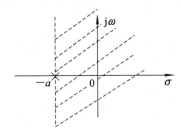

图 4-2 例 4-1 的收敛域和零极点图

4.1.3　常用信号的拉普拉斯变换

1. 单位阶跃信号 $U(t)$

因为

$$\mathscr{L}[U(t)] = \int_0^{+\infty} U(t)\mathrm{e}^{-st}\,\mathrm{d}t = -\frac{1}{s}\mathrm{e}^{-st}\Big|_0^{+\infty} = \frac{1}{s},\quad \mathrm{Re}[s] > 0$$

所以

$$U(t) \leftrightarrow \frac{1}{s} \tag{4-5}$$

2. 单边指数信号 $\mathrm{e}^{at}U(t)$（a 为任意常数）

因为

$$\mathscr{L}[\mathrm{e}^{at}U(t)] = \int_0^{+\infty} \mathrm{e}^{at}U(t)\mathrm{e}^{-st}\,\mathrm{d}t = \int_0^{+\infty} \mathrm{e}^{-(s-a)t}\,\mathrm{d}t$$

$$= -\frac{1}{s-a}\mathrm{e}^{-(s-a)t}\Big|_0^{+\infty} = \frac{1}{s-a},\quad \mathrm{Re}[s] > \mathrm{Re}[a]$$

所以

$$\mathrm{e}^{at}U(t) \leftrightarrow \frac{1}{s-a} \tag{4-6}$$

3. 单位冲激信号 $\delta(t)$

因为

$$\mathscr{L}[\delta(t)] = \int_{0^-}^{+\infty} \delta(t)\mathrm{e}^{-st}\,\mathrm{d}t = \mathrm{e}^{-st}\big|_{t=0} = 1$$

所以

$$\delta(t) \leftrightarrow 1 \tag{4-7}$$

4.2　单边拉普拉斯变换的性质

拉氏变换的性质与傅里叶变换相似。在下面的讨论中，假设

$$f(t) \leftrightarrow F(s),\ f_1(t) \leftrightarrow F_1(s),\ f_2(t) \leftrightarrow F_2(s)$$

4.2.1　线性特性

$$a_1 f_1(t) + a_2 f_2(t) \leftrightarrow a_1 F_1(s) + a_2 F_2(s) \tag{4-8}$$

式中，a_1、a_2 为常数。

【例 4-2】 求单边余弦信号 $\cos\omega_0 t U(t)$ 和单边正弦信号 $\sin\omega_0 t U(t)$ 的拉氏变换。

解 由欧拉公式，得

$$\cos\omega_0 t U(t) = \frac{1}{2}(\mathrm{e}^{\mathrm{j}\omega_0 t} + \mathrm{e}^{-\mathrm{j}\omega_0 t})U(t)$$

而

$$\mathrm{e}^{\mathrm{j}\omega_0 t}U(t) \leftrightarrow \frac{1}{s - \mathrm{j}\omega_0}$$

$$e^{-j\omega_0 t}U(t) \leftrightarrow \frac{1}{s+j\omega_0}$$

故由线性特性得

$$\cos\omega_0 tU(t) \leftrightarrow \frac{1}{2}\left(\frac{1}{s-j\omega_0}+\frac{1}{s+j\omega_0}\right)=\frac{s}{s^2+\omega_0^2} \qquad (4-9)$$

类似地，由

$$\sin\omega_0 tU(t) = \frac{1}{j2}(e^{j\omega_0 t}-e^{-j\omega_0 t})U(t)$$

可得

$$\sin\omega_0 tU(t) \leftrightarrow \frac{1}{j2}\left(\frac{1}{s-j\omega_0}-\frac{1}{s+j\omega_0}\right)=\frac{\omega_0}{s^2+\omega_0^2} \qquad (4-10)$$

4.2.2　时移特性

$$f(t-t_0)U(t-t_0) \leftrightarrow F(s)e^{-st_0} \qquad (4-11)$$

式中，t_0 为常数。

【例 4 - 3】　求图 4 - 3 所示的矩形脉冲的象函数。

解　$f(t) = U(t)-U(t-\tau)$

因为

$$U(t) \leftrightarrow \frac{1}{s}$$

$$U(t-\tau) \leftrightarrow \frac{1}{s}e^{-s\tau}$$

所以

$$f(t) \leftrightarrow \frac{1}{s}(1-e^{-s\tau})$$

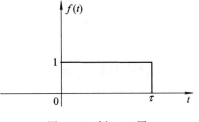

图 4 - 3　例 4 - 3 图

本例中 $\mathscr{L}[U(t)]$ 和 $\mathscr{L}[U(t-\tau)]$ 的 ROC 均为 Re$[s]>0$，极点均在 $s=0$ 处。但 $\frac{1}{s}(1-e^{-s\tau})$ 有一个 $s=0$ 的零点，抵消了该处的极点，相应地 ROC 扩大为整个 s 平面。事实上，$f(t)$ 为一时限信号，因而其 ROC 应为整个 s 平面。

4.2.3　复频移(s 域平移)特性

$$f(t)e^{s_0 t} \leftrightarrow F(s-s_0) \qquad (4-12)$$

式中，s_0 为任意常数。

【例 4 - 4】　求 $e^{-at}\cos\omega_0 tU(t)$ 及 $e^{-at}\sin\omega_0 tU(t)$ 的象函数。

解　因为

$$\cos\omega_0 tU(t) \leftrightarrow \frac{s}{s^2+\omega_0^2}$$

$$\sin\omega_0 tU(t) \leftrightarrow \frac{\omega_0}{s^2+\omega_0^2}$$

由 s 域的平移特性，有

$$e^{-at}\cos\omega_0 tU(t)\leftrightarrow\frac{s+a}{(s+a)^2+\omega_0^2}$$

和

$$e^{-at}\sin\omega_0 tU(t)\leftrightarrow\frac{\omega_0}{(s+a)^2+\omega_0^2}$$

4.2.4 尺度变换(时-复频展缩)特性

$$f(at)\leftrightarrow\frac{1}{a}F\left(\frac{s}{a}\right),\quad a>0 \tag{4-13}$$

【例 4-5】 求 $U(at)$，$a>0$ 的拉氏变换，并由此说明 $U(at)=U(t)$。

解 令 $F(s)=\mathscr{L}[U(t)]$，则 $F(s)=\dfrac{1}{s}$，由尺度变换特性得

$$\mathscr{L}[U(at)]=\frac{1}{a}F\left(\frac{s}{a}\right)=\frac{1}{a}\cdot\frac{1}{\dfrac{s}{a}}=\frac{1}{s}$$

$$\mathscr{L}[U(at)]=\mathscr{L}[U(t)]$$

所以

$$U(at)=U(t)$$

4.2.5 时域卷积定理

类似于傅里叶变换的卷积定理，在拉氏变换中也有时域卷积定理与复频域卷积定理，时域卷积定理在系统分析中更为重要。

若 $f_1(t)$ 和 $f_2(t)$ 为因果信号，即对 $t<0$，$f_1(t)=f_2(t)=0$，则

$$f_1(t)*f_2(t)\leftrightarrow F_1(s)F_2(s) \tag{4-14}$$

4.2.6 微分定理

1. 时域微分

$$\left.\begin{aligned}
&f'(t)\leftrightarrow sF(s)-f(0^-)\\
&f''(t)\leftrightarrow s^2F(s)-sf(0^-)-f'(0^-)\\
&\qquad\qquad\vdots\\
&f^{(n)}(t)\leftrightarrow s^nF(s)-\sum_{m=0}^{n-1}s^{n-1-m}f^{(m)}(0^-)
\end{aligned}\right\} \tag{4-15}$$

特别地，对因果信号，有

$$f^{(n)}(t)\leftrightarrow s^nF(s) \tag{4-16}$$

【例 4-6】 信号 $f(t)$ 如图 4-4 所示，分别通过直接计算和微分特性求 $\dfrac{\mathrm{d}f(t)}{\mathrm{d}t}$ 的拉氏变换。

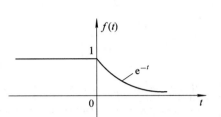

图 4 - 4　例 4 - 6 图

解　由图 4 - 4 可得

$$\frac{\mathrm{d}f(t)}{\mathrm{d}t} = -\mathrm{e}^{-t}U(t)$$

所以

$$\mathscr{L}\left[\frac{\mathrm{d}f(t)}{\mathrm{d}t}\right] = -\frac{1}{s+1}$$

下面用微分特性重推此结果。

记 $F(s) = \mathscr{L}[f(t)]$，则 $F(s) = \dfrac{1}{s+1}$，由微分特性得

$$\mathscr{L}\left[\frac{\mathrm{d}f(t)}{\mathrm{d}t}\right] = sF(s) - f(0^-) = \frac{s}{s+1} - 1 = -\frac{1}{s+1}$$

2. 复频域微分（s 域微分）

$$-tf(t) \leftrightarrow \frac{\mathrm{d}F(s)}{\mathrm{d}s}$$

推广至一般情形为

$$(-t)^n f(t) \leftrightarrow \frac{\mathrm{d}^n F(s)}{\mathrm{d}s^n} \tag{4-17}$$

【例 4 - 7】　求 $tU(t)$ 和 $t^n U(t)$ 的拉氏变换。

解　因为

$$u(t) \leftrightarrow \frac{1}{s}$$

由复频域微分特性，得

$$-tU(t) \leftrightarrow \frac{\mathrm{d}}{\mathrm{d}s}\left(\frac{1}{s}\right) = \frac{-1}{s^2}$$

即

$$tU(t) \leftrightarrow \frac{1}{s^2} \tag{4-18}$$

同理

$$t^2 U(t) \leftrightarrow -\frac{\mathrm{d}}{\mathrm{d}s}\left(\frac{1}{s^2}\right) = \frac{2}{s^3}$$

$$t^3 U(t) \leftrightarrow -\frac{\mathrm{d}}{\mathrm{d}s}\left(\frac{2}{s^3}\right) = \frac{3!}{s^4}$$

$$\vdots$$

$$t^n U(t) \leftrightarrow -\frac{\mathrm{d}}{\mathrm{d}s}\left(\frac{(n-1)!}{s^n}\right) = \frac{n!}{s^{n+1}}$$

所以

$$t^n U(t) \leftrightarrow \frac{n!}{s^{n+1}} \qquad (4-19)$$

4.3 拉普拉斯变换的 MATLAB 实现

MATLAB 提供了计算符号函数正、反拉氏变换的函数：laplace 和 ilaplace，其调用形式为

　　　F = laplace(f)

　　　f = ilaplace(F)

上两式右端的 f 和 F 分别为时间函数和拉氏变换的数学表示式。通常还需要使用函数 sym 和 syms 将一般变量转换为"符号变量"，比如 s＝sym(str)或 syms x y t 等，其中 str 是字符串。

【例 4 - 8】 用 laplace 和 ilaplace 求：

(1) $f(t)=\mathrm{e}^{-2t}\cos(at)u(t)$ 的拉氏变换；

(2) $F(s)=\dfrac{1}{(s+1)(s+2)}$ 的拉氏逆变换；

(3) $F(s)=\dfrac{3s+4}{(s+1)(s+2)^2}$ 的拉氏逆变换。

解 求解的代码如下：

(1)

```
%program ch4_8_1
syms a t;
F＝laplace(exp(−2 * t) * cos(a * t))
%or can do it like this：
%f＝sym('exp(−2 * t) * cos(a * t)');
%F＝laplace(f)
```

运行结果为

```
F＝
(s＋2)/((s＋2)2＋a^2)
```

(2)

```
%program ch4_8_2
syms s；
F＝1/[(s＋1) * (s＋2)]；
f＝ilaplace(F)
```

运行结果为

```
f＝
exp(−t)−exp(−2 * t)
```

(3)

```
%program ch4_8_3
clear；
```

```
syms s;
F=(3*s+4)/[(s+1)*(s+2)^2]
f=ilaplace(F)
```

运行结果为

```
f=
exp(-t)+2*t*exp(-2*t)-exp(-2*t)
```

【例 4 - 9】 用 MATLAB 求解例 4 - 2。

解 求解的代码如下：

```
%program ch4_9
syms w0t;
F1=laplace(sin(w0*t))
F2=laplace(cos(w0*t))
```

运行结果如下：

```
F1=
    w0/(s^2+w0^2)
F2=
    s/(s^2+w0^2)
```

【例 4 - 10】 用 MATLAB 求解例 4 - 3，设 $\tau=1$。

解 求解的代码如下：

```
%program ch4_10
R=0.02;
t=-2:R:2;
f=stepfun(t,0)-stepfun(t,1);
S1=2*pi*5;
N=500;
k=0:N;
S=k*S1/N;
L=f*exp(t'*s)*R;
L=real(L);
S=[-fliplr(S),S(2:501)];
L=[fliplr(L),L(2:501)];
subplot(2,1,1);plot(t,f);
xlabel('t');
ylabel('f(t)');
axis([-2,2,-0.5,2]);
title('f(t)=u(t)-u(t-1)');
subplot(2,1,2);
plot(S,L);
xlabel('s');
ylabel('L(s)');
title('f(t)的拉普拉斯变换');
```

运行结果如图 4 - 5 所示。

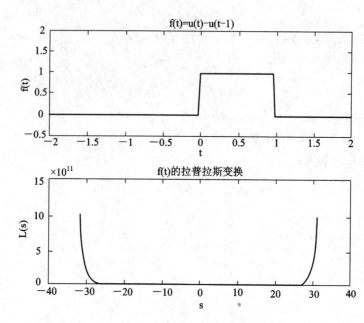

图 4 - 5　例 4 - 10 运行结果

【**例 4 - 11**】　用 MATLAB 求解例 4 - 4。

解　求解的代码如下：

```
%program ch4_11

syms a w0 t;

F1＝laplace(exp(−a * t) * sin(w0 * t))

F2＝laplace(exp(−a * t) * cos(w0 * t))
```

运行结果如下：

```
F1＝

    w0/((s+a)^2+w0^2)

F2＝

    (s+a)/((s+a)^2+w0^2)
```

【**例 4 - 12**】　用 MATLAB 求解 $tu(t)$ 和 $e^{-\alpha}(ut)$ 的拉氏变换。

解　求解的代码如下：

```
%program 4_12

syms a t;

F1＝laplace(t)

F2＝laplace(t * exp(−a * t))
```

运行结果如下：

```
F1＝

    1/s^2

F2＝

    1/(s+a)^2
```

4.4 拉普拉斯逆变换

在系统分析中，为了最终求得系统的时域响应，常需要求象函数的拉氏逆变换。直接利用式(4-2)计算逆变换需要复变函数理论和围线积分的知识，这已超出了本书的范围。实际上，常常遇到的象函数是有理函数，对于这种情况，通过部分分式展开，将 $F(s)$ 表示为各个部分分式之和便可得到逆变换，无需进行积分运算。下面讨论通过部分分式展开求有理函数逆变换的方法。假设

$$F(s) = \frac{N(s)}{D(s)} = \frac{b_m s^m + b_{m-1} s^{m-1} + \cdots + b_1 s + b_0}{s^n + a_{n-1} s^{n-1} + \cdots + a_1 s + a_0}$$

式中，a_{n-1}，a_{n-2}，$\cdots$，a_1，a_0，b_m，$\cdots$，b_0 皆为实数，m 和 n 为正整数。

如果 $F(s)$ 是非标准有理函数(即 $m \geqslant n$)，则用长除法把 $F(s)$ 表示为

$$F(s) = \sum_{k=0}^{m-n} C_k s^k + F_1(s) \tag{4-20}$$

的形式，其中

$$F_1(s) = \frac{N_1(s)}{D(s)} \qquad (\text{注意若 } m < n, \text{ 则 } C_k = 0, F_1(s) = F(s))$$

此时分子多项式 $N_1(s)$ 的阶数低于分母多项式的阶数(即为真分式)，可以用部分分式展开法确定 $F_1(s)$ 的逆变换。而对于式(4-20)中的第一项，利用 $\delta(t) \leftrightarrow 1$ 及时域微分特性，可以找出 $\sum_{k=0}^{m-n} C_k s^k$ 中各项的逆变换为

$$\sum_{k=0}^{m-n} C_k \delta^{(k)}(t) \leftrightarrow \sum_{k=0}^{m-n} C_k s^k \tag{4-21}$$

式中，$\delta^{(k)}(t)$ 表示冲激函数 $\delta(t)$ 的第 k 阶导数。

因此，下面仅需讨论真分式 $F_1(s)$ 的部分分式展开。为此，将分母作因式分解，把 $F_1(s)$ 表示为

$$F_1(s) = \frac{N_1(s)}{\prod_{k=1}^{n}(s - p_k)}$$

式中，$p_k(k=1, 2, \cdots, n)$ 为极点。

按照极点的不同特点，部分分式展开有以下几种情况。

4.4.1 极点为实数且无重根

设 p_1，p_2，$\cdots$，p_n 为 $F_1(s)$ 互不相同的实极点，则 $F_1(s)$ 可分解为以下部分分式之和，即

$$F_1(s) = \frac{A_1}{s - p_1} + \frac{A_2}{s - p_2} + \cdots + \frac{A_n}{s - p_n} = \sum_{k=1}^{n} \frac{A_k}{s - p_k} \tag{4-22}$$

式中各项的拉氏逆变换可以由下式得到：

$$A_k e^{p_k t} U(t) \leftrightarrow \frac{A_k}{s - p_k}$$

从而可得到 $F_1(s)$ 的逆变换。

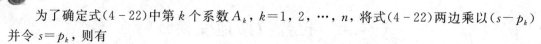

为了确定式(4-22)中第 k 个系数 A_k, $k=1$, 2, $\cdots$, n, 将式(4-22)两边乘以 $(s-p_k)$ 并令 $s=p_k$, 则有

$$A_k = (s-p_k)F_1(s)\,|_{s=p_k}, \quad k=1, 2, \cdots, n \qquad (4-23)$$

【例 4-13】 设 $F(s)=\dfrac{-5s-7}{(s+1)(s-1)(s+2)}$, 求其逆变换。

解 对 $F(s)$ 进行部分分式展开, 得

$$F(s) = \frac{A_1}{s+1} + \frac{A_2}{s-1} + \frac{A_3}{s+2}$$

用式(4-23)求 A_1、A_2、A_3, 得

$$A_1 = (s+1)F(s)\,|_{s=-1} = \frac{-5(-1)-7}{(-1-1)(-1+2)} = 1$$

$$A_2 = (s-1)F(s)\,|_{s=1} = \frac{-5 \times 1-7}{(1+1)(1+2)} = -2$$

$$A_3 = (s+2)F(s)\,|_{s=-2} = \frac{-5(-2)-7}{(-2+1)(-2-1)} = 1$$

于是

$$F(s) = \frac{1}{s+1} - \frac{2}{s-1} + \frac{1}{s+2}$$

故

$$f(t) = e^{-t}U(t) - 2e^{t}U(t) + e^{-2t}U(t)$$

【例 4-14】 求 $F(s)=\dfrac{s^3+7s^2+18s+20}{s^2+5s+6}$ 的拉氏逆变换 $f(t)$。

解 $F(s)$ 不是真分式, 首先用长除法将 $F(s)$ 表示为真分式与 s 的多项式之和, 即

$$
\begin{array}{r}
2s+2 \\
s^2+5s+6\overline{)s^3+7s^2+18s+20} \\
\underline{s^3+5s^2+6s} \\
2s^2+12s+20 \\
\underline{2s^2+10s+12} \\
2s+8
\end{array}
$$

由此可得

$$F(s) = s+2+\frac{2s+8}{s^2+5s+6}$$

将第三项有理真分式作部分分式展开, 得

$$\frac{2s+8}{s^2+5s+6} = \frac{A_1}{s+2} + \frac{A_2}{s+3}$$

其中

$$A_1 = (s+2)\frac{2s+8}{s^2+5s+6}\bigg|_{s=-2} = \frac{2(-2)+8}{(-2)+3} = 4$$

$$A_2 = (s+3)\frac{2s+8}{s^2+5s+6}\bigg|_{s=-3} = \frac{2(-3)+8}{-3+2} = -2$$

所以

$$F(s) = s+2+\frac{4}{s+2} - \frac{2}{s+3}$$

从而

$$f(t) = \delta'(t) + 2\delta(t) + 4e^{-2t}U(t) - 2e^{-3t}U(t)$$

4.4.2 极点为复数且无重根

如果 $D(s)=0$ 有复根，由于 $D(s)$ 是实系数的，因此复根是成共轭对出现的，即 $F_1(s)$ 有共轭复数极点。此时仍可由式(4-23)计算各展开系数，但计算要麻烦一些。根据共轭复数的特点可以采取以下方法。

不妨设 $F_1(s)$ 的共轭极点为 $-\alpha \pm j\beta$，则 $F_1(s)$ 可表示为

$$F_1(s) = \frac{N_1(s)}{D_1(s)[(s+\alpha)^2+\beta^2]} = \frac{N_1(s)}{D_1(s)(s+\alpha-j\beta)(s+\alpha+j\beta)}$$

记

$$F_2(s) = \frac{N_1(s)}{D_1(s)}$$

则

$$F_1(s) = \frac{F_2(s)}{(s+\alpha-j\beta)(s+\alpha+j\beta)}$$

于是 $F_1(s)$ 可展开为

$$F_1(s) = \frac{A_1}{s+\alpha-j\beta} + \frac{A_2}{s+\alpha+j\beta} + \cdots \qquad (4-24)$$

用式(4-23)求 A_1、A_2，得

$$A_1 = (s+\alpha-j\beta)F_1(s) \mid_{s=-\alpha+j\beta} = \frac{F_2(-\alpha+j\beta)}{j2\beta}$$

$$A_2 = (s+\alpha+j\beta)F_1(s) \mid_{s=-\alpha-j\beta} = \frac{F_2(-\alpha-j\beta)}{-j2\beta}$$

由于 $F_2(s)$ 是实系数的，故不难看出 A_1 与 A_2 呈共轭关系，假定

$$A_1 = \mid A_1 \mid e^{j\theta}$$

则

$$A_2 = A_1^* = \mid A_1 \mid e^{-j\theta}$$

如果把式(4-24)中共轭复数极点有关部分的逆变换以 $f_0(t)$ 表示，则

$$f_0(t) = \mathscr{L}^{-1}\left[\frac{A_1}{s+\alpha-j\beta} + \frac{A_2}{s+\alpha+j\beta}\right]$$

$$= \mid A_1 \mid e^{j\theta}e^{(-\alpha+j\beta)t}U(t) + \mid A_1 \mid e^{-j\theta}e^{(-\alpha-j\beta)t}U(t)$$

$$= 2\mid A_1 \mid e^{-\alpha t}\cos(\beta t + \theta)U(t) \qquad (4-25)$$

【例 4-15】 求 $F(s) = \dfrac{3s^2+22s+27}{s^4+5s^3+13s^2+19s+10}$ 的拉氏逆变换。

解

$$F(s) = \frac{3s^2+22s+27}{s^4+5s^3+13s^2+19s+10}$$

$$= \frac{3s^2+22s+27}{(s+1)(s+2)(s^2+2s+5)}$$

$$= \frac{A_1}{s+1} + \frac{A_2}{s+2} + \frac{A_3}{s+1-j2} + \frac{A_3^*}{s+1+j2}$$

$$A_1 = (s+1)F(s) \mid_{s=-1} = \frac{3(-1)^2+22(-1)+27}{[(-1)+2][(-1)^2+2(-1)+5]} = 2$$

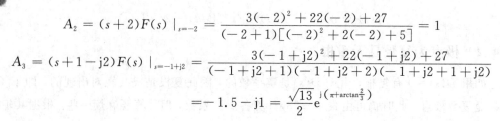

$$A_2 = (s+2)F(s)\,|_{s=-2} = \frac{3(-2)^2 + 22(-2) + 27}{(-2+1)[(-2)^2 + 2(-2) + 5]} = 1$$

$$A_3 = (s+1-\mathrm{j}2)F(s)\,|_{s=-1+\mathrm{j}2} = \frac{3(-1+\mathrm{j}2)^2 + 22(-1+\mathrm{j}2) + 27}{(-1+\mathrm{j}2+1)(-1+\mathrm{j}2+2)(-1+\mathrm{j}2+1+\mathrm{j}2)}$$

$$= -1.5 - \mathrm{j}1 = \frac{\sqrt{13}}{2}\mathrm{e}^{\mathrm{j}\left(\pi + \arctan\frac{2}{3}\right)}$$

利用式(4-25)可以得到

$$f(t) = \left[2\mathrm{e}^{-t} + \mathrm{e}^{-2t} - \sqrt{13}\mathrm{e}^{-t}\cos\left(2t + \arctan\frac{2}{3}\right)\right]U(t)$$

在变换式含有复数极点时,也可在展开式中将共轭极点组合成具有实系数的二次项,以避免复数运算,下面举例说明这种方法。

【例 4-16】 求 $F(s) = \dfrac{4s^2 + 6}{s^3 + s^2 - 2}$ 的拉氏逆变换。

解 $$F(s) = \frac{4s^2 + 6}{(s-1)(s^2 + 2s + 2)} = \frac{4s^2 + 6}{(s-1)[(s+1)^2 + 1]}$$

复数共轭极点为 $s = -1 \pm \mathrm{j}$,可以将 $F(s)$ 展开为

$$F(s) = \frac{A}{s-1} + \frac{B_1 s + B_2}{(s+1)^2 + 1}$$

其中 $$A = (s-1)F(s)\bigg|_{s=1} = \frac{4s^2 + 6}{(s+1)^2 + 1}\bigg|_{s=1} = 2$$

于是 $$F(s) = \frac{2}{s-1} + \frac{B_1 s + B_2}{(s+1)^2 + 1}$$

将上式通分后,令其分子与 $F(s)$ 的分子相等,便可求出 B_1 与 B_2。于是可得

$$4s^2 + 6 = 2[(s+1)^2 + 1] + (B_1 s + B_2)(s-1)$$
$$= (2 + B_1)s^2 + (4 - B_1 + B_2)s + (4 - B_2)$$

由 s^2 系数相等得出 $B_1 = 2$,由常数项相等得出 $B_2 = -2$,因此

$$F(s) = \frac{2}{s-1} + \frac{2s-2}{(s+1)^2 + 1} = \frac{2}{s-1} + \frac{2(s+1)}{(s+1)^2 + 1} - 4\frac{1}{(s+1)^2 + 1}$$

于是 $$f(t) = (2\mathrm{e}^t + 2\mathrm{e}^{-t}\cos t - 4\mathrm{e}^{-t}\sin t)U(t)$$

4.4.3 极点为多重极点

如果分母多项式 $D(s) = 0$ 含有多重根,不失一般性,设 p_1 为 r 重根,而其余的为单根。此时 $F_1(s)$ 可表示为

$$F_1(s) = \frac{N_1(s)}{(s - p_1)^r D_1(s)}$$

可以将 $F_1(s)$ 按如下形式作部分分式展开:

$$F_1(s) = \frac{A_{11}}{(s - p_1)^r} + \frac{A_{12}}{(s - p_1)^{r-1}} + \cdots + \frac{A_{1r}}{s - p_1} + \cdots \qquad (4-26)$$

即存在 r 个关于该极点的部分展开式,且相应的展开式系数 A_{1k} 可由下式求得:

$$A_{1k} = \frac{1}{(k-1)!}\frac{\mathrm{d}^{k-1}}{\mathrm{d}s^{k-1}}\left[(s - p_1)^r F_1(s)\right]\big|_{s = p_1} \qquad (4-27)$$

利用式(4-19)及复频移特性求各项的逆变换，得到

$$\frac{At^{n-1}}{(n-1)!}e^{p_1 t}U(t) \leftrightarrow \frac{A}{(s-p_1)^n} \qquad (4-28)$$

【例 4-17】 求 $F(s) = \dfrac{3s+4}{(s+1)(s+2)^2}$ 的拉氏逆变换。

解 对 $F(s)$ 进行部分分式展开，得

$$F(s) = \frac{A_1}{s+1} + \frac{A_{21}}{(s+2)^2} + \frac{A_{22}}{s+2}$$

用式(4-23)及式(4-27)求 A_1、A_{21}、A_{22}，得

$$A_1 = (s+1)F(s) \Big|_{s=-1} = \frac{3s+4}{(s+2)^2}\Big|_{s=-1} = \frac{3(-1)+4}{(-1+2)^2} = 1$$

$$A_{21} = (s+2)^2 F(s)\Big|_{s=-2} = \frac{3s+4}{s+1}\Big|_{s=-2} = \frac{3(-2)+4}{-2+1} = 2$$

$$A_{22} = \frac{\mathrm{d}}{\mathrm{d}s}\big[(s+2)^2 F(s)\big]\Big|_{s=-2} = \frac{\mathrm{d}}{\mathrm{d}s}\Big(\frac{3s+4}{s+1}\Big)\Big|_{s=-2} = -\frac{1}{(s+1)^2}\Big|_{s=-2} = -1$$

所以

$$F(s) = \frac{1}{s+1} + \frac{2}{(s+2)^2} - \frac{1}{s+2}$$

从而逆变换为 $f(t) = (e^{-t} + 2te^{-2t} - e^{-2t})U(t)$。

4.5 部分分式展开及拉普拉斯逆变换的 MATLAB 实现

MATLAB 提供了函数 residue 用于将 $F(s)$ 作部分分式展开或将展开式重新合并为有理函数。其调用的一般形式为

$$[\mathrm{r, p, k}] = \mathrm{residue(num, den)}$$
$$(\mathrm{num, den}) = \mathrm{residue(r, p, k)}$$

其中：num 和 den 分别为 $F(s)$ 分子多项式和分母多项式的系数向量；r 为部分分式的系数；p 为极点组成的向量；k 为分子与分母多项式相除所得的商多项式的系数向量。若 $F(s)$ 为真分式，则 k 为零。

【例 4-18】 用部分分式展开法求 $F(s) = \dfrac{s^4+1}{s(s+1)(s+2)^2}$ 的逆变换。

解 求部分分式展开的程序如下：

```
%program ch4_18
format rat
den=poly([0  -1  -2  -2]);        %由分母多项式的根向量求得其系数向量
num=[1 0 0 0 1];
[r,p,k]=residue(num,den)
```

运行结果为

```
r=-13/4     17/2    -2    1/4
p=-2        -2      -1    0
k=1
```

由运行结果可知，$F(s)$ 的部分分式展开式为

$$F(s)=\frac{-\dfrac{13}{4}}{s+2}+\frac{\dfrac{17}{2}}{(s+2)^2}+\frac{-2}{s+1}+\frac{\dfrac{1}{4}}{s}+1$$

由此可得

$$f(t)=\left(-\frac{13}{4}\mathrm{e}^{-2t}+\frac{17}{2}t\mathrm{e}^{-2t}-2\mathrm{e}^{-t}+\frac{1}{4}\right)U(t)+\delta(t)$$

【例 4 - 19】 用部分分式展开法求 $F(s)=\dfrac{s-2}{s(s+1)^3}$ 的逆变换。

解 由题可见，$F(s)$ 的分母不是多项式，可利用 conv 函数将因子相乘的形式转换为多项式的形式，因此将 $F(s)$ 展开成部分分式的程序可写为

```
%program ch4_19
clear;
num=[1  -2];
a=conv([1 0], [1 1]);
b=conv([1 1], [1 1]);
den=conv(a, b);
[r, p, k]=residue(num, den)
```

运行结果为

```
r=2.0000    2.0000    3.0000    -2.0000
p=-1.0000   -1.0000   -1.0000    0
```

由运行结果知

$$F(s)=\frac{2}{s+1}+\frac{2}{(s+1)^2}+\frac{3}{(s+1)^3}-\frac{2}{s}$$

由此可得

$$f(t)=(2\mathrm{e}^{-t}+2t\mathrm{e}^{-t}+1.5t^2\mathrm{e}^{-t}-2)U(t)$$

【例 4 - 20】 用 MATLAB 求解 $F(s)=\dfrac{-5s-7}{(s+1)(s-1)(s+2)}$ 的逆变换。

解 求解的代码如下：

```
%program ch4_20
clear;
format rat;
den=poly([-1  1  -2]);
num=[-5  -7];
[r, p, k]=residue(num, den)
```

运行结果为

```
r=1        -2        1
p=-2       1        -1
k=[ ]
```

由运行结果可知，$F(s)$ 的部分分式展开式为

$$F(s)=\frac{1}{s+2}+\frac{-2}{s-1}+\frac{1}{s+1}$$

由此可得

$$f(t)=(\mathrm{e}^{-2t}-2\mathrm{e}^{t}+\mathrm{e}^{-t})U(t)$$

【例 4 - 21】 用 MATLAB 求解 $F(s)=\dfrac{s^3+7s^2+18s+20}{s^2+5s+6}$ 的逆变换。

解 求解的代码如下：

```
%program ch4_21
clear;
format rat;
den=[1 5 6];
num=[1 7 18 20];
[r, p, k]=residue(num, den)
```

运行结果为

```
r=-2        4
p=-3            -2
k=1        2
```

由运行结果可知，$F(s)$ 的部分分式展开式为

$$F(s)=\frac{-2}{s+3}+\frac{4}{s+2}+s+2$$

由此可得

$$f(t)=(-2\mathrm{e}^{-3t}+4\mathrm{e}^{-2t})U(t)+\delta'(t)+2\delta(t)$$

【例 4 - 22】 用 MATLAB 求解 $F(s)=\dfrac{3s^2+22s+27}{s^4+5s^3+13s^2+19s+10}$ 的逆变换。

解 求解的代码如下：

```
%program ch4_22
clear;
syms s;
F=(3*s^2+22*s+27)/(s^4+5*s^3+13*s^2+19*s+10);
f=ilaplace(F)
```

运行结果为

```
f=
    exp(-2*t)+2*exp(-t)-3*exp(-t)*cos(2*t)+2*exp(-t)*sin(2*t)
```

由运行结果知

$$f(t)=(\mathrm{e}^{-2t}+2\mathrm{e}^{-t}-3\mathrm{e}^{-t}\cos2t+2\mathrm{e}^{-t}\sin2t)U(t)$$

4.6　连续系统的复频域分析

拉氏变换是分析线性时不变连续系统的有力工具。一方面它可以将描述系统的时域微积分方程变换为复频域的代数方程，便于运算和求解。在这个变换过程中，由于它可以将系统的初始状态自然地包含在复频域的代数方程中，所以既可以分别求得零输入响应和零状态响应，也可一举求得系统的全响应。另一方面，对于具体的电路网络，首先建立电路元件和电路网络的复频域模型，在此基础上可以编写关于响应的象函数的代数方程，由此求得响应的象函数，最后经拉氏逆变换求得响应。

4.6.1 微分方程的拉普拉斯变换求解

单边拉氏变换在系统分析中的重要应用之一是求解由线性常系数微分方程描述的因果 LTI 连续系统在输入为因果信号时的响应，尤其当微分方程带有非零初始条件时，用单边拉氏变换求解更为方便。

【例 4－23】 某因果系统由微分方程 $y''(t)+5y'(t)+6y(t)=f(t)$ 描述，初始条件是 $y(0^-)=2$ 和 $y'(0^-)=-12$，输入信号 $f(t)=U(t)$，求系统的响应 $y(t)$。

解 设 $f(t)\leftrightarrow F(s)$，$y(t)\leftrightarrow Y(s)$，则 $F(s)=\dfrac{1}{s}$。利用时域微分定理和线性特性，取微分方程两边的拉氏变换，得

$$s^2Y(s)-sy(0^-)-y'(0^-)+5[sY(s)-y(0^-)]+6Y(s)=F(s)$$

将 $F(s)$ 和初始条件代入上式并合并，可以得到

$$(s^2+5s+6)Y(s)=\frac{2s^2-2s+1}{s}$$

于是解出

$$Y(s)=\frac{2s^2-2s+1}{s(s^2+5s+6)}$$

将 $Y(s)$ 作部分分式展开，得

$$Y(s)=\frac{A_1}{s}+\frac{A_2}{s+2}+\frac{A_3}{s+3}$$

其中

$$A_1=sY(s)\Big|_{s=0}=\frac{2s^2-2s+1}{s^2+5s+6}\Big|_{s=0}=\frac{1}{6}$$

$$A_2=(s+2)Y(s)\Big|_{s=-2}=\frac{2s^2-2s+1}{s(s+3)}\Big|_{s=-2}=-\frac{13}{2}$$

$$A_3=(s+3)Y(s)\Big|_{s=-3}=\frac{2s^2-2s+1}{s(s+2)}\Big|_{s=-3}=\frac{25}{3}$$

所以

$$Y(s)=\frac{\dfrac{1}{6}}{s}-\frac{13}{2}\,\frac{1}{s+2}+\frac{25}{3}\,\frac{1}{s+3}$$

从而

$$y(t)=\left(\frac{1}{6}-\frac{13}{2}e^{-2t}+\frac{25}{3}e^{-3t}\right)U(t)$$

【例 4－24】 某因果系统的模拟框图如图 4－6 所示。已知 $f(t)=e^{-t}U(t)$，求系统的零状态响应 $y_f(t)$。

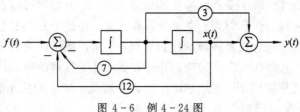

图 4－6　例 4－24 图

解　如图 4 - 6 所示，设第二个积分器的输出信号为 $x(t)$，则两个加法器的输出方程为

$$x''(t) = f(t) - 7x'(t) - 12x(t) \qquad ①$$
$$y(t) = 3x'(t) + x(t) \qquad ②$$

设 $x(t) \leftrightarrow X(s)$，$f(t) \leftrightarrow F(s)$，$y(t) \leftrightarrow Y_f(s)$，则在零状态条件下式①和式②的拉氏变换为

$$s^2 X(s) = F(s) - 7sX(s) - 12X(s) \qquad ③$$
$$Y_f(s) = 3sX(s) + X(s) \qquad ④$$

由式③和式④解得

$$Y_f(s) = \frac{3s+1}{s^2+7s+12}F(s) \qquad ⑤$$

而 $F(s) = \dfrac{1}{s+1}$，代入式⑤得

$$Y_f(s) = \frac{3s+1}{(s+1)(s^2+7s+12)}$$

作部分分式展开，得

$$Y_f(s) = \frac{A_1}{s+1} + \frac{A_2}{s+3} + \frac{A_3}{s+4}$$

其中

$$A_1 = (s+1)Y_f(s)\Big|_{s=-1} = \frac{3s+1}{(s+3)(s+4)}\Big|_{s=-1} = -\frac{1}{3}$$
$$A_2 = (s+3)Y_f(s)\Big|_{s=-3} = \frac{3s+1}{(s+1)(s+4)}\Big|_{s=-3} = 4$$
$$A_3 = (s+4)Y_f(s)\Big|_{s=-4} = \frac{3s+1}{(s+1)(s+3)}\Big|_{s=-4} = -\frac{11}{3}$$

所以

$$Y_f(s) = -\frac{1}{3}\frac{1}{s+1} + 4\frac{1}{s+3} - \frac{11}{3}\frac{1}{s+4}$$

从而

$$y_f(t) = \mathscr{L}^{-1}[Y_f(s)] = \left(-\frac{1}{3}e^{-t} + 4e^{-3t} - \frac{11}{3}e^{-4t}\right)U(t)$$

【例 4 - 25】　在例 4 - 24 中，若 $y(0^-) = 1$，$y'(0^-) = -2$，求系统的全响应。

解　由例 4 - 24 中的式⑤可得系统的微分方程为

$$y''(t) + 7y'(t) + 12y(t) = 3f'(t) + f(t)$$

上式两边取拉氏变换并整理，得

$$Y(s) = \frac{sy(0^-) + y'(0^-) + 7y(0^-)}{s^2+7s+12} + \frac{3s+1}{s^2+7s+12}F(s)$$

将 $y(0^-) = 1$，$y'(0^-) = -2$ 和 $F(s)$ 代入，得

$$Y(s) = \frac{s+5}{s^2+7s+12} + \frac{3s+1}{(s+1)(s^2+7s+12)}$$

式中，第一项为零输入响应的象函数 $Y_x(s)$，第二项即例 4 - 24 中的零状态响应的象函数。$Y_x(s)$ 的部分分式展开为

$$Y_x(s) = \frac{2}{s+3} - \frac{1}{s+4}$$

因此零输入响应为

$$y_x(t) = \mathscr{L}^{-1}[Y_x(s)] = (2e^{-3t} - e^{-4t})U(t)$$

$y_f(t)$ 如例 4 - 24 所示，于是全响应为

$$y(t) = y_x(t) + y_f(t)$$

$$= (2e^{-3t} - e^{-4t})U(t) + \left(-\frac{1}{3}e^{-t} + 4e^{-3t} - \frac{11}{3}e^{-4t}\right)U(t)$$

$$= \left(-\frac{1}{3}e^{-t} + 6e^{-3t} - \frac{14}{3}e^{-4t}\right)U(t)$$

4.6.2 电路网络的复频域模型分析法

复频域模型（又叫 s 域模型）分析方法是以电路的复频域模型为基础，用类似分析正弦稳态电路的各种方法编写复频域的代数方程，求解响应的象函数，最后借助拉氏逆变换得到所需要的时域响应。

1. 电路元件的复频域模型

对于线性时不变二端元件 R、L、C，若规定其端电压 $u(t)$ 和电流 $i(t)$ 为关联参考方向，那么由拉氏变换的线性及微、积分性质可得到它们的复频域模型。

表 4 - 1 列出了各电路元件的时域和复频域关系，以便查阅。

表 4 - 1 电路元件的复频域模型

		电 阻	电 感	电 容
基本关系				
		$u_R(t) = Ri_R(t)$ $i_R(t) = \dfrac{1}{R}u_R(t)$	$u_L(t) = L\dfrac{di_L(t)}{dt}$ $i_L(t) = \dfrac{1}{L}\displaystyle\int_{0^-}^{t} u_L(\tau)d\tau + i_L(0^-)$	$u_C(t) = \dfrac{1}{C}\displaystyle\int_{0^-}^{t} i_C(\tau)d\tau + u_C(0^-)$ $i_C(t) = C\dfrac{du_C(t)}{dt}$
复频域模型	串联形式			
		$U_R(s) = RI_R(s)$	$U_L(s) = sLI_L(s) - Li_L(0^-)$	$U_C(s) = \dfrac{1}{sC}I_C(s) + \dfrac{u_C(0^-)}{s}$
	并联形式			
		$I_R(s) = \dfrac{1}{R}U_R(s)$	$I_L(s) = \dfrac{1}{sL}U_L(s) + \dfrac{i_L(0^-)}{s}$	$I_C(s) = sCU_C(s) - Cu_C(0^-)$

2. 电路网络的复频域分析

应用复频域分析法求解电路系统的响应时，首先要画出电路的复频域模型，其次利用基尔霍夫电流、电压定律和电路的基本分析方法（如网孔分析法、节点分析法等）编写与响应象函数有关的代数方程，然后从方程解出响应的象函数，最后取拉氏逆变换求得时域响应。下面举例说明。

【例 4 - 26】 电路如图 4 - 7(a)所示，已知 1 F 电容的初始电压 $u_C(0^-)=3$ V，求 $i_C(t)$，$t \geqslant 0$。

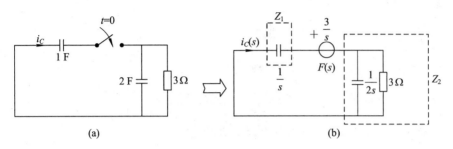

图 4 - 7　例 4 - 26 图

解　（1）画出电路的复频域模型，如图 4 - 7(b)所示。

（2）由图可得

$$I_C(s) = -\frac{\dfrac{3}{s}}{Z_1+Z_2} = -\frac{\dfrac{3}{s}}{\dfrac{1}{s}+\dfrac{1}{2s+\dfrac{1}{3}}} = -\frac{3(6s+1)}{9s+1} = -2\left(1+\frac{\dfrac{1}{18}}{s+\dfrac{1}{9}}\right)$$

（3）求上式的拉氏逆变换即得

$$i_C(t) = \mathscr{L}^{-1}[I_C(s)] = -2\left[\delta(t)+\frac{1}{18}\mathrm{e}^{-\frac{1}{9}t}U(t)\right]$$

【例 4 - 27】　如图 4 - 8(a)所示电路，已知 $f_1(t)=3\mathrm{e}^{-t}U(t)$，$f_2(t)=\mathrm{e}^{-2t}U(t)$，求 $t \geqslant 0$ 的零状态响应 $i_L(t)$。

解　（1）画出电路的复频域模型，如图 4 - 8(b)所示。

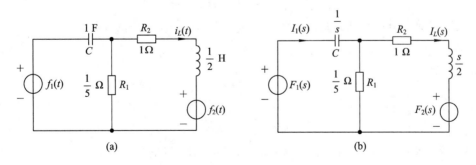

图 4 - 8　例 4 - 27 图

（2）对复频域模型编写网孔方程（网孔电流设为 $I_1(s)$ 和 $I_L(s)$），得

$$\left(\frac{1}{5}+\frac{1}{s}\right)I_1(s)-\frac{1}{5}I_L(s) = F_1(s)$$

$$-\frac{1}{5}I_1(s)+\left(\frac{6}{5}+\frac{s}{2}\right)I_L(s)=-F_2(s)$$

(3) 解网孔方程，得

$$I_L(s)=\frac{\begin{vmatrix} \dfrac{1}{5}+\dfrac{1}{s} & F_1(s) \\[2mm] -\dfrac{1}{5} & -F_2(s) \end{vmatrix}}{\begin{vmatrix} \dfrac{1}{5}+\dfrac{1}{s} & -\dfrac{1}{5} \\[2mm] -\dfrac{1}{5} & \dfrac{6}{5}+\dfrac{s}{2} \end{vmatrix}}=\frac{2sF_1(s)-2(s+5)F_2(s)}{s^2+7s+12}$$

将 $F_1(s)=\dfrac{3}{s+1}$，$F_2(s)=\dfrac{1}{s+2}$代入并整理，得

$$I_L(s)=\frac{4s^2-10}{(s+1)(s+2)(s+3)(s+4)}$$

(4) 用部分分式展开 $I_L(s)$ 并求逆变换，即得 $i_L(t)$。

$I_L(s)$可以展开为

$$I_L(s)=\frac{-1}{s+1}+\frac{-3}{s+2}+\frac{13}{s+3}+\frac{-9}{s+4}$$

于是

$$i_L(t)=\mathscr{L}^{-1}[I_L(s)]=(-e^{-t}-3e^{-2t}+13e^{-3t}-9e^{-4t})U(t)$$

4.6.3 系统函数(转移函数)

1. 定义

定义系统零状态响应的象函数 $Y_f(s)$ 与激励的象函数 $F(s)$ 之比为系统函数(又称为转移函数)，用 $H(s)$ 表示，即

$$H(s)=\frac{Y_f(s)}{F(s)} \qquad\qquad (4-29)$$

由式(4-29)知

$$Y_f(s)=H(s)F(s) \qquad\qquad (4-30)$$

另一方面，在第 2 章中已知系统的零状态响应为激励与冲激响应的卷积，即

$$y_f(t)=h(t)*f(t)$$

两边取拉氏变换，得

$$Y_f(s)=\mathscr{L}[h(t)]F(s)$$

与式(4-30)比较，得

$$H(s)=\mathscr{L}[h(t)] \qquad\qquad (4-31)$$

即系统的冲激响应与系统函数 $H(s)$ 是一对拉氏变换对，可记为

$$h(t)\leftrightarrow H(s) \qquad\qquad (4-32)$$

根据式(4-30)，系统函数在求解零状态响应时是非常有用的：先计算输入的拉氏变换，$F(s)=\mathscr{L}[f(t)]$；再将该变换乘以系统函数，$Y_f(s)=H(s)F(s)$；最后该乘积的逆变换即为零状态响应，$y_f(t)=\mathscr{L}^{-1}[Y_f(s)]$。

2. 系统函数的计算

由上面讨论可知，可以由式(4-29)或式(4-31)求得系统函数，此时需计算输入的拉氏变换 $F(s)$、输出的拉氏变换 $Y_f(s)$ 或先求得冲激响应 $h(t)$。如果描述 LTI 系统的微分方程已知，则通过观察系统方程的标准形式就可以得到系统函数。

【例 4-28】 某因果系统的响应 $y(t)$ 与激励 $f(t)$ 的关系用如下微分方程来描述：

$$y(t) = -0.5y''(t) - 1.5y'(t) + 3f'(t) + 9f(t)$$

求系统的系统函数和系统的冲激响应。

解 (1)首先把系统方程写为标准形式，即

$$0.5y''(t) + 1.5y'(t) + y(t) = 3f'(t) + 9f(t)$$

观察该方程，写出系统函数为

$$H(s) = \frac{3s+9}{0.5s^2 + 1.5s + 1} = \frac{6s+18}{s^2 + 3s + 2}$$

(2)因为冲激响应是 $H(s)$ 的拉氏逆变换，所以利用部分分式展开，得

$$H(s) = \frac{6s+18}{s^2+3s+2} = \frac{6s+18}{(s+1)(s+2)} = \frac{A_1}{s+1} + \frac{A_2}{s+2}$$

式中，$A_1 = (s+1)H(s)|_{s=-1} = 12$，$A_2 = (s+2)H(s)|_{s=-2} = -6$。于是

$$H(s) = \frac{12}{s+1} - \frac{6}{s+2}$$

所以

$$h(t) = \mathscr{L}^{-1}[H(s)] = (12e^{-t} - 6e^{-2t})U(t)$$

【例 4-29】 求图 4-9(a)所示电路的系统函数 $H(s) = \dfrac{U_2(s)}{U_1(s)}$。

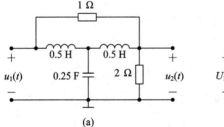
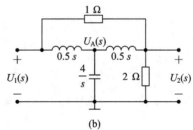

图 4-9 例 4-29 图

解 因为系统函数定义是对零状态响应的，故作出零初始条件下电路的复频域模型，如图 4-9(b)所示。编写节点方程，有

$$\frac{2}{s}[U_A(s) - U_1(s)] + \frac{s}{4}U_A(s) + \frac{2}{s}[U_A(s) - U_2(s)] = 0$$

$$[U_2(s) - U_1(s)] + \frac{2}{s}[U_2(s) - U_A(s)] + \frac{1}{2}U_2(s) = 0$$

合并各项，并联立两个方程消去 $U_A(s)$，从得到的方程求解 $U_2(s)/U_1(s)$。最后得到系统函数为

$$H(s) = \frac{U_2(s)}{U_1(s)} = \frac{2s^2 + 32s + 32}{3s^3 + 4s^2 + 48s + 32}$$

3. 系统特性与系统函数的关系

在系统分析与设计中，因果性、稳定性与频率响应是表征系统的三个重要特性，对于因果 LTI 系统，这三个特性与系统函数密切相关。下面仅讨论系统因果性和稳定性与系统函数的关系。

1) 系统的因果性

已经知道所谓的因果性是指，任一时刻系统的输出仅取决于该时刻和该时刻之前的输入值。一个 LTI 连续系统为因果系统的充分必要条件是系统的单位冲激响应满足：

$$h(t) = 0, \ t < 0$$

即单位冲激响应为因果信号。因为因果信号拉氏变换的 ROC 是某个右半平面，而冲激响应的拉氏变换就是系统函数，所以因果系统的系统函数的 ROC 是某个右半平面。应该说明的是，相反的结论未必成立。不过若系统函数是有理的，系统的因果性就等价于系统函数的 ROC 位于最右边极点的右半平面（在前面各节的讨论中仅涉及因果系统，故因果性的条件是自动满足的，并不需要另外加以说明）。

2) 系统的稳定性

在分析与设计各类系统时，系统的稳定性是一个重要问题。稳定性是系统自身的性质之一，与激励信号的情况无关。

一个系统，如果对任意的有界输入其零状态响应也是有界的，则称此系统为稳定系统，也可称为有界输入有界输出（BIBO）稳定系统。也就是说，设 M_f、M_y 为有界正值，如果对所有的激励信号 $f(t)$ 有

$$| f(t) | \leqslant M_f \tag{4-33}$$

系统的零状态响应 $y_f(t)$ 满足

$$| y_f(t) | \leqslant M_y \tag{4-34}$$

则称该系统是稳定的。下面给出系统稳定的充分必要条件。

连续系统是稳定系统的充分必要条件是

$$\int_{-\infty}^{+\infty} | h(t) | \, \mathrm{d}t \leqslant M \tag{4-35}$$

式中，M 为有界正值。即若系统的冲激响应是绝对可积的，则系统是稳定的。下面给出此条件的证明。

充分性的证明：

对任意的有界输入 $f(t)$，$| f(t) | \leqslant M_f$，系统的零状态响应为

$$y_f(t) = \int_{-\infty}^{+\infty} h(\tau) f(t - \tau) \mathrm{d}\tau$$

$$| y_f(t) | = \left| \int_{-\infty}^{+\infty} h(\tau) f(t - \tau) \mathrm{d}\tau \right|$$

$$\leqslant \int_{-\infty}^{+\infty} | h(\tau) | | f(t - \tau) | \, \mathrm{d}\tau$$

$$\leqslant M_f \int_{-\infty}^{+\infty} | h(\tau) | \, \mathrm{d}\tau$$

如果 $h(t)$ 是绝对可积的，即式（4-35）成立，则

$$| y_f(t) | \leqslant M_f M$$

取 $M_y = M_f M$，得 $|y_f(t)| \leqslant M_y$，即 $y_f(t)$ 有界，因此式(4-35)是充分的。

必要性的证明：

当系统稳定时，如果 $\int_{-\infty}^{+\infty} |h(t)| \mathrm{d}t$ 无界，下面就来证明至少有一个有界的输入 $f(t)$ 产生无界的输出 $y_f(t)$。为此，选择如下的输入信号：

$$f(t)\begin{cases} 0, & h(-t) = 0 \\ \dfrac{h(-t)}{|h(-t)|}, & h(-t) \neq 0 \end{cases}$$

显然 $|f(t)| \leqslant 1$ 为有界信号。由于

$$y_f(t) = \int_{-\infty}^{+\infty} |f(\tau)| h(t-\tau)\mathrm{d}\tau$$

令 $t=0$，有

$$y_f(0) = \int_{-\infty}^{+\infty} f(\tau)h(-\tau)\mathrm{d}\tau = \int_{-\infty}^{+\infty} |h(-\tau)| \mathrm{d}\tau$$

$$= \int_{-\infty}^{+\infty} |h(\tau)| \mathrm{d}\tau$$

上式表明，如果 $\int_{-\infty}^{+\infty} |h(\tau)| \mathrm{d}\tau$ 无界，则至少 $y_f(0)$ 无界，因此式(4-35)也是必要的。

在以上的分析中并未涉及系统的因果性，这说明无论因果稳定系统或非因果稳定系统都要满足式(4-35)。对于因果系统，式(4-35)可以改写为

$$\int_0^{+\infty} |h(t)| \mathrm{d}t \leqslant M \tag{4-36}$$

因为 $h(t)$ 的拉氏变换是系统函数 $H(s)$，所以式(4-35)和式(4-36)的条件也可以用 $H(s)$ 说明。下面只讨论因果系统的稳定性，非因果系统的稳定性可参照相关书籍。

对于因果系统，$h(t)$ 为因果信号，其拉氏变换 $H(s)$ 的 ROC 是某条垂直于 σ 轴的直线的右边。如果系统是稳定的，则式(4-36)成立，即 $h(t)$ 绝对可积，因此 $h(t)$ 的傅里叶变换存在。因为傅里叶变换是沿虚轴对拉氏变换的求值，所以 $h(t)$ 的拉氏变换 $H(s)$ 的 ROC 应包含 $j\omega$ 轴。综合上述两个结果，$H(s)$ 的 ROC 是包含 $j\omega$ 在内的整个 s 平面的右半平面，即 $\mathrm{Re}[s] \geqslant 0$。由前面关于 ROC 的讨论可知，ROC 中不包含任何极点，因此，$H(s)$ 的所有极点均应在 s 平面的左半平面，至此，可得出因果系统稳定性的另一个充分必要条件：系统函数 $H(s)$ 的所有极点均在 s 平面的左半平面。

4.6.4 连续系统复频域分析的 MATLAB 实现

【例 4-30】 已知线性系统的微分方程为

$$y''(t) + 5y'(t) + 6y(t) = 3f'(t) + f(t)$$
$$f(t) = \mathrm{e}^{-t}U(t), \quad y(0^-) = 1, \quad y'(0^-) = 2$$

用 MATLAB 求系统的零输入响应 $y_x(t)$、零状态响应 $y_f(t)$ 和完全响应 $y(t)$。

解 MATLAB 实现程序如下：

```
%proqram ch4_30
%求零状态响应
b=[3,1];
```

```
a=[1, 5, 6];
sys=tf(b, a);
t=0:0.1:10;
f=exp(-t);
y=lsim(sys, f, t);
plot(t, y);
xlabel('时间(t)');
ylabel('y(t)')
title('零状态响应');
```

运行结果如图 4 - 10 所示。

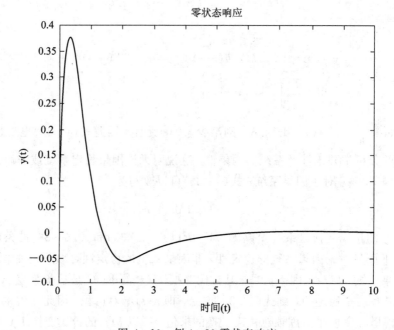

图 4 - 10　例 4 - 30 零状态响应

```
%求系统的全响应
b=[3, 1];
a=[1, 5, 6];
[A B C D]=tf2ss(b, a);
sys=ss(A, B, C, D);
t=0:0.1:10;
f=exp(-t);
zi=[-1, 0];
y=lsim(sys, f, t, zi);
plot(t, y);
xlabel('时间(t)');
ylabel('y(t)')
title('系统的全响应');
```

运行结果如图 4 - 11 所示。

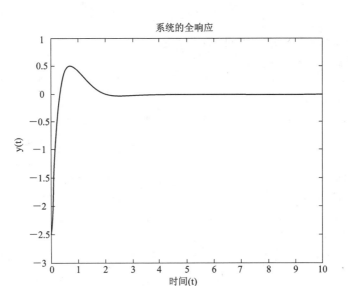

图 4 - 11 例 4 - 30 全响应

4.6.5 利用 MATLAB 分析 $H(s)$ 的零极点与系统特性

系统函数 $H(s)$ 通常是一个有理分式，其分子、分母均为多项式，利用 MATLAB 的函数 roots 很容易求出系统函数的零点和极点。其一般调用格式为

    p = roots(a)

其中，a 为多项式的系数向量。

如果要进一步画出 $H(s)$ 的零极点图，可以用函数 pzmap 实现。其一般调用格式为

    pzmap(sys)

其中，sys 是系统的模型，可借助 tf 函数获得，其调用方式为

    sys=tf(b, a)

其中，b、a 分别为 $H(s)$ 分子、分母多项式系数向量。

【例 4 - 31】 已知线性滤波器的系统函数为 $H(s) = \dfrac{1}{s^4 + 2s^3 + 3s^2 + 2s + 1}$，试画出系统的零极点图，画出系统的单位冲激响应、幅频特性和相位特性，并判断系统是否稳定。

解 程序代码如下：

```
%program ch4_31
clear;
num=1;
den=[1 2 3 2 1];
p=roots(den)
sys=tf(num, den);
subplot(2, 2, 1);
pzmap(sys);
t=0:0.01:12;
h=impulse(num, den, t);
subplot(2, 2, 2); plot(t, h); title('Impulse response');
```

```
[H, w]=freqs(num, den);
subplot(2, 2, 3); plot(w, abs(H));
title('Magnitude response');
subplot(2, 2, 4); plot(w, angle(H));
title('phase response');
```

运行结果为

```
p=

    -0.5000+0.8660i
    -0.5000-0.8660i
    -0.5000+0.8660i
    -0.5000-0.8660i
```

运行结果如图 4 - 12 所示。

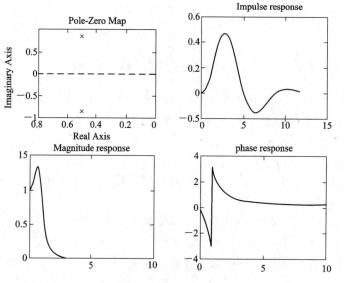

图 4 - 12　例 4 - 31 运行结果

　　系统函数的零极点分布图、系统的单位冲激响应和频率响应分别绘制于图 4 - 12 中，从零极点图可以看出，系统函数的极点全位于 s 的左半平面，所以系统是稳定的。

　　【例 4 - 32】　已知线性系统的微分方程为

$$y''(t) + 2y'(t) + 2y(t) = f'(t) + 3f(t)$$

用 MATLAB 求系统的系统函数和系统的冲激响应。

　　解　MATLAB 实现程序如下：

```
%program ch4_32
%This program is used to compute the impulse response h(t) of a continuous-time LTI system
a=[1, 2, 2]; b=[1, 3];
sys=tf(b, a)
t=0:0.1:10;
h=impulse(sys, t);
plot(h); xlabel('t'); title('h(t)')
```

运行结果如下：

    Transfer function：（即系统函数）

        s+3

        ············

    s^2+2s+2

运行结果如图 4－13 所示。

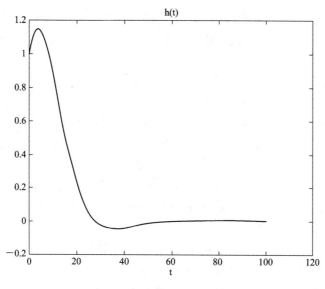

图 4－13　例 4－32 运行结果

课程思政扩展阅读

"万物皆可"傅里叶

只要涉及信息与通信领域的学习和研究，就不可能不遇到"傅里叶（ Fourier）"这个名字，因为傅里叶级数、傅里叶变换是"信号与系统"课程中最基础最重要的概念和分析方法，是信号处理、通信原理及自动控制等课程的基础。为了帮助同学们更易于理解傅里叶分析，更深入理解和应用傅里叶分析方法，下面我们就从傅里叶其人及其学术发展成就开始，了解傅里叶分析方法的来源、傅里叶分析方法与物理量及物理过程的本质联系，同时从傅里叶分析方法过程中得到对科学精神的认识。

1. 傅里叶的生平介绍及其科学研究

让·巴普蒂斯·约瑟夫·傅里叶（Baron JeanBaptiste Joseph Fourier，1768 年 3 月 21 日－1830 年 5 月 16 日）是 19 世纪法国著名数学家和物理学家，作为法国最著名的 72 位科学家之一，他的名字被永久刻录在法国巴黎埃菲尔铁塔上流芳千古。

傅里叶 1768 年出生于法国中部欧塞尔（Auxerre）一个裁缝家庭，9 岁时父母双亡，被当地教堂收养。12 岁时由一主教送入地方军事学校读书，这时的他就对数学产生了浓厚的兴趣，表现出对数学的特殊爱好。他希望到巴黎在更优越的环境下追求他感兴趣的研究，但法国大革命中断了他的计划，无奈之下，他于 1785 年回到家乡的母校教数学。

在法国大革命期间，傅里叶以热心地方事务而知名，而且是一个非常有正义感的人。他因为替恐怖行为的受害者申辩而被捕入狱。出狱后，他继续追求自己深爱的数学研究而进入巴黎高等师范学校读书，虽为期甚短，但其数学才华却给大家留下了深刻印象。

1795 年，当巴黎综合工科学校成立时，傅里叶被任命为助教，协助著名数学家 J. L. 拉格朗日(Lagrange)和 G. 蒙日(Monge)从事数学教学工作。

1798 年，蒙日选派他跟随拿破仑(Napoleon)远征埃及。在开罗，他担任埃及研究院的秘书，并从事许多外交活动，但同时他仍不断地进行个人的业余研究，即数学物理方面的研究。

1801 年，傅里叶回到法国后，希望继续执教于巴黎综合工科学校，但因拿破仑赏识他的行政才能，任命他为伊泽尔地区首府格勒诺布尔的高级官员，从政也并不妨碍他继续研究热传播的数学推导理论。其实早在远征埃及时他就对热传导问题产生了浓厚的兴趣，并在此任职期间开展了他的主要研究工作。1807 年，他终于向巴黎科学院呈交了一篇很长的论文，题为"热的传播"，内容是关于不连结的物质和特殊形状的连续体(矩形的、环状的、球状的、柱状的、棱柱形的)中的热扩散(即热传导)问题。在论文的审阅人中，拉普拉斯、蒙日和 S. F. 拉克鲁瓦(Lacroix)都是赞成接受这篇论文的，但是拉格朗日提出了强烈的反对意见而导致他的论文没有被发表。

为了推动对热扩散问题的研究，科学院于 1810 年悬赏征求论文。傅里叶对其 1807 年的文章加以修改，并再次提交，题目是"热在固体中的运动理论"。这篇论文在竞争中获胜，傅里叶获得科学院颁发的奖金。但是评委(可能是由于拉格朗日的坚持)仍从文章的严格性和普遍性上给予了批评，以致这篇论文又未能正式发表。

此后，几经宦海浮沉，1815 年，傅里叶终于在拿破仑百日王朝的尾期辞去爵位和官职，毅然返回巴黎以图全力投入学术研究。但是，失业、贫困以及政治声誉失落，这时的傅里叶处于一生中最艰难的时期，多亏得到昔日同事和学生的关怀，为他谋得统计局主管之职才使得生活有了保障，他也能够继续从事自己热衷的科学研究。

傅里叶由于对传热理论的不懈研究和贡献，在当时年事已高的拉普拉斯的支持下，1817 年终于当选为巴黎科学院院士。

1822 年，傅里叶终于出版了专著《热的解析理论》(*Théoriean alytique de la Chaleur*, Didot, Paris, 1822)。这部经典著作将欧拉、伯努利等人在一些特殊情形下应用的三角级数方法发展成内容丰富的一般理论，三角级数后来就以傅里叶的名字命名。傅里叶应用三角级数求解热传导方程，为了处理无穷区域的热传导问题又导出了当前所称的"傅里叶积分"，这一切都极大地推动了偏微分方程边值问题的研究。然而傅里叶的工作意义远不止此，它迫使人们对函数概念作修正、推广，特别是引起了对不连续函数的探讨，三角级数收敛性问题更刺激了集合论的诞生。因此，《热的解析理论》影响了整个 19 世纪数学分析学严格化的进程。为此，傅里叶 1822 年获任巴黎科学院终身秘书，后又任法兰西学院终身秘书和理工科大学校务委员会主席。

由于傅里叶极度痴迷热学，他认为热能包治百病，于是在一个夏天，他关上了家中的门窗，穿上厚厚的衣服，坐在火炉边，由于体热过高导致心脏病突发，于 1830 年卒于巴黎，享年 62 岁。

2. 傅里叶分析方法的本质

从上述介绍中我们知道,傅里叶的主要科学成就是在研究热的传播和热的分析理论时创立了一套数学理论,对 19 世纪的数学和物理学的发展都产生了深远影响。傅里叶在其论文中推导出了著名的热传导方程,因此他被公认为导热理论的奠基人。他在求解热传导方程时发现解函数可以由三角函数构成的级数形式表示,从而提出"任一函数都可以展成三角函数的无穷级数"的论断,这一论断为傅里叶级数、傅里叶变换、拉普拉斯变换分析等现代信号与系统分析方法(即傅里叶分析方法)奠定了理论基础。

在本书第 2 章信号与系统的时域分析中,我们是以时间作为参照来观察动态世界的,故称为时域分析。然而,在千变万化的时域当中,虽然信号看起来直观形象但是很难捕获到其本质,时域卷积积分也是非常复杂的一种积分运算过程。基于傅里叶的"任一函数都可以展成三角函数的无穷级数"这一论断,后续科学研究发现:任何周期函数都可以用正弦函数和余弦函数构成的无穷级数来表示(选择正弦函数和余弦函数作为基函数是因为它们是正交的),为纪念傅里叶,人们就称之为傅里叶级数。因为傅里叶级数是一种特殊的三角级数,根据欧拉公式,我们又可以将三角函数转化成指数函数形式,所以也称傅里叶级数为指数级数。

而正弦函数和余弦函数具有的三要素(振幅、频率和初相位)就把时域函数与其频域特性对应起来。根据傅里叶级数展开方法,时域中的任何周期信号都可以用正弦信号展开,这样就把时域信号转化到频域来表示,以频率为坐标系来描述信号在频率方面的特性,在频域中进行信号与系统分析的方法就称为傅里叶变换分析法。随着计算机信息技术的发展,傅里叶分析法逐步由傅里叶级数、傅里叶变换发展到离散傅里叶变换及各种快速傅里叶变换算法。其实从声音和图像的各种降噪到电力系统继电保护、手机信号的生成传播、天文观测中各种脉冲信号分析、软件的压缩算法等,都是基于傅里叶分析理论的,所以有"万物皆可傅里叶"之说。

★本扩展阅读内容主要来源于以下网站和文献:

[1]　百度百科.
[2]　向倩. 聆听傅立叶级数:《信号与系统》教学改革漫谈[J]. 武汉大学学报(理学版),2012,58(S2):120-124.

习　题

• **基础练习题**

4.1　判断题。

(1) 信号的傅里叶变换存在,则其拉普拉斯变换一定存在;反之亦然。　　　　　(　)

(2) 时限信号的拉普拉斯变换一定存在,且其收敛域为全平面。　　　　　　　(　)

(3) 若 $F(s)$ 为假分式,则信号初值为无穷大。　　　　　　　　　　　　　(　)

(4) 任何情况下都有 $H(j\omega) = H(s)\big|_{s=j\omega}$。　　　　　　　　　　　(　)

（5）频域分析法只可以讨论稳定系统，而复频域分析法可以讨论不稳定系统。　（　）

（6）若 $H(s)$ 的极点全部在 s 平面的左半平面，则 $h(t)$ 绝对可积，系统一定是稳定的。（　）

（7）拉氏变换存在的两个信号叠加后，其拉氏变换一定存在。　　　　　　　　（　）

（8）即使信号的傅里叶变换不存在，其拉氏变换也一定存在。　　　　　　　　（　）

4.2　填空题。

（1）因果信号、反因果信号、时限信号和非时限信号的拉氏变换的收敛域分别对应于 s 平面_____、_____、_____、_____。

（2）信号 $e^t U(t)$ 的_____变换不存在，而_____变换存在。$e^{t^2} U(t)$ 的傅里叶变换和拉氏变换都_____。

（3）在应用中值定理求 $f(\infty)$ 时，要求 $F(s)$ 的极点_____。

（4）$H(s)$ 的极点决定 $h(t)$ 的_____；$H(s)$ 的零点决定 $h(t)$ 的_____。

（5）对线性时不变因果系统而言，若 $H(s)$ 的所有极点均处于 s 平面的左半平面，则系统为_____系统；若在虚轴上存在一阶极点，且其他极点均处于 s 平面的左半平面，则系统为_____系统；只要有一个极点处于 s 平面的右半平面，则系统为_____系统。

4.3　写出下列信号对应于 s 平面的复频率。

（1）$e^{-t} \sin(-5t)$

（2）$3e^{-t} U(t)$

（3）$\cos 2t$

（4）$2e^{-t} \cos(2t + 60°)$

4.4　求下列信号的拉氏变换，并注明收敛域。

（1）$e^{-t} U(-t)$

（2）$(t+1)[U(t-2) - U(t-3)]$

（3）$\delta(t) - e^{-2t} U(t)$

（4）$U(-t) + e^{-3t} U(t)$

（5）$e^{-t+2} U(t+2)$

（6）$e^{-t+2} U(t)$

4.5　求下列信号的单边拉氏变换。

（1）$e^{-(t+a)} \cos\omega t U(t)$

（2）$2\delta(t) - 3e^{-7t} U(t)$

（3）$(2\cos t + \sin t) U(t)$

（4）$e^t U(t) - e^{-(t-2)} U(t-2)$

（5）$\sin\pi t U(t) - \sin[\pi(t-1)] U(t-1)$

（6）$(1 - e^{-t}) U(t)$

（7）$e^{-t}[U(t) - U(t-2)]$

（8）$U(t) - 2U(t-1) + U(t-2)$

（9）$2\delta(t - t_0) + 3\delta(t)$

（10）$(t-1) U(t-1)$

（11）$e^t \sin 2t U(t)$

（12）$(1 - \cos at) e^{-\beta t} U(t)$

（13）$e^{at} \cos(\omega t + \theta) U(t)$

（14）$2e^{-5t} \mathrm{ch} 3t U(t)$

4.6　求下列信号的单边拉氏变换。

（1）$\cos(3t - 2) U(3t - 2)$

（2）$\delta(4t - 2)$

（3）$\sin(2t - \pi/4) U(t)$

（4）$(t-1) U(t)$

（5）$\dfrac{\sin^2 t}{t} U(t)$

（6）$t \cos^3 2t U(t)$

（7）$t e^{-at} \sin t U(t)$

（8）$(t^3 - 2t^2 + 1) U(t)$

（9）$t^2 \cos 2t U(t)$

（10）$\dfrac{1 - e^{-at}}{t} U(t)$

(11) $\dfrac{\sin\alpha t}{t}$ (12) $\dfrac{e^{-3t}-e^{-5t}}{t}$

(13) $\displaystyle\sum_{k=0}^{\infty}\alpha^{k}\delta(t-kT)$ (14) $te^{-t}U(t-T)$

(15) $te^{-(t-3)}U(t-1)$

4.7　粗略画出下列信号的波形，试求其拉氏变换，注意它们的区别。

(1) $\sin\omega t\,U(t)$ (2) $\sin\omega t\,U(t-t_0)$

(3) $\sin\omega(t-t_0)U(t)$ (4) $\sin\omega(t-t_0)U(t-t_0)$

(5) $e^{-at}U(t)$ (6) $e^{-at}U(t-t_0)$

(7) $e^{-a(t-t_0)}U(t)$ (8) $e^{-a(t-t_0)}U(t-t_0)$

4.8　试求下列信号的拉氏变换。

(1) $\dfrac{d^2}{dt^2}\big[\sin\omega t\,U(t)\big]$ (2) $\dfrac{d^2}{dt^2}\sin\omega t\,U(t)$ (3) $\displaystyle\int_0^t\sin\omega\tau\,d\tau$

(4) $\displaystyle\int_0^t\left(\int_0^{\tau}\sin\omega x\,dx\right)d\tau$ (5) $t\dfrac{d}{dt}\cos t\,U(t)$

4.9　已知 $f(t)\leftrightarrow F(s)$，利用拉氏变换的性质，求下列信号的拉氏变换。

(1) $e^{-at}f\left(\dfrac{t}{\alpha}\right)$ (2) $e^{-\frac{t}{\alpha}}f\left(\dfrac{t}{\alpha}\right)$

(3) $tf(\alpha t-\beta)$ (4) $te^{-at}f(\alpha t-\beta)$

(5) $\dfrac{f(\alpha t-\beta)}{t}$ (6) $\displaystyle\int_0^t f(\alpha\tau-\beta)d\tau$

(7) $f(\alpha t-\beta)*e^{-at}f\left(\dfrac{t}{\alpha}\right)$ (8) $te^{-at}f'(\alpha t-\beta)$

4.10　求下列函数的拉氏逆变换。

(1) $\dfrac{s^2-s+1}{(s+1)^2}$ (2) $\dfrac{s^3+s^2+1}{(s+1)(s+2)}$ (3) $\dfrac{s+2}{s^2+2s+2}$

(4) $\dfrac{1-e^{-4s}}{5s^2}$ (5) $\dfrac{1}{(s^2+1)^2}$ (6) $\dfrac{s}{(s+2)(s+4)}$

(7) $\dfrac{2}{s(s-1)^2}$ (8) $\dfrac{s+5}{s(s^2+2s+5)}$ (9) $\dfrac{4s+5}{s^2+5s+6}$

(10) $\dfrac{s+3}{(s+2)(s+1)^3}$

4.11　求下列函数的拉氏逆变换。

(1) $\dfrac{1}{s(1+e^{-s})}$ (2) $\dfrac{1}{1+e^{-s}}$ (3) $\ln\dfrac{s}{s+9}$

(4) $\dfrac{1}{s(1-e^{-s})}$ (5) $\dfrac{\pi(1+e^{-s})}{(s^2+\pi^2)(1-e^{-2s})}$ (6) $\dfrac{\pi(1+e^{-s})}{(s^2+\pi^2)(1-e^{-s})}$

4.12　求习题图 4-1 所示信号的拉氏变换。

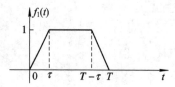

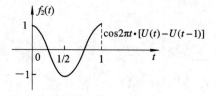

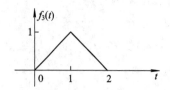

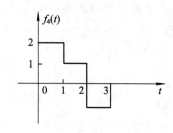

习题图 4 - 1

4.13 求下列函数的拉氏逆变换。

(1) $\dfrac{e^{-2(s+3)}}{s+3}$

(2) $\dfrac{s^2+4s+5}{s^2+3s+2}$

(3) $\left(\dfrac{1-e^{-s}}{s}\right)^2$

(4) $\dfrac{s}{(s+2)\left[(s+1)^2+9\right]}$

(5) $\dfrac{\pi}{s^2+\pi^2} \cdot \dfrac{1}{2s+1}$

(6) $\dfrac{s^2+2}{s^2+1}$

(7) $\dfrac{3s}{(s+4)(s+2)}$

(8) $\dfrac{s^2+4}{(s+3)^2+4}$

(9) $\dfrac{e^{-s}+e^{-2s}+1}{s^2+3s+2}$

(10) $\dfrac{2s+5}{s^2+7s+12}$

(11) $\dfrac{s+3}{s(s+2)}$

(12) $\dfrac{e^{-(s-1)}+2}{(s-1)^2+1}$

4.14 由时域卷积性质求下列信号的卷积。

(1) $f_1(t)=tU(t)$, $f_2(t)=e^{-2t}U(t)$

(2) $f_1(t)=tU(t)$, $f_2(t)=U(t)$

(3) $f_1(t)=tU(t)$, $f_2(t)=U(t)-U(t-2)$

(4) $f_1(t)=tU(t-1)$, $f_2(t)=U(t+3)$

(5) $f_1(t)=e^{-2t}U(t)$, $f_2(t)=e^{-3t}U(t)$

(6) $f_1(t)=\sin t U(t)$, $f_2(t)=\sin t U(t)$

(7) $f_1(t)=U(t)-U(t-4)$, $f_2(t)=\sin\pi t U(t)$

(8) $f_1(t)=\delta(t-1)$, $f_2(t)=\cos(\pi t+45°)$

(9) $f_1(t)=(1+t)\left[U(t)-U(t-1)\right]$, $f_2(t)=U(t-1)-U(t-2)$

(10) $f_1(t)=e^{-2t}U(t)$, $f_2(t)=\sin t U(t)$

4.15 如习题图 4-2 所示因果周期信号，求其象函数 $F(s)$。

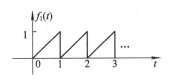

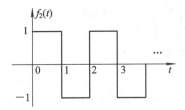

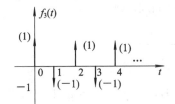

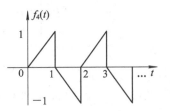

习题图 4 - 2

4.16 某 LTI 系统在激励为 $f(t)=2e^{-t}U(t)$ 时，其零状态响应为 $y(t)=(2e^{-t}+4e^{-2t}+8e^{3t})U(t)$，求系统的单位冲激响应 $h(t)$。

4.17 已知系统函数及激励信号如下，求系统零状态响应。

(1) $H(s)=\dfrac{1}{s^2+5s+6}$，$f(t)=2e^{-t}U(t)$

(2) $H(s)=\dfrac{s+1}{s+2}$，$f(t)=4tU(t)$

(3) $H(s)=\dfrac{s^2+4s+5}{s^2+3s+2}$，$f(t)=e^{-3t}U(t)$

4.18 已知某 LTI 系统的阶跃响应 $g(t)=e^{-t}U(t)$，若系统的输入 $f(t)=tU(t-2)$，求该系统的零状态响应 $y_f(t)$。

4.19 求下列 LTI 系统的冲激响应和阶跃响应。

(1) $y'(t)+2y(t)=3f'(t)+f(t)$

(2) $y''(t)+4y'(t)+3y(t)=f'(t)-3f(t)$

(3) $y''(t)+3y'(t)+2y(t)=2f(t)$

4.20 如习题图 4-3 所示电路，以 $i(t)$ 为输出，求系统函数 $H(s)$ 及阶跃响应 $g(t)$。

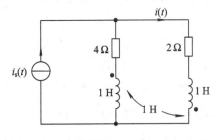

习题图 4 - 3

4.21 已知 LTI 系统的阶跃响应 $g(t)=(1-e^{-2t})U(t)$，欲使系统的零状态响应 $y_f(t)=(1-e^{-2t}-te^{-2t})U(t)$，求输入信号 $f(t)$。

4.22 如习题图 4-4 所示无损 LC 谐振电路，以 $u(t)$ 为响应，求：

180

(1) 系统频率特性 $H(j\omega)$；

(2) 系统函数 $H(s)$；

(3) 冲激响应 $h(t)$。

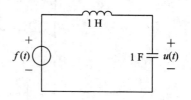

习题图 4-4

4.23 如习题图 4-5 所示电路，求系统函数 $H(s)$，当 $f(t)=e^{-t}U(t)$ 时其零状态响应 $y_f(t)$。

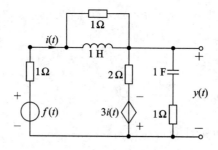

习题图 4-5

4.24 已知 LTI 系统微分方程为 $y''(t)+3y'(t)+2y(t)=f'(t)+3f(t)$，求在下列两种情况下系统的全响应。

(1) $f(t)=U(t)$，$y(0^-)=1$，$y'(0^-)=2$

(2) $f(t)=e^{-3t}U(t)$，$y(0)=1$，$y'(0)=2$

4.25 已知 LTI 系统微分方程为 $y''(t)+3y'(t)+2y(t)=2f'(t)+8f(t)$，求在下列两种情况下系统的全响应。

(1) $f(t)=U(t)$，$y(0^+)=1$，$y'(0^+)=3$

(2) $f(t)=e^{-2t}U(t)$，$y(0^+)=1$，$y'(0^+)=2$

4.26 用拉氏变换法求解下列微分方程所描述的系统的响应。

(1) $y''(t)+5y'(t)+6y(t)=U(t)$，$y(0^-)=1$，$y'(0^-)=-1$

(2) $y''(t)+3y'(t)+2y(t)=t^2U(t)+3tU(t)$，$y(0^-)=2$，$y'(0^-)=-8$

(3) $y'(t)+2y(t)=\sin 2\pi t U(t)$，$y(0^-)=1$

(4) $y'''(t)+3y''(t)+2y'(t)=e^{-t}U(t)$，$y(0^-)=y'(0^-)=y''(0^-)=1$

4.27 已知 $f(t) * \dfrac{d}{dt}f(t)=(1-t)e^{-t}U(t)$，求 $f(t)$。

4.28 已知 LTI 系统，当输入为 $f(t)=e^{-t}U(t)$ 时零状态响应 $y_f(t)=(3e^{-t}-4e^{-2t}+e^{-3t})U(t)$，试求系统的冲激响应。

4.29 已知某 LTI 系统的单位冲激响应 $h(t)=\delta(t)-11e^{-10t}U(t)$，若其零状态响应为 $y_f(t)=(1-11t)e^{-10t}U(t)$，试求系统的输入 $f(t)$。

4.30 如习题图 4-6(a)所示电路，已知系统函数 $H(s)$ 的零、极点分布如习题图 4-6(b)所示，且 $H(0)=1$，求 R、L、C 的值。

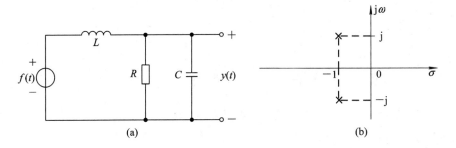

习题图 4-6

4.31 已知 LTI 因果系统 $H(s)$ 的零、极点分布如习题图 4-7 所示，且 $H(0)=1$，求：

(1) 系统函数 $H(s)$ 的表达式；

(2) 系统的单位阶跃响应。

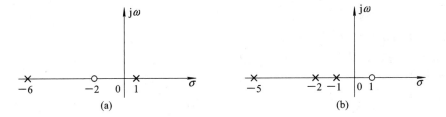

习题图 4-7

4.32 系统框图如习题图 4-8 所示（$\boxed{s^{-1}}$ 表示积分器），试求：

(1) 系统的传输函数 $H(s)$ 和单位冲激响应；

(2) 描述系统输入输出关系的微分方程；

(3) 当输入 $f(t)=2e^{-3t}U(t)$ 时，系统的零状态响应 $y_f(t)$；

(4) 判断系统是否稳定。

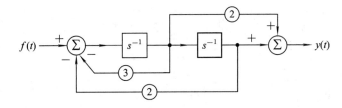

习题图 4-8

4.33 已知某 LTI 系统，当

(1) $f(t)=e^{-t}U(t)$ 时，全响应为 $y(t)=(e^{-t}+te^{-t})U(t)$；

(2) $f(t)=e^{-2t}U(t)$ 时，全响应为 $y(t)=(2e^{-t}-e^{-2t})U(t)$。

求系统的零输入响应及当 $f(t)=U(t)$ 时系统的全响应。

4.34 某 LTI 因果系统框图如习题图 4-9 所示，试确定：

(1) 系统函数 $H(s)$；

(2) 使系统稳定的 K 的取值范围。

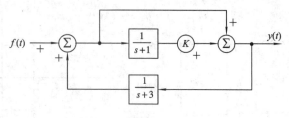

习题图 4-9

※扩展练习题

4.35 已知 $g(t)=x(t)+ax(-t)$，其中 $x(t)=\beta e^{-t}u(t)$。若 $g(t)$ 的拉普拉斯变换 $G(s)=\dfrac{s}{s^2-1}$，$-1<\mathrm{Re}(s)<1$，试确定 α 和 β 的值。

4.36 已知一 LTI 系统的系统函数 $H(s)$ 具有如习题图 4-10 所示的极零图。

(1) 指出所有可能的 ROC；

(2) 在每一种可能的 ROC 情况下，说明系统的稳定性和因果性。

习题图 4-10

4.37 已知一因果 LTI 系统的系统函数为 $H(s)=\dfrac{s+1}{s^2+2s+2}$，若输入信号为 $x(t)=e^{-|t|}$，$-\infty<t<\infty$，求响应 $y(t)$，并粗略地画出 $y(t)$ 的波形。

4.38 某 LTI 因果系统框图如习题图 4-11 所示，试确定：

(1) 系统函数 $H(s)$；

(2) 使系统稳定的 K 的取值范围；

(3) $K=0$ 时，系统的频率响应函数 $H(\mathrm{j}\omega)$；

(4) 使系统临界稳定的 K 的取值及临界稳定下系统的频率响应 $H(\mathrm{j}\omega)$；

(5) 以上两种情况下系统的单位冲激响应 $h(t)$。

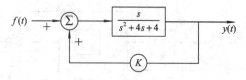

习题图 4-11

4.39 已知某 LTI 系统的系统函数 $H(s)=\dfrac{1}{s^3+2s^2+2s+1}$。

(1) 试计算其幅频特性和相频特性；

(2) 求 $|F(\mathrm{j}\omega)|$ 出现最大值和 $\varphi(\omega)$ 出现零值时的 ω 值；

(3) 粗略绘出其幅频特性曲线，并说明是何种滤波器，求截止频率 ω_c。

4.40 已知某连续时间 LTI 系统的微分方程为 $y''(t)+3y'(t)+2y(t)=f(t)$。

(1) 确定该系统的系统函数 $H(s)$ 及收敛域；

(2) 判断系统的稳定性，若系统是稳定的，求出系统的频率响应，讨论其幅频和相频特性；

(3) 求系统的单位冲激响应 $h(t)$ 及单位阶跃响应 $g(t)$；

(4) 若系统输入 $f(t) = e^{-t}U(t)$，求输出响应 $y_f(t)$；

(5) 当系统输出的拉氏变换为 $Y(s) = \dfrac{s+1}{(s+2)^2}$ 时，求系统的输入 $f(t)$。

4.41 已知某 LTI 系统的微分方程 $y'''+(1+b)y''(t)+b(b+1)y'(t)+b^2y(t)=f(t)$。

(1) 若要系统稳定，则 b 应为何值？

(2) 若系统的冲激响应为 $h(t)$，则 $r(t)=h'(t)+h(t)$ 的拉氏变换 $R(s)$ 有几个极点？

上 机 练 习

4.1 已知 $F(s) = \dfrac{s^3}{(s+5)(s^2+5s+25)}$，用 residue 求出 $F(s)$ 的部分分式展开，并写出 $f(t)$ 的表达式。

4.2 一系统的微分方程为 $y''(t)+4y'(t)+3y(t)=2f'(t)+f(t)$，$f(t)=U(t)$，$y(0^-)=1$，$y'(0^-)=2$，用 MATLAB 画出系统的零输入、零状态和全响应的波形。

4.3 用 MATLAB 的 pzmap 命令绘出下面系统的零极点图，并求系统的冲激响应、阶跃响应和频率响应，画出相应的图形。

$$H(s) = \frac{s^3+1}{s^4+2s^2+1}$$

4.4 设计具有两个零点和两个极点的高通滤波器，满足 $|\omega|>100\pi$ 时，$0.8 \leqslant |H(j\omega)| \leqslant 1.2$，以及 $|H(j0)|=0$，并且其有实值系数。

4.5 设计一个具有实值系数的低通滤波器，满足 $|\omega|<\pi$ 时，$0.8 \leqslant |H(j\omega)| \leqslant 1.2$，以及 $|\omega|>10\pi$ 时，$|H(j\omega)|<0.1$。

第5章 离散信号与系统的 时域分析

【内容提要】 从本章开始研究离散信号与系统分析。主要内容有：离散信号的描述和运算，离散系统的描述，离散系统的零输入响应和零状态响应的求解，特别是用卷积和求零状态响应的方法。

5.1 离散信号

5.1.1 离散信号概述

在一些离散的瞬间才有定义的信号称为离散时间信号，简称为离散信号。这里"离散"是指信号的定义域——时间是离散的，它只取某些规定的值。就是说，离散信号是定义在一些离散时间 $t_n(n=0, \pm1, \pm2, \pm3, \cdots)$ 上的信号，在其余的时间，信号没有定义。时刻 t_n 和 t_{n+1} 之间的间隔 $T_n = t_{n+1} - t_n$ 可以是常数，也可以随 n 而变化，这里只讨论 T_n 等于常数的情况。若令相继时刻 t_n 与 t_{n+1} 之间的间隔为 T，则离散信号只在均匀离散时刻 $t = \cdots$，$-2T, -T, 0, T, 2T, \cdots$ 时有定义，它可以表示为 $f(nT)$。为了方便，不妨把 $f(nT)$ 简记为 $f(n)$，这样的离散信号也常称为序列。本书中序列与离散信号不加区别。

一个离散时间信号 $f(n)$ 可以用三种方法来描述。

1. 解析形式

解析形式，又称闭合形式或闭式，即用一函数式表示。例如

$$f_1(n) = 2(-1)^n$$

$$f_2(n) = \left(\frac{1}{2}\right)^n$$

2. 序列形式

序列形式即将 $f(n)$ 表示成按 n 逐个递增的顺序排列的一列有顺序的数。例如

$$f_1(n) = \{\cdots, -2, \underset{\uparrow}{2}, -2, 2, \cdots\}$$

$$f_2(n) = \left\{\cdots, 2, \underset{\uparrow}{1}, \frac{1}{2}, \frac{1}{4}, \frac{1}{8}, \cdots\right\}$$

序列下面的 ↑ 标记出 $n=0$ 的位置。

序列形式有时也表示为另一种形式，即在大括号的右下角处标出第一个样值点对应的序号 n 的取值。这种表示形式比较适合有始序列。例如

$$f_3(n) = \left\{-1, 1, \frac{1}{2}, 2, -1, \frac{1}{2}\right\}_{-2}$$

$$f_4(n) = \left\{1, \frac{1}{2}, \frac{1}{4}, \frac{1}{8}, \cdots\right\}_0$$

3. 图形形式

图形形式即信号的波形。例如上面 $f_1(n)$、$f_3(n)$ 的波形分别如图 5-1(a)、(b)所示。

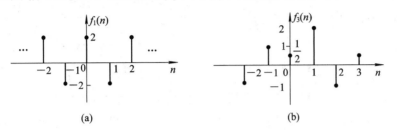

图 5-1 离散信号的波形

5.1.2 典型的离散信号

1. 单位样值(Unit Sample)**信号** $\delta(n)$

$$\delta(n) = \begin{cases} 0, & n \neq 0 \\ 1, & n = 0 \end{cases} \tag{5-1}$$

$\delta(n)$ 的波形如图 5-2(a)所示。

此序列只在 $n=0$ 处取单位值 1，其余样点上都为零。$\delta(n)$ 也称为"单位取样""单位函数""单位脉冲"或"单位冲激"。$\delta(n)$ 对于离散系统分析的重要性，类似于 $\delta(t)$ 对于连续系统分析的重要性，但 $\delta(t)$ 是一种广义函数，可理解为在 $t=0$ 处脉宽趋于零，幅度为无限大的信号；而 $\delta(n)$ 则在 $n=0$ 处具有确定值，其值等于 1。

发生在 $n=m$ 和 $n=-m$ 的单位样值信号分别表示为

$$\delta(n-m) = \begin{cases} 0, & n \neq m \\ 1, & n = m \end{cases} \tag{5-2}$$

$$\delta(n+m) = \begin{cases} 0, & n \neq -m \\ 1, & n = -m \end{cases} \tag{5-3}$$

它们的波形分别如图 5-2(b)、(c)所示。

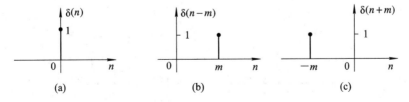

图 5-2 $\delta(n)$、$\delta(n-m)$ 和 $\delta(n+m)$ 的波形

2. 单位阶跃序列 $U(n)$

$$U(n) = \begin{cases} 1, & n \geqslant 0 \\ 0, & n < 0 \end{cases} \tag{5-4}$$

$U(n)$的波形如图 5-3(a)所示。

像 $U(n)$这样的信号，只在 $n \geqslant 0$ 时才有非零值，称为因果信号或因果序列；而只在 $n < 0$ 时才有非零值的信号，称为反因果序列；只在 $n_1 \leqslant n \leqslant n_2$ 才有非零值的信号，称为有限长序列。相应地，移位(延时)单位阶跃序列 $U(n-m)$定义为

$$U(n-m) = \begin{cases} 1, & n \geqslant m \\ 0, & n < m \end{cases} \tag{5-5}$$

$U(n-m)$的波形如图 5-3(b)所示。

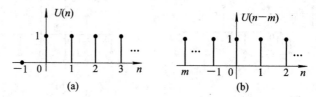

图 5-3　$U(n)$和 $U(n-m)(m<0)$的波形

3. 矩形序列 $G_N(n)$

$$G_N(n) = \begin{cases} 1, & 0 \leqslant n \leqslant N-1 \\ 0, & 其他 \end{cases} \tag{5-6}$$

$G_N(n)$的波形如图 5-4 所示。

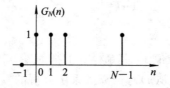

图 5-4　$G_N(n)$的波形

以上三种序列之间有如下关系：

$$U(n) = \sum_{k=0}^{\infty} \delta(n-k) = \sum_{k=-\infty}^{n} \delta(k) \tag{5-7}$$

$$\delta(n) = U(n) - U(n-1) \tag{5-8}$$

$$G_N(n) = U(n) - U(n-N) \tag{5-9}$$

4. 单边指数序列 $a^n U(n)$

$$f(n) = a^n U(n) \tag{5-10}$$

$a^n U(n)$的波形如图 5-5 所示。

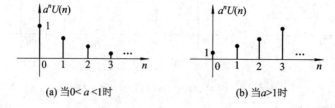

(a) 当 $0<a<1$时　　　　　　　　(b) 当 $a>1$时

图 5-5　$a^n U(n)$的波形

此外，还有因果斜升序列 $nU(n)$、正弦(余弦)序列 $\sin\omega_0 n$ 或 $\cos\omega_0 n$ 等。

5.1.3　典型离散信号的 MATLAB 表示

在 MATLAB 中，离散信号用一个行向量或一个列向量表示。在 MATLAB 中向量是从 1 开始编号的，即 $x(1)$ 是 x 向量的第 1 个元素。在表示信号或信号运算时，如果这些编号与所需要的信号标号不能对应，可以创建另外一个标号向量，使信号的标号与实际情况一致。MATLAB 软件具有强大的绘图功能，可以用 MATLAB 中的函数表示离散信号并绘制出离散信号的波形。下面介绍基本的离散信号和它们的 MATLAB 表示。

1. 单位阶跃序列

单位阶跃序列的函数表达式为

$$U(n) = \begin{cases} 1, & n \geqslant 0 \\ 0, & n < 0 \end{cases}$$

用 MATLAB 中的全 0 矩阵函数 zeros(1，N)和全 1 矩阵函数 ones(1，N)可以表示出单位阶跃序列。MATLAB 只能表示有限长的序列，对于单位阶跃序列这样的无限长序列可以取一个有限长的范围，把这个范围内的信号表示出来。

【例 5 - 1】　绘制单位阶跃序列 $U(n)$ 的波形。

解　MATLAB 程序如下：

```
％program ch5_1
n=[−2:10];
un=[zeros(1，2)ones(1，11)];
stem(n，un);
xlabel('n')；ylabel('u(n)')；
grid on；
axis([−2　10　−0.2　1.2]);
```

运行结果如图 5 - 6 所示。

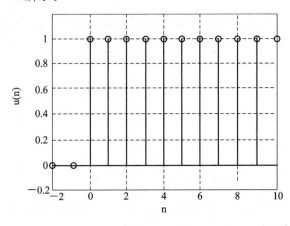

图 5 - 6　例 5 - 1 运行结果

根据单位阶跃序列的特点，还可以用 MATLAB 中的关系运算符"＞＝"来实现这个序列，将例 5 - 1 程序中的第 2 行语句换成关系运算语句"un＝(n＞＝0)"即可。语句"un＝(n＞＝0)"的返回值是由"0"和"1"组成的向量，当 $n \geqslant 0$ 时，返回值为"1"；当 $n < 0$ 时，返回值为"0"。程序运行结果与例 5 - 1 相同。需要注意的是，这种方法得到的"un"是一个由

逻辑量组成的向量，在数值计算时需要变换成数值型的向量。

2. 单位样值信号

单位样值信号的函数表达式为

$$\delta(n) = \begin{cases} 1, & (n = 0) \\ 0, & (n \neq 0) \end{cases}$$

MATLAB 中的全 0 矩阵函数 zeros(1, N)可以用来实现单位样值信号。MATLAB 中的关系运算符"=="也可以实现这个序列。

【例 5-2】 绘制单位样值信号 $\delta(n)$ 的波形。

解 MATLAB 程序如下：

```
%program ch5_2
n=[-5:5];
xn=[zeros(1, 5)  1  zeros(1, 5)];
stem(n, xn);
xlabel('n'); ylabel('\delta(n)');
grid on;
axis([-5  5  -0.2  1.2]);
```

运行结果如图 5-7 所示。

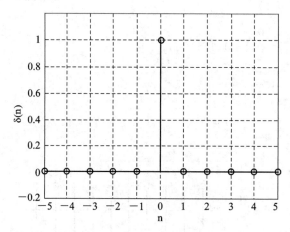

图 5-7 例 5-2 运行结果

3. 矩形序列

矩形序列的函数表达式为

$$G_N(n) = \begin{cases} 1 & (0 \leqslant n \leqslant N-1) \\ 0 & (n < 0, \ n \geqslant N) \end{cases}$$

矩形序列从 $n=0$ 开始，到 $n=N-1$ 为止，共有 N 个幅度为 1 的函数值，其余各点数值为 0。矩形序列可以用阶跃序列表示为

$$G_N(n) = U(n) - U(n-N)$$

所以，用 MATLAB 表示矩形序列的方法可以参考阶跃序列的表示方法。

【例 5-3】 绘制矩形序列 $G_6(n)$ 的波形。

解 MATLAB 程序如下：

```
%program ch5_3
n=[-2:10];
rn=[zeros(1, 2)  ones(1, 6)  zeros(1, 5)];
stem(n, rn);
xlabel('n'); ylabel('G_6(n)');
grid on;
axis([-2  10  -0.2  1.2]);
```

运行结果如图 5－8 所示。

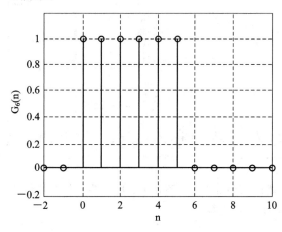

图 5－8　例 5－3 运行结果

为了使用方便，可以把单位阶跃序列做成一个函数，存在名为 un.m 的 M 文件中，在其他程序中可以调用该函数。函数为

```
function y=un(n)
y=(n>=0);
```

要用上述函数表示矩形序列 $G_6(n)$，可以把例 5－3 程序中的第 2 行语句写成

```
rn=un(n)-un(n-6);
```

程序运行结果与例 5－3 相同。

4. 斜变序列

斜变序列的函数表达式为

$$x(n) = nU(n)$$

【**例 5－4**】　绘制 $0 \leqslant n \leqslant 5$ 范围内的斜变序列的波形。

解　设已经创建了 M 文件 un.m，MATLAB 程序如下：

```
%program ch5_4
n=[-2:5];
xn=n. * un(n);
stem(n, xn);
xlabel('n'); ylabel('x(n)');
title('x(n)=nu(n)');
grid on;
```

运行结果如图 5－9 所示。

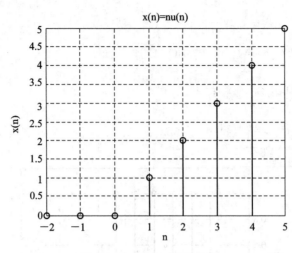

图 5 - 9　例 5 - 4 运行结果

5.2　离散信号的基本运算及 MATLAB 实现

像连续信号一样，离散信号也可以进行相应的变换和运算，这里只介绍利用 MATLAB 实现对离散信号的基本变换和运算。

【例 5 - 5】　离散信号的定义如下：

$$x(n) = \begin{cases} 2, & n = 0 \\ 1, & n = 2 \\ -1, & n = 3 \\ 3, & n = 4 \\ 0, & 其余\ n \end{cases}$$

定义信号时间变量范围是 $-3 \leqslant n \leqslant 7$，用 MATLAB 表示 $y_1(n) = x(n-2)$、$y_2(n) = x(-n)$ 和 $y_3(n) = x(-n+1)$，并画出各信号的波形。

解　$y_1(n) = x(n-2)$ 相当于把信号 $x(n)$ 右移 2 个单位，$y_2(n) = x(-n)$ 相当于把信号 $x(n)$ 反折，$y_3(n) = x(-n+1)$ 相当于把信号 $x(n)$ 左移 1 个单位再反折，MATLAB 程序如下：

```
%program ch5_5
nx=[-3:7];
x=[zeros(1,3)  2  0  1  -1  3  zeros(1,3)];
subplot(2,2,1);
stem(nx,x);
title('x(n)');
xlabel('n');
ny1=nx+2;  %时移[-1:9]
ny2=-nx;  %反折
ny3=-(nx-1);
y1=x;
```

```
y2＝x；
y3＝x；
subplot(2, 2, 3);
stem(ny1, y1);
title('y_1(n)＝x(n−2)');
xlabel('n');
subplot(2, 2, 2);
stem(ny2, y2);
title('y_2(n)＝x(−n)'); xlabel('n');
subplot(2, 2, 4);
stem(ny3, y3);
title('y_3(n)＝x(−n+1)'); xlabel('n');
```

该程序是通过改变信号向量和时间向量的对应关系来进行自变量的变换的，以 $y_1(n)=$ $x(n-2)$ 为例，将信号 $x(n)$ 向右移动 2 个单位就相当于把时间样本与信号样本的对应位置向右移动 2 个单位，另外两个变换可以进行类似的处理。

信号 $x(n)$ 的波形变换如图 5-10 所示。

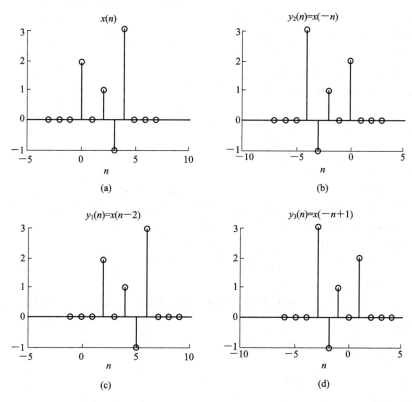

图 5-10　例 5-5 信号 $x(n)$ 的波形变换

利用 MATLAB 的函数功能，同样可实现离散信号的产生及其基本运算。

利用 MATLAB 可以实现有限区间上的 $\delta(n)$ 或 $\delta(n-n_0)$，可以用以下函数来实现：

```
function[x, n]＝delta(n0, n1, n2)
％generate delta(n−n0)；n1＜＝n＜＝n2；
```

```
n=n1:n2;
x=[n==n0];
if nargout<1
    stem(n, x);
end
```

可以用如下的函数产生在 $n_1 \leqslant n \leqslant n_2$ 间的阶跃序列：

```
function[x, n]=stepN(n0, n1, n2)
%generate U(n−n0), n1<=n<=n2;
n=n1:n2;
x=[n>=n0];
if nargout<1
    stem(n, x);
end
```

序列的相加是对应样本的相加，如果两序列长度不等或者位置向量不同，则不能用算术运算符"＋"直接实现。需要对位置向量和序列长度做统一处理后再相加，任意两序列的相加可以用以下函数实现：

```
function[y n]=sigadd(f1, n1, f2, n2);
%[y n]=sigadd(f1, n1, f2, n2);
%输入：
%f1——相加的第一个序列
%n1——第一个序列的位置向量
%f2——第二个序列
%n2——第二个序列的位置向量
%输出：
%y——输出序列
%n——位置向量
n=min(n1(1), n2(1)):max(n1(end), n2(end)); %position vector of y(n)
y1=zeros(1, length(n)); y2=y1;      %initialization
y1(find(n>=n1(1)&n<=n1(end)))=f1;
y2(find(n>=n2(1)&n<=n2(end)))=f2;
y=y1+y2;
```

序列移位后，样本向量并没有变化，只是位置向量变了，任意序列的移位可以用以下函数来实现：

```
function[y, n]=sigshift(x, m, n0)
%y=x(n−n0);
y=x;
n=m+n0;
```

可以用以下函数实现序列的反折运算 $y(n)=f(-n)$：

```
function[y, n]=sigfold(x, n)
%y(n)=x(−n);
y=fliplr(x);
n=−fliplr(n);
```

【**例 5 - 6**】 设 $f(n)=\{-1,\ 2,\ 2,\ 3\}_{-1}$，用 $\delta(n)$ 及其移位信号表示 $f(n)$，试用 MATLAB 实现。

解 MATLAB 实现代码如下：

```
%program ch5_6
%用常规的方法表示 f(n)
n=-1:2;
f=[-1, 2, 2, 3];
subplot(2, 1, 1);
stem(n, f)
title('f(n)的常规表示法');

%用 δ(n)表示 f(n)
clear f, n;
n1=-1;
n2=2;
f=-1*delta(-1, n1, n2)+2*delta(0, n1, n2)+2*delta(1, n1, n2)+3*delta(2, n1, n2);
n=n1:n2;
subplot(2, 1, 2);
stem(n, f);
title('f(n)用 δ(n)表示');
```

运行结果如图 5-11 所示。

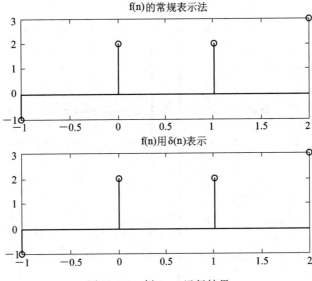

图 5 - 11 例 5 - 6 运行结果

【**例 5 - 7**】 若 $f(n)=G_4(n)$，求 $f\left(\frac{1}{2}n\right)$ 和 $f(2n)$。用 MATLAB 实现。

解 MATLAB 实现代码如下：

```
%program ch5_7
n=-2:8;
f=[0, 0, 1, 1, 1, 1, 0, 0, 0, 0, 0];
```

信号与系统分析(第三版)

```
subplot(3, 1, 1);
stem(n, f);
title('f(n)');


n1=-2:8;
n=2 * n1;
subplot(3, 1, 2); stem(n, f); title('f(1/2 * n)');


clear n;
n2=-2:8;
n=1/2 * n2;
k=1;
for m=1:length(n)
    if rem(n(m), 1)==0;
        ff(k)=f(m);              %取出为整数的 n 值, 形成新的序列和向量
        nn(k)=n(m);
        k=k+1;
    end
end
subplot(3, 1, 3); stem(nn, ff);
title('f(2 * n)');
```

运行结果如图 5 - 12 所示。

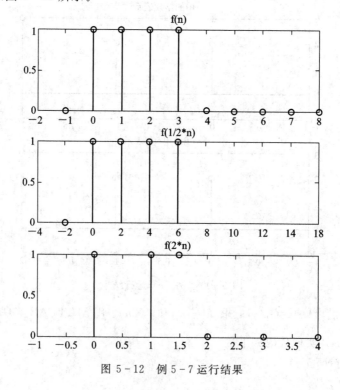

图 5 - 12　例 5 - 7 运行结果

5.3 离散系统及其描述

若系统的输入和输出都是离散信号，则称该系统为离散时间系统，简称离散系统，如图 5-13 所示。

图 5-13 中 $f(n)$ 是输入(激励)，$y(n)$ 是输出(响应)。

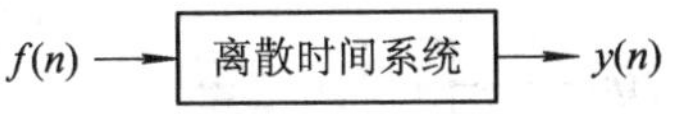

$$f(n) \longrightarrow \boxed{\text{离散时间系统}} \longrightarrow y(n)$$

图 5-13 离散时间系统

描述离散系统的方法也有两种：数学模型和模拟框图。下面就来讨论这两种描述方法。

【例 5-8】 某人从当月起每月初到银行存款 $f(n)$(元)，月息 $r=1\%$。设第 n 月初的总存款数为 $y(n)$ 元，试写出描述总存款数与月存款数关系的方程式。

解 第 n 月初的总存款数应由三项组成，即第 n 月初之前的总存款数 $y(n-1)$、第 n 月初存入的存款数 $f(n)$ 和第 n 月初之前的利息 $ry(n-1)$。所以有

$$y(n) = (1+r)y(n-1) + f(n)$$

即

$$y(n) - 1.01y(n-1) = f(n)$$

这是一个一阶常系数的差分方程。

事实上，一个 N 阶线性离散系统可以用 N 阶线性差分方程来描述。差分方程有前向差分方程和后向差分方程两种。

N 阶前向差分方程的一般形式为

$$y(n+N) + a_{N-1}y(n+N-1) + \cdots + a_0 y(n)$$
$$= b_M f(n+M) + b_{M-1} f(n+M-1) + \cdots + b_0 f(n) \tag{5-11}$$

N 阶后向差分方程的一般形式为

$$y(n) + a_1 y(n-1) + \cdots + a_N y(n-N)$$
$$= b_0 f(n) + b_1 f(n-1) + \cdots + b_M f(n-M) \tag{5-12}$$

式中，$a_0 \sim a_N$、$b_0 \sim b_M$ 都是常数。

后向差分方程和前向差分方程并无本质上的差异，用哪种方程描述离散系统都是可以的，但考虑到通常研究的 LTI 离散系统的输入、输出信号多为因果信号($f(n)=0$，$y(n)=0$，$n<0$)，故在系统分析中一般采用后向差分方程。差分方程即为描述离散系统的数学模型。

除了可以利用差分方程描述离散系统之外，还可以借助模拟框图描述。与描述连续系统相类似，描述离散系统的模拟框图也是用一些基本运算单元构成的。表 5-1 给出了描述离散系统的基本运算单元及其输入、输出关系。

表 5–1　描述离散系统常用的基本运算单元及其输入输出关系

运算单元	框　图	输入输出关系
标量乘法器	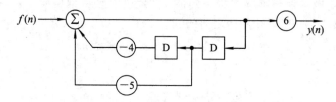	$y(n) = af(n)$
延迟单元		$y(n) = f(n-1)$
加法器		$y(n) = f_1(n) + f_2(n)$

【例 5–9】　某离散系统的模拟框图如图 5–14 所示，写出该系统的差分方程。

图 5–14　例 5–9 的模拟框图

解　系统模拟框图中有两个延迟单元，所以该系统是二阶系统。由各运算单元的输入输出关系可知，若输出设为 $y(n)$，则图中两个延迟单元的输出分别为 $\frac{1}{6}y(n-1)$ 和 $\frac{1}{6}y(n-2)$。从加法器的输出可得

$$\frac{1}{6}y(n) = -5 \cdot \frac{1}{6}y(n-1) - 4 \cdot \frac{1}{6}y(n-2) + f(n)$$

整理得

$$y(n) + 5y(n-1) + 4y(n-2) = 6f(n)$$

5.4　离散系统的零输入响应

　　LTI 离散系统用常系数线性差分方程描述，要求出系统响应，便要解此差分方程。一个 N 阶离散系统的差分方程的一般形式可表示为

$$y(n) + a_1 y(n-1) + \cdots + a_N y(n-N) = b_0 f(n) + b_1 f(n-1) + \cdots + b_M f(n-M)$$

或

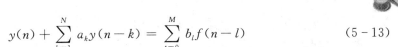

$$y(n) + \sum_{k=1}^{N} a_k y(n-k) = \sum_{t=0}^{M} b_l f(n-l) \qquad (5-13)$$

式中，a_k、b_l 为常数，$y(n)$ 的最大位移 N 称为此差分方程的阶数，也称为系统的阶数。

5.4.1 离散系统的零输入响应求解

离散系统的响应 $y(n)$ 也可分解为零输入响应和零状态响应之和。零输入响应是激励为零时仅由初始状态引起的响应，用 $y_x(n)$ 表示。

下面，就以几个例子说明零输入响应的求解方法。

【例 5-10】 已知一系统的差分方程为
$$y(n) - 3y(n-1) + 2y(n-2) = f(n-1) - 3f(n-2)$$
$y_x(0)=0$，$y_x(1)=1$，求 $y_x(n)$。

解 特征方程为
$$\lambda^2 - 3\lambda + 2 = 0$$
解得特征根为 $\lambda_1=1$，$\lambda_2=2$，是两不等单根，所以
$$y_x(n) = C_1 \lambda_1^n + C_2 \lambda_2^n = C_1 + C_2 2^n, \qquad n \geqslant 0$$
代入初始条件计算 C_1、C_2，得
$$\begin{cases} C_1 + C_2 = y_x(0) = 0 \\ C_1 + 2C_2 = y_x(1) = 1 \end{cases} \Rightarrow \begin{array}{l} C_1 = -1 \\ C_2 = 1 \end{array}$$
所以
$$y_x(n) = -1 + 2^n, \qquad n \geqslant 0$$

【例 5-11】 已知一系统的差分方程为
$$y(n+4) - 2y(n+3) + 2y(n+2) - 2y(n+1) + y(n) = f(n+2)$$
$y_x(1)=1$，$y_x(2)=0$，$y_x(3)=1$，$y_x(5)=1$，求 $y_x(n)$。

解 差分方程的特征方程为
$$\lambda^4 - 2\lambda^3 + 2\lambda^2 - 2\lambda + 1 = 0$$
解得特征根为 $\lambda_1 = \lambda_2 = 1$（二重根），$\lambda_3 = j$，$\lambda_4 = -j$，所以
$$y_x(n) = C_1 n \lambda_1^n + C_2 \lambda_1^n + C_3 \lambda_3^n + C_4 \lambda_4^n = C_1 n + C_2 + C_3 j^n + C_4 (-j)^n, \qquad n \geqslant 0$$
代入初始值，可以得到
$$C_1 + C_2 + j(C_3 - C_4) = y_x(1) = 1$$
$$2C_1 + C_2 - (C_3 + C_4) = y_x(2) = 0$$
$$3C_1 + C_2 - j(C_3 - C_4) = y_x(3) = 1$$
$$5C_1 + C_2 + j(C_3 - C_4) = y_x(5) = 1$$
由此方程组解得
$$C_1 = 0, \ C_2 = 1, \ C_3 = \frac{1}{2}, \ C_4 = \frac{1}{2}$$
所以
$$y_x(n) = 1 + \frac{1}{2}[j^n + (-j)^n] = 1 + \frac{1}{2}(e^{j\frac{n\pi}{2}} + e^{-j\frac{n\pi}{2}}) = 1 + \cos\frac{n\pi}{2}, \quad n \geqslant 0$$

【例 5-12】 因果系统的差分方程为 $y(n) + 2y(n-1) = f(n)$，其中，激励信号 $f(n) =$

$U(n)$，且已知 $y(0) = -1$，求系统的零输入响应。

解 已知特征根为 $\lambda = -2$，所以

$$y_x(n) = C(-2)^n, \quad n \geqslant 0$$

因为 $n = 0$ 时，

$$y(0) = -2y(-1) + f(0) = -2y(-1) + 1$$

所以 $y_x(0) \neq y(0)$。为此，先求出 $y(-1)$。

$$y(-1) = \frac{1}{2}[f(0) - y(0)] = 1$$

当 $n = -1$ 时，$f(n) = 0$，故 $y_x(-1) = y(-1)$，因此，根据齐次方程即可得到

$$y_x(0) = -2y_x(-1) = -2y(-1) = -2$$

将此"零输入"下的初始条件代入 $y_x(n)$，得

$$C = y_x(0) = -2$$

于是

$$y_x(n) = -2(-2)^n = (-2)^{n+1}, \quad n \geqslant 0$$

5.4.2 用 MATLAB 求解离散系统的零输入响应

【例 5-13】 用 MATLAB 求解例 5-10。

解 求解代码如下：

```
%program ch5_13
n=0:15;
yx(1)=0;
yx(2)=1;                        %设定初始条件
for m=3:length(n)
    yx(m)=3*yx(m-1)-2*yx(m-2);   %递推求解
end
stem(n,yx);
```

运行结果如图 5-15 所示。

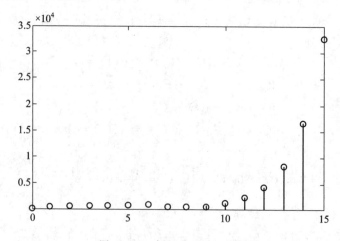

图 5-15 例 5-13 运行结果

【**例 5 - 14**】 用 MATLAB 实现例 5 - 12。

解 求解代码如下：

```
%program ch5_14
[f n1]=stepN(0, 0, 15);
subplot(2, 1, 1);
stem(n1, f);
title('f(n)');
n2=n1;
y0=-1;
f0=f(1);
y_1=1/2 * (f0-y0);
yx_1=y_1;
yx0=-2 * yx_1;                        %求 yx0
yx(1)=yx0;                            %设定初始状态
for m=2:length(n2)
    yx(m)=-2 * yx(m-1);
end
subplot(2, 1, 2);
stem(n2, yx);
title('yx(n)');
```

运行结果如图 5 - 16 所示。

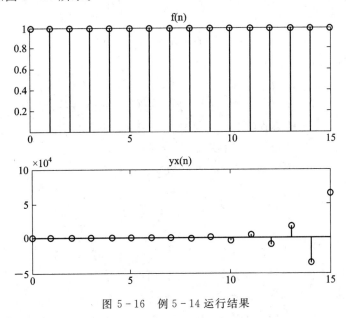

图 5 - 16 例 5 - 14 运行结果

5.5 离散系统的单位样值响应

在连续 LTI 系统中，单位冲激 $\delta(t)$ 作用于系统引起的响应 $h(t)$ 对于连续系统的分析非常重要,对于离散 LTI 系统,同样来考察单位样值信号 $\delta(n)$ 作用于系统产生的零状态响应——单位样值响应。

5.5.1 单位样值响应的定义及求解

当激励信号为 $\delta(n)$ 时系统的零状态响应称为单位样值响应,用 $h(n)$ 表示。这里顺便指出,当激励为 $U(n)$ 时系统的零状态响应称为单位阶跃响应,用 $g(n)$ 表示。单位样值响应与单位阶跃响应的示意图如图 5-17 所示。

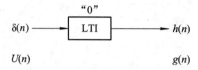

图 5-17 单位样值响应与单位阶跃响应的示意图

下面仅讨论因果离散 LTI 系统的单位样值响应。

【例 5-15】 已知某因果系统的差分方程为
$$y(n) + 3y(n-1) + 2y(n-2) = 2f(n-1) + f(n-2)$$
求该系统的单位样值响应 $h(n)$。

解 (1)设 $h_1(n)$ 为系统 $y(n) + 3y(n-1) + 2y(n-2) = f(n)$ 的单位样值响应,易知特征根为 $\lambda_1 = -1$,$\lambda_2 = -2$,所以
$$h_1(n) = (C_1\lambda_1^n + C_2\lambda_2^n)U(n) = [C_1(-1)^n + C_2(-2)^n]U(n)$$
初始条件为
$$h_1(-1) = h_2(-2) = 0$$
因此
$$h_1(0) = -3h_1(-1) - 2h_1(-2) + \delta(0) = 1$$
$$h_1(1) = -3h_1(0) - 2h_1(-1) + \delta(1) = -3$$
由此得到求系数 C_1、C_2 的方程组为
$$\begin{cases} C_1 + C_2 = 1 \\ -C_1 - 2C_2 = -3 \end{cases}$$
解得
$$C_1 = -1,\ C_2 = 2$$
所以
$$h_1(n) = [(-1)^{n+1} + 2(-2)^n]U(n)$$
(2)根据线性时不变性质,原系统的单位样值响应为
$$h(n) = 2h_1(n-1) + h_1(n-2)$$
$$= 2[(-1)^n + 2(-2)^{n-1}]U(n-1) + [(-1)^{n-1} + 2(-2)^{n-2}]U(n-2)$$
$$= 0.5\delta(n) + (-1)^nU(n) - 1.5(-2)^nU(n)$$

【例 5-16】 某因果系统差分方程式为 $y(n) - 2y(n-1) + y(n-2) = f(n)$,求系统的单位样值响应。

解 系统的特征方程为 $\lambda^2 - 2\lambda + 1 = 0$,特征根 $\lambda_1 = \lambda_2 = 1$。于是 $h(n)$ 可表示为

$$h(n) = (C_1 n + C_2)U(n)$$

由 $h(-1) = h(-2) = 0$，所以

$$h(0) = 2h(-1) - h(-2) + \delta(0) = 1$$
$$h(1) = 2h(0) - h(-1) + \delta(1) = 2$$

于是得到求系数 C_1、C_2 的方程组为

$$\begin{cases} C_2 = 1 \\ C_1 + C_2 = 2 \end{cases}$$

解得

$$C_1 = 1, \ C_2 = 1$$

因此

$$h(n) = (n+1)U(n)$$

在连续时间系统中曾利用系统函数求拉氏逆变换的方法确定冲激响应 $h(t)$，与此类似，在离散时间系统中，也可利用系统函数求逆 z 变换来确定单位样值响应。一般情况下，这是一种较为简便的方法，将在第 6 章详述。

5.5.2　用 MATLAB 求解离散系统的单位样值响应

MATLAB 提供了函数 impz 求解离散系统的样值响应，其一般调用方式为

$$[\mathrm{H}, \mathrm{T}] = \mathrm{impz}(b, a, N)$$

其中，H 是系统的单位样值响应，T 是输出序列的位置向量，a、b 分别是系统差分方程左、右端的系数向量，N 是样值响应的位置向量，如果 N 是整数，T＝0：N－1，否则 N 为向量时 T＝N。

【**例 5 - 17**】　已知因果系统的差分方程为 $y(n) - 1.4y(n-1) + 0.48y(n-2) = 2f(n)$，求单位样值响应 $h(n)$，并与理论值比较。

解　$h(n)$ 的理论值可以求得为

$$h(n) = 8(0.8)^n - 6(0.6)^n, \quad n \geqslant 0$$

用 MATLAB 求 $h(n)$ 的代码如下：

```
%program ch5_17
b=2;
a=[1 −1.4 0.48];
n=0:15;
h=impz(b,a,n);
hk=8 * 0.8.^n−6 * 0.6.^n;
subplot(2,1,1);
stem(n,hk);
title('h(n) in theory');
subplot(2,1,2);
stem(n,h);
title('h(n) computed by MATLAB');
```

运行结果如图 5 - 18 所示。

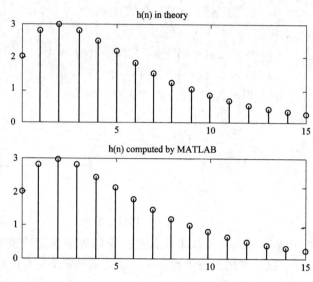

图 5 - 18　例 5 - 17 运行结果

【**例 5 - 18**】　用 MATLAB 求解例 5 - 15。

解　求解的代码如下：

```
％program ch5_18
n=0:15; a=[1 3 2]; b=[0 2 1];
h=impz(b,a,n);
subplot(2,1,1);
stem(n,h);
title('h(n) computed by MATLAB');
h1=0.5*delta(0,n(1),n(end))+(-1).^n.*stepN(0,n(1),n(end))-1.5*(-2).^n.*stepN
(0,n(1),n(end));
subplot(2,1,2); stem(n,h1); title('h(n) in theory');
```

运行结果如图 5 - 19 所示。

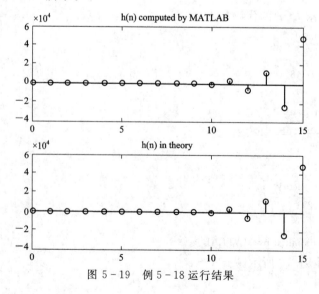

图 5 - 19　例 5 - 18 运行结果

【例 5 - 19】 用 MATLAB 求解例 5 - 16。

解　求解代码如下：

```
%program ch5_19
n=0:15;
a=[1 −3/5 −4/25];
b=[1];
h=impz(b,a,n);
stem(n,h);
title('h(n)');
```

运行结果如图 5 - 20 所示。

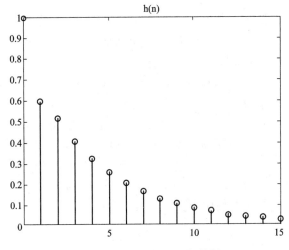

图 5 - 20　例 5 - 19 运行结果

5.6　离散系统的零状态响应——卷积和

与连续系统类似，当系统初始状态为零，仅由输入 $f(n)$ 所引起的响应称为零状态响应，用 $y_f(n)$ 表示，如图 5 - 21 所示。

下面讨论 LTI 离散系统对任意输入的零状态响应。

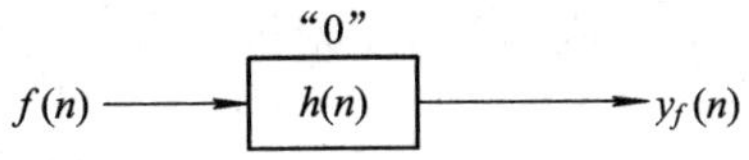

图 5 - 21　离散系统的零状态响应

5.6.1　卷积和的定义

任何离散信号 $f(n)$ 都可以看成是 $\delta(n)$ 的移位相加所构成，即

$$f(n) = \sum_{m=-\infty}^{\infty} f(m)\delta(n-m) \tag{5-14}$$

在 LTI 连续时间系统中，首先把激励信号分解为一系列冲激函数的叠加，然后求出各个冲激函数单独作用于系统时的响应，最后把这些响应叠加即可得到系统对该信号的零状

态响应。这个叠加的过程表现为求卷积积分。在 LTI 离散系统中，可以采用大致相同的方法进行分析。由式(5-14)可知，任意离散信号均可分解为一系列移位样值信号的叠加。如果系统的单位样值响应已知，那么，由时不变性不难求得每个移位样值信号作用于系统的响应。把这些响应相加就得到系统对于该信号的零状态响应。这个相加过程表现为求"卷积和"。

将式(5-14)重写得

$$f(n) = \sum_{m=-\infty}^{\infty} f(m)\delta(n-m)$$

$$= \cdots + f(-2)\delta(n+2) + f(-1)\delta(n+1) + f(0)\delta(n) + f(1)\delta(n-1) + \cdots$$

$$(5-15)$$

因为 $\delta(n)$ 作用下的零状态响应为 $h(n)$，表示为

$$\delta(n) \rightarrow h(n)$$

根据 LTI 系统的线性和时不变性，有

$$f(-2)\delta(n+2) \rightarrow f(-2)h(n+2)$$
$$f(-1)\delta(n+1) \rightarrow f(-1)h(n+1)$$
$$f(0)\delta(n) \rightarrow f(0)h(n)$$
$$f(1)\delta(n-1) \rightarrow f(1)h(n-1)$$
$$\vdots$$
$$f(m)\delta(n-m) \rightarrow f(m)h(n-m)$$

所以 $f(n)$ 激励下系统的零状态响应为

$$f(n) \rightarrow \sum_{m=-\infty}^{\infty} f(m)h(n-m)$$

即

$$y_f(n) = \sum_{m=-\infty}^{\infty} f(m)h(n-m)$$

记

$$f(n) * h(n) = \sum_{m=-\infty}^{\infty} f(m)h(n-m) \qquad (5-16)$$

则称式(5-16)为 $f(n)$ 与 $h(n)$ 的卷积和，仍简称为卷积。于是得到

$$y_f(n) = f(n) * h(n) \qquad (5-17)$$

这便得到 LTI 离散系统在任意激励下零状态响应的时域计算公式。公式表明零状态响应等于激励信号和系统单位样值响应的卷积。对式(5-16)进行变量置换可得到卷积和的另一种表示：

$$y_f(n) = \sum_{m=-\infty}^{\infty} f(n-m)h(m) = h(n) * f(n) \qquad (5-18)$$

该式表明，两序列进行卷积的次序是无关紧要的，可以互换。卷积和公式(5-16)可以推广至任意两个序列的情形，即任意两个序列 $f_1(n)$ 和 $f_2(n)$ 的卷积定义为

$$f(n) = f_1(n) * f_2(n) = \sum_{m=-\infty}^{\infty} f_1(m)f_2(n-m) \qquad (5-19)$$

若记

$$W_n(m) = f_1(m)f_2(n-m)$$

式中，m 为自变量，n 看做常量，那么

$$f(n) = f_1(n) * f_2(n) = \sum_{m=-\infty}^{\infty} W_n(m) \tag{5-20}$$

如果序列 $f_1(m)$ 为因果序列，即有 $n<0$，$f_1(n)=0$，则式(5-19)中求和下限可改写为零，于是

$$f_1(n) * f_2(n) = \sum_{m=0}^{\infty} f_1(m)f_2(n-m) \tag{5-21}$$

如果 $f_1(n)$ 不受限制，而 $f_2(n)$ 为因果序列，那么式(5-20)中，当 $n-m<0$，即 $m>n$ 时，$f_2(n-m)=0$，因而求和的上限可改写为 n，故

$$f_1(n) * f_2(n) = \sum_{m=-\infty}^{n} f_1(m)f_2(n-m) \tag{5-22}$$

如果 $f_1(n)$、$f_2(n)$ 均为因果序列，则

$$f_1(n) * f_2(n) = \sum_{m=0}^{n} f_1(m)f_2(n-m)$$

$$= \left[\sum_{m=0}^{n} f_1(m)f_2(n-m)\right]U(n), \quad n \geqslant 0 \tag{5-23}$$

表明两因果序列的卷积仍为因果序列。

5.6.2 卷积和的性质

1. 交换律

$$f_1(n) * f_2(n) = f_2(n) * f_1(n) \tag{5-24}$$

式(5-24)说明，输入为 $f_1(n)$ 而单位样值响应为 $f_2(n)$ 的系统的响应，与输入为 $f_2(n)$ 而单位样值响应为 $f_1(n)$ 的系统的响应完全一样。

2. 分配律

$$f_1(n) * [f_2(n) + f_3(n)] = f_1(n) * f_2(n) + f_1(n) * f_3(n) \tag{5-25}$$

式(5-25)可直接由卷积的定义证明(略)。卷积和的分配律说明，图 5-22(a)所示的并联系统，可以用图 5-22(b)所示的单个系统来等效，图 5-22(b)中的单位样值响应 $h(n)$，是图 5-22(a)中并联的各子系统单位样值响应 $h_1(n)$ 与 $h_2(n)$ 之和。即

$$h(n) = h_1(n) + h_2(n)$$

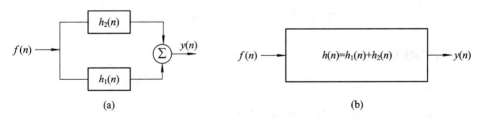

图 5-22 卷积和的分配律

3. 结合律

$$f_1(n) * f_2(n) * f_3(n) = f_1(n) * \{f_2(n) * f_3(n)\}$$

$$= f_2(n) * \{f_1(n) * f_3(n)\} \tag{5-26}$$

结合律说明，一个级联的 LTI 离散系统，一般也可以随意交换级联的次序而不影响结

果。图 5-23 正说明了这一点。因为

$$f_1(n) * h_1(n) * h_2(n) * h_3(n) = f_1(n) * h_2(n) * h_3(n) * h_1(n)$$

$$f_1(n) \longrightarrow \boxed{h_1(n)} \longrightarrow \boxed{h_2(n)} \longrightarrow \boxed{h_3(n)} \xrightarrow{y(n)}$$

(a)

$$f_1(n) \longrightarrow \boxed{h_2(n)} \longrightarrow \boxed{h_3(n)} \longrightarrow \boxed{h_1(n)} \xrightarrow{y(n)}$$

(b)

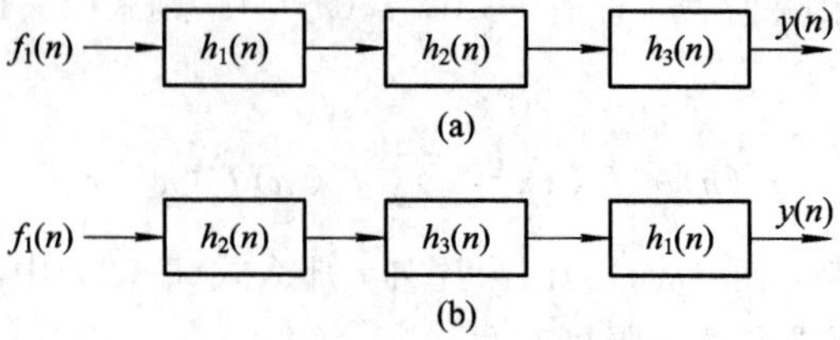

图 5-23　卷积和的结合律

4. 序列与 δ(n)的卷积

$$f(n) * \delta(n) = f(n) \tag{5-27}$$

同样

$$f(n) * \delta(n-m) = f(n-m) \tag{5-28}$$

5. 移不变性

若

$$f_1(n) * f_2(n) = y(n)$$

则

$$f_1(n-m) * f_2(n+k) = y(n-m+k) \tag{5-29}$$

6. 序列与单位阶跃序列的卷积

$$f(n) * U(n) = \sum_{m=-\infty}^{n} f(m) \tag{5-30}$$

证明：根据卷积和的定义有

$$f(n) * U(n) = \sum_{m=-\infty}^{\infty} f(m) * U(n-m)$$

$$= \sum_{m=-\infty}^{n} f(m) * U(n-m) = \sum_{m=-\infty}^{n} f(m)$$

特别地，若 $f(n)$ 为因果序列时，有

$$f(n) * U(n) = \left[\sum_{m=0}^{n} f(m)\right] U(n)$$

5.6.3　卷积和的计算

1. 定义法

【例 5-20】　求序列 $f(n)$ 与 $\delta(n)$ 的卷积和。

解　根据卷积和的定义有

$$f(n) * \delta(n) = \sum_{m=-\infty}^{\infty} f(m) \cdot \delta(n-m) = f(n)$$

【例 5-21】　求序列与单位阶跃序列的卷积和。

解　根据卷积和的定义有

$$f(n) * U(n) = \sum_{m=-\infty}^{\infty} f(m) \cdot U(n-m)$$

$$= \sum_{m=-\infty}^{n} f(m) \cdot U(n-m)$$

$$= \sum_{m=-\infty}^{n} f(m)$$

特别地，若 $f(n)$ 为因果序列时，有

$$f(n) * U(n) = \left[\sum_{m=0}^{n} f(m) \right] U(n)$$

2. 图解法

利用式(5-19)计算卷积时，参变量 n 的不同取值往往会使实际的求和上、下限发生变化。因此，正确划分 n 的不同区间并确定相应的求和上、下限是十分关键的步骤。这可以借助作图的方法解决，故称为图解法。图解法计算 $f_1(n)$ 与 $f_2(n)$ 卷积的过程如下。

(1) 以 m 为自变量作出 $f_1(m)$ 和 $f_2(n-m)$ 的信号波形。其中 $f_2(n-m)$ 是先将 $f_2(m)$ 反折得到 $f_2(-m)$，然后将 $f_2(-m)$ 平移 n 得到($n>0$ 时，$f_2(-m)$ 向右移 n 个单位；$n<0$ 时，$f_2(-m)$ 向左移 $|n|$ 个单位)。

(2) 从负无穷处(即 $n=-\infty$)将 $f_2(n-m)$ 逐渐向右移动，根据 $f_2(n-m)$ 与 $f_1(m)$ 波形重叠的情形划分 n 的不同区间，确定各区间上 $W_n(m)$ 的表达式以及相应的求和上、下限。

(3) 对每个区间，将相应的 $W_n(m)$ 对 m 求和，得到该区间的卷积和 $f(n)$。

【例 5-22】 已知 $f(n)=U(n-1)-U(n-8)$，$h(n)=\dfrac{1}{2}[U(n)-U(n-3)]$，求 $y(n)=f(n)*h(n)$。

解 用图解法求解。

(1) 作出 $f(m)$ 和 $h(n-m)$ 的波形如图 5-24(a)所示。

(2) 当 $n<1$，$W_n(m)=0$，故 $y(n)=0$，如图 5-24(b)所示。

(3) 当 $1 \leqslant n < 3$ 时，$W_n(m)$ 表示式为

$$W_n(m) = \begin{cases} \dfrac{1}{2}, & 1 \leqslant m \leqslant n \\ 0, & 其他 \end{cases}$$

所以

$$y(n) = \sum_{m=1}^{n} W_n(m) = \sum_{m=1}^{n} \frac{1}{2} = \frac{1}{2}n$$

其波形如图 5-24(c)所示。

(4) 当 $3 \leqslant n < 8$ 时，$W_n(m)$ 的表示式为

$$W_n(m) = \begin{cases} \dfrac{1}{2}, & n-2 \leqslant m \leqslant n \\ 0, & 其他 \end{cases}$$

所以

$$y(n) = \sum_{m=n-2}^{n} W_n(m) = \sum_{m=n-2}^{n} \frac{1}{2} = \frac{3}{2}$$

其波形如图 5-24(d)所示。

(5) 当 $8 \leqslant n \leqslant 9$ 时，$W_n(m)$ 的表示式为

$$W_n(m) = \begin{cases} \dfrac{1}{2}, & n-2 \leqslant m \leqslant 7 \\ 0, & \text{其他} \end{cases}$$

所以

$$y(n) = \sum_{m=n-2}^{7} W_n(m) = \sum_{m=n-2}^{7} \frac{1}{2} = \frac{10-n}{2}$$

其波形如图 5-24(e)所示。

(6) 当 $n > 9$ 时，$W_n(m) = 0$，故 $y(n) = 0$。

将上述结果综合起来，得

$$y(n) = \begin{cases} 0, & n < 1 \text{ 或 } n > 9 \\ \dfrac{1}{2}n, & 1 \leqslant n < 3 \\ \dfrac{3}{2}, & 3 \leqslant n < 8 \\ \dfrac{1}{2}(10-n), & 8 \leqslant n \leqslant 9 \end{cases}$$

其波形如图 5-24(f)所示。

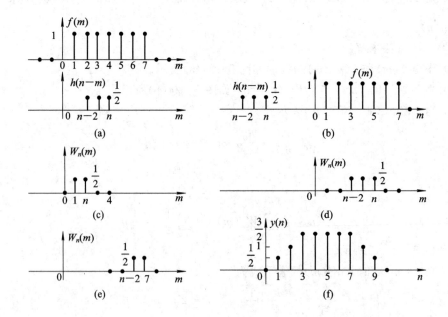

图 5-24 例 5-22 的波形图

3. 竖乘法（对位相乘求和）

以例 5-22 所给定的信号来说明竖乘法的求解过程。首先将 $f(n)$ 和 $h(n)$ 分别表示为

$$f(n) = \{1, 1, 1, 1, 1, 1, 1\}_1$$

$$h(n) = \left\{\frac{1}{2}, \frac{1}{2}, \frac{1}{2}\right\}$$

然后将两序列样值以各自 n 的最高值按右端对齐，如下排列并做乘法：

$$
\begin{array}{ccccccc}
1 & 1 & 1 & 1 & 1 & 1 & 1)_1 \\
& & & & \frac{1}{2} & \frac{1}{2} & \frac{1}{2})_0 \\
\hline
\frac{1}{2} & \frac{1}{2} & \frac{1}{2} & \frac{1}{2} & \frac{1}{2} & \frac{1}{2} & \frac{1}{2} \\
\frac{1}{2} & \frac{1}{2} & \frac{1}{2} & \frac{1}{2} & \frac{1}{2} & \frac{1}{2} \\
\frac{1}{2} & \frac{1}{2} & \frac{1}{2} & \frac{1}{2} & \frac{1}{2} & \frac{1}{2} \\
\hline
\frac{1}{2} & 1 & \frac{3}{2} & \frac{3}{2} & \frac{3}{2} & \frac{3}{2} & \frac{3}{2} & 1 & \frac{1}{2})_{0+1=1}
\end{array}
$$

乘积的结果便是序列 $y(n)$ 的各样值，且 $y(n)$ 的起始点坐标为两序列起始点坐标之和。即

$$y(n) = \left\{\frac{1}{2}, 1, \frac{3}{2}, \frac{3}{2}, \frac{3}{2}, \frac{3}{2}, \frac{3}{2}, 1, \frac{1}{2}\right\}_1$$

结果与例 5-22 完全相同。与作图法相比，当两序列是有限长序列时，竖乘法更为便捷。但值得注意的是，在用竖乘法过程中，不能进位。

4. 利用性质

将两信号分别用 $\delta(n)$ 的移位加权和来表示，再利用卷积和的性质来计算。仍以例 5-22 所给定的信号来说明这种方法的计算过程。

$f(n)$ 可以表示为

$$f(n) = \delta(n-1) + \delta(n-2) + \cdots + \delta(n-7)$$

$h(n)$ 可以表示为

$$h(n) = \frac{1}{2}\delta(n) + \frac{1}{2}\delta(n-1) + \frac{1}{2}\delta(n-2)$$

于是

$$y(n) = \left[\delta(n-1) + \delta(n-2) + \cdots + \delta(n-7)\right] * \left[\frac{1}{2}\delta(n) + \frac{1}{2}\delta(n-1) + \frac{1}{2}\delta(n-2)\right]$$

$$= \frac{1}{2}\delta(n-1) + \delta(n-2) + \frac{3}{2}\delta(n-3) + \frac{3}{2}\delta(n-4) + \frac{3}{2}\delta(n-5) +$$

$$\frac{3}{2}\delta(n-6) + \frac{3}{2}\delta(n-7) + \delta(n-8) + \frac{1}{2}\delta(n-9)$$

5.6.4 卷积和及系统零状态响应的 MATLAB 实现

1. 离散系统零状态响应的 MATLAB 求解

MATLAB 中的函数 filter 可以用来计算离散系统的零状态响应，其一般调用方式为

```
y=filter(b, a, x)
```

其中，x 是输入序列，y 是与 x 等长的输出序列，a、b 分别是差分方程左、右两端的系数向量。

【例 5 - 23】 已知系统差分方程为 $y(n)-0.9y(n-1)=f(n)$，$f(n)=\cos\left(\dfrac{\pi}{3}n\right)U(n)$，求系统的零状态响应并绘图表示。

解 求解的 MATLAB 代码如下：

```
%program ch5_23
b=1;
a=[1 -0.9];
n=0:30;
f=cos(pi * n/3);
y=filter(b,a,f);
stem(n,y);
```

运行结果如图 5 - 25 所示。

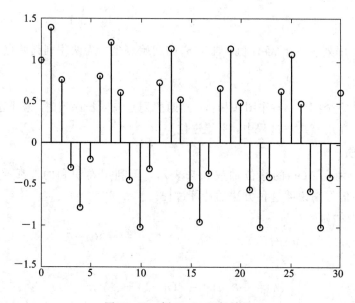

图 5 - 25 例 5 - 23 运行结果

2. 卷积和的计算

离散系统的零状态响应也可用卷积和来求得，MATLAB 中提供了 conv 函数用于计算卷积和，它也可以用来计算多项式相乘。其调用方式为

```
y=conv(x, h)
```

其中，x、h 是做卷积的序列，y 是卷积的结果。

【例 5 - 24】 用卷积和的方法求上例的零状态响应，并与上面结果比较。

解 实现代码如下：

```
%program ch5_24
b=1;
```

```
a=[1 -0.9];
n=0:30;
h=impz(b,a,n);
f=cos(pi * n/3);
y1=conv(f,h);
%k=0:((length(h)+length(f)-1)-1);
subplot(2,1,1);
stem(n,y1(1:length(n)));
title('zero state response computed by conv');
y2=filter(b,a,f);
subplot(2,1,2);
stem(n,y2);
title('zero state response computed by filter');
```

运行结果如图 5 - 26 所示。

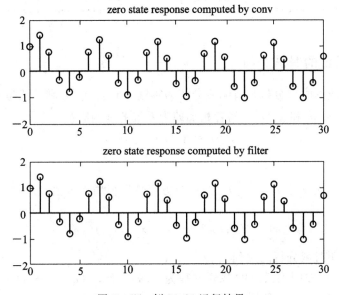

图 5 - 26　例 5 - 24 运行结果

【例 5 - 25】　用 MATLAB 实现例 5 - 22。

解　实现代码如下:

```
%program ch5_25
n1=1:7;
f=ones(1,7);
n2=0:2;
h=[1/2 1/2 1/2];
y=conv(f,h);
%n=1:length(y)-1;
n=n1(1)+n2(1):n1(end)+n2(end)
stem(n,y);
```

运行结果如图 5-27 所示。

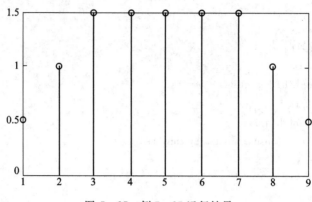

图 5-27 例 5-25 运行结果

5.7 离散系统响应的时域分析

5.7.1 离散系统的时域分析

LTI 离散系统的时域分析是将响应分解为零输入响应 $y_x(n)$ 和零状态响应 $y_f(n)$ 之和，分别求出系统的 $y_x(n)$ 和 $y_f(n)$，两者相加即为系统的全响应：

$$y(n) = y_x(n) + y_f(n) \tag{5-31}$$

其中

$$y_x(n) = \sum_{i=1}^{N} C_i \lambda_i^n \text{（差分方程特征根均为单根时）}$$

$$y_f(n) = f(n) * h(n) = \sum_{m=-\infty}^{\infty} f(m) h(n-m)$$

下面举例说明时域分析的过程。

【例 5-26】 已知因果系统的差分方程为 $y(n) - 2.5y(n-1) + y(n-2) = f(n)$，且 $y(-1)=2$，$y(-2)=-1$。求 $f(n)=U(n)$ 时系统的全响应。

解 （1）求 $y_x(n)$。

易知特征方程为

$$\lambda^2 - 2.5\lambda + 1 = 0$$

解得特征根 $\lambda_1 = 0.5$，$\lambda_2 = 2$，所以

$$y_x(n) = C_1 (0.5)^n + C_2 2^n, \quad n \geqslant 0$$

因为 $y_x(n)$ 的表达式只适用于 $n \geqslant 0$，而题设初始条件为 $y(-1)$ 和 $y(-2)$，故先由齐次差分方程用迭代求出 $y_x(0)$ 和 $y_x(1)$，再代入上式求 C_1 和 C_2。

因为 $n < 0$ 时，$f(n)=0$，所以

$$y_x(-1) = y(-1) = 2$$
$$y_x(-2) = y(-2) = -1$$

由齐次差分方程可得

$$y_x(0) = 2.5y_x(-1) - y_x(-2) = 6$$
$$y_x(1) = 2.5y_x(0) - y_x(-1) = 13$$

代入 $y_x(n)$ 表达式中，得

$$\begin{cases} C_1 + C_2 = y_x(0) = 6 \\ 0.5C_1 + 2C_2 = y_x(1) = 13 \end{cases}$$

解此方程组，得

$$C_1 = -\frac{2}{3}, \; C_2 = \frac{20}{3}$$

故

$$y_x(n) = -\frac{2}{3}(0.5)^n + \frac{20}{3}2^n, \qquad n \geqslant 0$$

(2) 求 $y_f(n)$。

首先求单位样值响应 $h(n)$。由差分方程可知 $h(n)$ 与 $y_x(n)$ 有相同的函数形式，所以

$$h(n) = C_1(0.5)^n + C_2 2^n, \qquad n \geqslant 0$$

因为 $h(n)$ 是零状态响应，所以 $h(-1) = h(-2) = 0$，从而

$$h(0) = 2.5h(-1) - h(-2) + \delta(0) = 1$$
$$h(1) = 2.5h(0) - h(-1) + \delta(1) = 2.5$$

代入 $h(n)$ 表达式，有

$$\begin{cases} C_1 + C_2 = 1 \\ 0.5C_1 + 2C_2 = 2.5 \end{cases}$$

解得

$$C_1 = -\frac{1}{3}, \; C_2 = \frac{4}{3}$$

所以

$$h(n) = \left[-\frac{1}{3}(0.5)^n + \frac{4}{3}2^n \right]U(n)$$

于是利用式(5-23)可得

$$y_f(n) = f(n) * h(n) = \left[\sum_{m=0}^{n} -\frac{1}{3}(0.5)^m + \frac{4}{3}2^m \right]U(n)$$

再利用等比数列求和公式可得

$$y_f(n) = \left\{ -\frac{1}{3}\left[\frac{1-(0.5)^{n+1}}{1-0.5} \right] + \frac{4}{3}\left[\frac{1-2^{n+1}}{1-2} \right] \right\}U(n)$$

$$= \left[\frac{1}{3}(0.5)^n + \frac{8}{3}2^n - 2 \right]U(n)$$

所以

$$y(n) = y_x(n) + y_f(n) = \left[-\frac{1}{3}(0.5)^n + \frac{28}{3}2^n - 2 \right]U(n)$$

【例 5-27】 已知因果系统的差分方程为 $y(n) + 3y(n-1) + 2y(n-2) = f(n)$，$y(0) = 0$，$y(1) = 2$，$f(n) = 2^n U(n)$，求 $y(n)$。

解 (1) 求 $y_x(n)$。

易求得特征根为 $\lambda_1 = -1$, $\lambda_2 = -2$, 故

$$y_x(n) = C_1(-1)^n + C_2(-2)^n, \quad n \geqslant 0 \qquad \text{①}$$

本例中 $y_x(0) \neq y(0)$, $y_x(1) \neq y(1)$, 因此不能将 $y(0) = 0$, $y(1) = 2$ 代入 $y_x(n)$ 中求 C_1 和 C_2。要求 C_1 和 C_2, 必须求出 $y_x(n)$ 的两个初始条件。

因为

$$\begin{cases} y(0) + 3y(-1) + 2y(-2) = f(0) = 1 \\ y(1) + 3y(0) + 2y(-1) = f(1) = 2 \end{cases}$$

将 $y(0) = 0$, $y(1) = 2$ 代入可解得

$$y(-1) = 0, \quad y(-2) = \frac{1}{2}$$

因为 $n < 0$ 时, $f(n) = 0$, 故此时

$$y_x(-1) = y(-1) = 0$$
$$y_x(-2) = y(-2) = \frac{1}{2}$$

代入 $y_x(n)$ 中, 得

$$\begin{cases} -C_1 - \dfrac{1}{2}C_2 = 0 \\ C_1 + \dfrac{1}{4}C_2 = \dfrac{1}{2} \end{cases}$$

解得

$$C_1 = 1, \quad C_2 = -2$$

则

$$y_x(n) = (-1)^n + (-2)^{n+1}, \quad n \geqslant -2 \qquad \text{②}$$

从严格意义上讲, $y_x(n)$ 应为式②, 但为了方便, 往往将 $y_x(n)$ 限定为 $n \geqslant 0$。故

$$y_x(n) = (-1)^n + (-2)^{n+1}, \quad n \geqslant 0$$

(2) 求 $y_f(n)$。

先计算单位样值响应 $h(n)$。易知 $h(n)$ 具有以下形式：

$$h(n) = [C_1(-1)^n + C_2(-2)^n]U(n)$$

而初始条件

$$h(-1) = h(-2) = 0$$

由差分方程可得

$$h(0) = -3h(-1) - 2h(-2) + \delta(0) = 1$$
$$h(1) = -3h(0) - 2h(-1) + \delta(1) = -3$$

代入 $h(n)$ 表达式, 得

$$\begin{cases} C_1 + C_2 = 1 \\ -C_1 - 2C_2 = -3 \end{cases} \Rightarrow \begin{cases} C_1 = -1 \\ C_2 = 2 \end{cases}$$

所以

$$h(n) = \left[(-1)^{n+1} + 2(-2)^n\right]U(n)$$

于是

$$y_f(n) = f(n) * h(n) = \left\{\sum_{m=0}^{n} 2^m \left[-(-1)^{n-m} + 2(-2)^{n-m}\right]\right\}U(n)$$

$$= \left\{(-1)^{n+1}\left[\frac{1-(-2)^{n+1}}{1+2}\right] + 2(-2)^n\left[\frac{1-(-1)^{n+1}}{1+1}\right]\right\}U(n)$$

$$= \left[-\frac{1}{3}(-1)^n + (-2)^n + \frac{1}{3}2^n\right]U(n)$$

所以

$$y(n) = y_x(n) + y_f(n) = \left[\frac{2}{3}(-1)^n - (-2)^n + \frac{1}{3}2^n\right]U(n)$$

【例 5-28】 已知因果系统的差分方程为 $y(n) - 2y(n-1) = f(n-1)$，求 $f(n) = U(n+1) - U(n-2)$ 作用下系统的零状态响应。

解 设系统 $y(n) - 2y(n-1) = f(n)$ 的单位样值响应为 $h_1(n)$，则

$$h(n) = h_1(n-1)$$

易知

$$h_1(n) = C(2)^n U(n), \ h_1(-1) = 0, \ h_1(0) = 2h_1(-1) + \delta(0) = 1$$

代入 $h_1(n)$ 得

$$C = 1$$
$$h_1(n) = 2^n U(n)$$

从而

$$h(n) = h_1(n-1) = 2^{n-1}U(n-1)$$

所以

$$y_f(n) = f(n) * h(n) = 2^{n-1}U(n-1) * \left[U(n+1) - U(n-2)\right]$$

令

$$y_1(n) = 2^n U(n) * U(n)$$

则

$$y_1(n) = \left[\sum_{m=0}^{n} 2^m\right]U(n) = \left[\frac{1-2^{n+1}}{1-2}\right]U(n) = (2^{n+1} - 1)U(n)$$

由卷积的时不变性质可得

$$y_f(n) = y_1(n) - y_1(n-3)$$
$$= (2^{n+1} - 1)U(n) - (2^{n-2} - 1)U(n-3)$$
$$= \begin{cases} 2^{n+1} - 1, & 0 \leqslant n < 3 \\ \dfrac{7}{4}2^n, & n \geqslant 3 \end{cases}$$

5.7.2　离散系统时域分析的 MATLAB 实现

用 MATLAB 的 filter 函数可以求线性时不变离散系统在任意输入作用下的响应。如果系统差分方程如式(5-13)所示，系统 $a_k(k=0, 1, \cdots, N)$ 和 $b_l(l=0, 1, \cdots, M)$ 存在向

量 $a = [a \quad a_1 \quad a_2 \quad \cdots \quad a_N]$ 和 $b = [b \quad b_1 \quad b_2 \quad \cdots \quad b_M]$ 中，区间 $n_x \leqslant n \leqslant n_x + N_x - 1$ 内的输入信号 $f(n)$ 用向量 x 表示，一般 $n_x = 0$，设系统为零状态，那么命令 $y = \text{filter}(b, a, x)$ 就得到系统的输出。用这个命令产生的输出向量 y 包含的样本区间的范围与向量 x 定义的区间范围是一样的。如果系统为非零状态的，filter 函数在计算出向量 y 的第 1 个输出值 $y(n_x)$ 时，需要输入信号 $x(n)$ 在 $n_x - M \leqslant n \leqslant n_x - 1$ 范围内的值，以及 $y(n)$ 在 $n_x - N \leqslant n \leqslant n_x - 1$ 范围内的值，即系统的初始状态。如果不给出这些值，filter 函数假设这些样本值全都为零。因此，在求有初始状态的系统的响应时，用命令 $y = \text{filter}(b, a, x, zi)$ 得到差分方程的输出，其中，向量 zi 表示系统的初始状态，要用状态方程获得。基于 filter 函数的这些特征，它不仅可以用于计算离散系统在任意输入作用下的零状态响应，还可以用于计算离散系统在任意输入作用下的非零状态的响应，即全响应。

【例 5 - 29】 离散系统的差分方程为 $y(n) - 0.8y(n-1) = 2x(n)$。

(1) 输入信号 $x(n) = nU(n)$，取 $x(n)$ 的范围是 $0 \leqslant n \leqslant 5$，用 filter 函数求解系统的零状态响应。

(2) 输入信号同(1)，$y(-1) = 2$，用 filter 函数求解系统的全响应。

解 (1) 求系统零状态响应的 MATLAB 程序如下：

```
%program ch5_29_1
n=0:5;
a=[1 -0.8]; b=[2];
x=n;
yzs=filter(b, a, x)
```

得到 yzs 的输出结果为

```
yzs=0   2.0000   5.6000   10.4800   16.3840   23.1072
```

(2) 求系统全响应的 MATLAB 程序如下：

```
%program ch5_29_2
n=0:5;
a=[1  -0.8]; b=[2];
x=n;
zi=[0.8 * 2];
y=filter(b, a, x, zi)
```

得到 y 的输出结果为

```
y=1.6000   3.2800   6.6240   11.2992   17.0394   23.6315
```

(3) 题中给出的是一个非零初始状态的系统，在用 filter 函数时，需要给出初始状态向量 zi。这个系统是一阶的，又因为 $n < 0$ 时，$x(n) = 0$，所以 $zi = [-a1 * y[-1]]$，即 $zi = [0.8 * 2]$。

【例 5 - 30】 用 MATLAB 求解例 5 - 26。

解 求解的代码如下：

```
%program ch5_30
n1=0:15;
f=ones(1,length(n1));
```

```
n2=n1;
f0=f(1);
f1=f(2);
y0=2.5*2-(-1)+f0;
y1=2.5*y0-2+f1;
y(1)=y0;
y(2)=y1;
for m=3:length(n2)
    y(m)=2.5*y(m-1)-y(m-2)+f(m);
end

subplot(2,1,1);
stem(n1,f);
title('f(n)');
subplot(2,1,2);
stem(n2,y);
title('y(n)');
```

运行结果如图 5 - 28 所示。

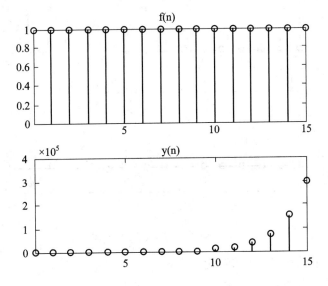

图 5 - 28 例 5 - 30 运行结果

【例 5 - 31】 用 MATLAB 求解例 5 - 27。

解 求解的代码如下：

```
%program ch5_31
n1=0:15;
f=2.^n1;
subplot(2,1,1);
stem(n1,f);
```

```
    title('f(n)');
n2=n1;
f0=0;
f1=2;
y(1)=y0;
y(2)=y1;
for m=3:length(n1)

    y(m)=-3*y(m-1)-2*y(m-2)+f(m);
end
subplot(2,1,2);
stem(n2,y);
    title('y(n)');
```

运行结果如图 5-29 所示。

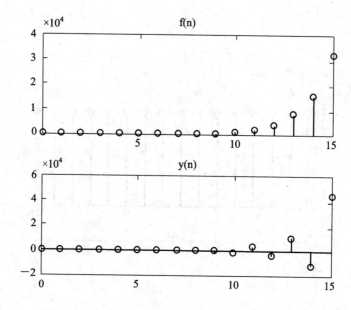

图 5-29 例 5-31 运行结果

【例 5-32】 用 MATLAB 求解例 5-28。

解 求解的代码如下：

```
%program ch5_32
n1=-1:10;
f=[1 1 1 zeros(1,9)];
subplot(2,1,1);
stem(n1,f);
title('f(n)');


a=[1 -2];
```

```
b=[0 1];
y=filter(b,a,f);
n2=n1;
subplot(2,1,2);
stem(n2,y);
title('y(n)');
```

运行结果如图 5-30 所示。

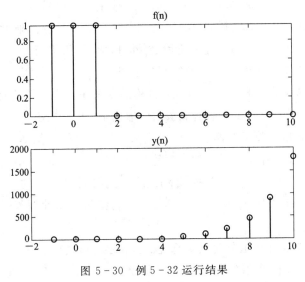

图 5-30 例 5-32 运行结果

课程思政扩展阅读

"新工科"的发展与建设内涵

随着 5G、人工智能、大数据、云计算等前沿科技逐步取得技术性的突破，以智能产业为引领的新一轮科技革命和产业革命正如火如荼地进行着，未来 5～15 年是传统工业化与新型工业化相互交织、相互交替的转换期，是工业化与信息化相互交织、深度融合的过渡期，也将是世界经济实力发生深刻变化、区域经济实力此消彼长的变化期，这种根本性的转型和巨变为全球制造业加快发展和转型升级提供了重要的战略机遇，也给世界高等工程教育转型提供了新机遇、新挑战。面对新经济、新业态、新职业对工科人才需求的变化，国外高校也一直在探索工程教育发展的新途径。全球工程教育领域的领导者 MIT（麻省理工学院）就在 2017 年 8 月启动了新一轮工程教育改革，称为"新工程教育改革"（New Engineering Education Transformation），简称 NEET 计划。我国经济发展正处于结构调整、转型升级的攻坚期，以大数据、云计算、物联网等为核心的新一轮科技和产业革命蓄势待发，工程的"新业态"已初露端倪。可以预见，在未来 20 年里，技术与产业变革趋势下的工程"新业态"将给我国工程科技人才培养带来新要求，我国教育部恰逢其时地提出了"新工科"计划，这是基于国家战略发展新需求、国际竞争新形势、人才全面能力培养新要求而提出的我国工程教育改革的方向。

为主动应对新一轮科技革命与产业变革，支撑服务创新驱动发展和"中国制造2025"等一系列国家战略，2017年2月18日，教育部在复旦大学召开了高等工程教育发展战略研讨会，与会高校对新时期工程人才培养进行了热烈讨论，共同探讨了新工科的内涵特征、新工科建设与发展的路径选择，形成了"复旦共识"。2017年4月8日，教育部在天津大学召开了新工科建设研讨会，60余所高校共商新工科建设的愿景与行动。与会代表一致认为，培养造就一大批多样化、创新型卓越工程科技人才，为我国产业发展和国际竞争提供智力和人才支撑，既是当务之急，也是长远之策，形成了"天大行动"。2017年6月9日，教育部在北京召开新工科研究与实践专家组成立暨第一次工作会议，全面启动、系统部署新工科建设。30余位来自高校、企业和研究机构的专家深入研讨新工业革命带来的时代新机遇、聚焦国家新需求、谋划工程教育新发展，形成了"北京指南"，并发布了《关于开展新工科研究与实践的通知》《关于推荐新工科研究与实践项目的通知》，全力探索形成领跑全球工程教育的中国模式、中国经验，助力高等教育强国建设。2018年3月15日，教育部办公厅发布《教育部办公厅关于公布首批"新工科"研究与实践项目的通知》。2018年4月2日，教育部办公厅发布关于印发《高等学校人工智能创新行动计划》的通知，要求推进"新工科"建设。

2020年5月，为推进新工科建设再深化、再拓展、再突破、再出发，推动高校加快体制机制创新，做好未来科技创新领军人才的前瞻性和战略性培养，抢占未来科技发展先机，教育部决定在高等学校培育建设一批未来技术学院。2021年5月教育部发布《关于公布首批未来技术学院名单的通知》，探索形成以科技前沿技术为驱动的新工科人才培养模式，构建面向未来技术的课程体系、教材体系、培养机制和评价机制，探索新技术、新工具、新标准在教学中的深度应用。

可见在这短短几年时间里，新工科理念和新工科建设作为我国高等工程教育领域改革的行动指南获得了广泛的共识和发展。然而"新工科"计划的扎实推进关键还是在于对"新工科"中"新"的内涵认识和内涵建设。新工科建设是针对新技术、新产业与社会新形态的变化，推进面向可持续竞争力的新型工科人才培养模式改革。"新工科"具有新特点，即新理念、新特征、新知识、新模式、新机会、新人才。新工科作为一种高等教育改革行动，需要引入新教育理念，新工科具有信息化、网络化、智能化、交叉化、创新性等一系列新特征，具有面向未来的新知识、新技术、新内容，尤其是学科交叉内容，由此构建新的知识体系与课程体系。新工科需要采用新的教育教学模式，采用多元化、实践性与国际化相结合的教育方式。建设新工科，应为学生创造更多新的学习、实践和交流机会，为新技术与新产业发展培养具有创新能力的新型人才。新工科是科学、人文、工程的交叉融合，旨在培养复合型、综合性人才，新工科培养的人才要具备整合能力、全球视野、领导能力、实践能力，可以将技术和经济、社会、管理进行融合，在技术和产业中起到引领作用。

与传统工科相比，"新工科"更强调学科的实用性、交叉性与综合性，尤其注重信息通信、电子控制、软件设计等新技术与传统工业技术的紧密结合。新工科人才培养需要通识教育、学科交叉和跨界培养。通识教育旨在构建数、理、化、文、史、哲等全面的知识体系，使新工科人才能够具备人文科学、社会科学、自然科学三个板块的知识结构，具备跨时空的思维能力、跨文化的交流能力、跨学科的终身学习能力。智能时代对人才要求的"学有专攻，多专多能"唯有做到学科交叉和跨界培养方能实现。

★本扩展阅读内容主要来源于以下网站和文献：

[1]　https：//news. sciencenet. cn/htmlnews/2017/3/370533. shtm？ id＝370533.

[2]　百度百科.

[3]　http：//eee. tju. edu. cn/index. htm.

[4]　周玲，樊丽霞，范惠明. 新工科背景下课程建设现状研究：基于核心素养的实证调查[J]. 中国人民大学教育学刊，2021(03)：52－77.

习　题

• 基础练习题

5.1　已知信号 $f_1(n)$、$f_2(n)$ 的波形如习题图 5-1 所示，试画出下列信号的波形。

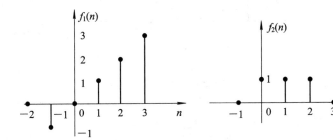

习题图 5-1

(1) $f_1(2n)$ 　　　　　　　　　　(2) $f_1(n)-f_2(n)$

(3) $f_1(n)\times f_2(n)$ 　　　　　　　(4) $f_1(n)+f_1(-n)$

(5) $f_1(n/2)-f_2(n)$

5.2　下列信号中，有哪些是相同的？

(1) $U(n+2)-U(n-2)$ 　　　　　(2) $U(1-n)-U(-3-n)$

(3) $\displaystyle\sum_{m=-2}^{2} \delta(n-m)$ 　　　　　(4) $f(n)=\begin{cases}1, & |n|\leqslant 2 \\ 0, & 其他\end{cases}$

(5) $U(n+2)-U(n-3)$

5.3　化简下列信号表达式，并画出其波形。

(1) $U(n)\delta(n)$ 　　　　　　　　(2) $nU(n)\delta(n)$

(3) $(n-1)U(n)\delta(n)$ 　　　　　(4) $nU(n)\delta(n-1)$

(5) $\displaystyle\sum_{k=-\infty}^{n} U(k)$ 　　　　　　　(6) $\displaystyle\sum_{k=-\infty}^{n} \delta(k)$

5.4　利用 $U(n)$ 和 $\delta(n)$ 来表示习题图 5-2 所示各序列。

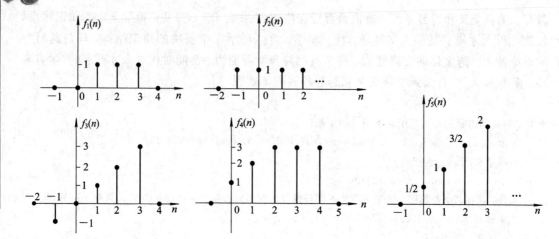

习题图 5－2

5.5 离散信号 $f(n)$ 的波形如习题图 5－3 所示，试画出下列信号的波形。

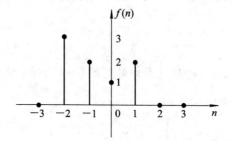

习题图 5－3

(1) $f(n+1)+f(n-1)$

(2) $f(1-n)$

(3) $f(n+1)-f(n-1)$

(4) $f(2n)$

(5) $f\left(\dfrac{n}{2}\right)$

(6) $f(n+1) \cdot f(n-1)$

(7) $f(n)[U(n+1)-U(n-2)]+f(n)$

(8) $f(-n-1)U(n)$

(9) $f(-n-1)\delta(n)$

(10) $f(-n-1)U(-n+1)$

5.6 试画出下列离散信号的波形，写出用 $U(n)$ 或 $\delta(n)$ 来表示的表达式。

(1) $U(n+1) \cdot U(-n+3)$ (2) $U(-n+1)-U(-n+3)$

(3) $-2\delta(n)+U(n)$ (4) $1-\delta(n-1)$

(5) $1^n-[U(-n+1)-U(n+1)]$ (6) $\{1, 0.5, 4, 5, 0, 2\}_{-2}$

(7) $(n^2+1)[\delta(n+2)-\delta(n-4)]$ (8) $1-U(n-2)$

5.7 试画出下列离散信号的波形，注意它们的区别。

(1) $\left(\dfrac{1}{2}\right)^n U(n)$ (2) $\left(-\dfrac{1}{2}\right)^n U(n)$

(3) $U(n)+\sin\dfrac{n\pi}{4}U(n)$ (4) $U(n)+\sin\dfrac{n\pi}{4}$

(5) $(-2)^n[U(n+2)-U(n-4)]$ (6) $n^{-2}[U(n+2)-U(n-4)]$

(7) $n^2[U(n+2)-U(n-4)]$ (8) $1+\sin\dfrac{n\pi}{4}U(n)$

5.8 试用归纳法写出下列序列的闭式。

(1) $f(n)=\{-2,\ -1,\ 2,\ 7,\ 14,\ 23,\ \cdots\}_0$

(2) $f(n)=\{-1,\ 1,\ -1,\ 1,\ -1,\ 1,\ \cdots\}_0$

(3) $f(n)=\left\{1,\ \dfrac{3}{2},\ \dfrac{5}{4},\ \dfrac{9}{8},\ \dfrac{17}{16},\ \cdots\right\}_0$

(4) $f(n)=\{0,\ 2,\ 8,\ 24,\ 64,\ 160,\ \cdots\}_0$

5.9 试画出下列离散信号的波形,并判断是否是周期信号,若是,则求出其周期。

(1) $\sin\dfrac{n}{2}-\sin\dfrac{n\pi}{2}$ (2) $\cos\dfrac{n\pi}{8}+\cos\dfrac{\pi}{8}(n+1)$

(3) $\sin^2\dfrac{n\pi}{7}$ (4) $\sin\dfrac{3n\pi}{5}+\cos\dfrac{n\pi}{4}$

5.10 求下列系统的零输入响应 $y_x(n)$,已知激励 $f(n)$ 在 $n=0$ 时输入。

(1) $6y(n+2)+5y(n+1)+y(n)=f(n)$, $y(-2)=y(-1)=2$

(2) $y(n)+0.5y(n-1)-0.5y(n-2)=f(n)$, $y(-2)=0$, $y(-1)=1$

(3) $y(n+2)+3y(n+1)+2y(n)=0$, $y(0)=2$, $y(1)=1$

(4) $y(n+2)+9y(n)=0$, $y(0)=4$, $y(1)=0$

(5) $y(n)+2y(n-1)+y(n-2)=0$, $y(0)=y(-1)=1$

(6) $y(n+3)+6y(n+2)+12y(n+1)+8y(n)=U(n)$, $y(1)=1$, $y(2)=2$, $y(3)=-23$

(7) $6y(n)-5y(n-1)+y(n-2)=(-1)^{n-2}U(n-2)$, $y(0)=15$, $y(1)=9$

5.11 试写出习题图 5-4 所示系统的差分方程。

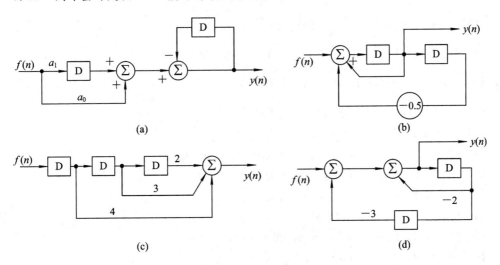

(a)

(b)

(c)

(d)

习题图 5-4

5.12 求习题图5-5所示系统的单位样值响应。

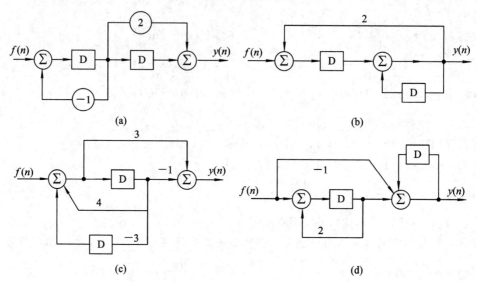

(a)

(b)

(c)

(d)

习题图 5-5

5.13 求下列齐次差分方程的解。

(1) $y(n) + \frac{1}{3}y(n-1) = 0$, $y(-1) = 1$

(2) $y(n) + 3y(n-1) + 2y(n-2) = 0$, $y(-2) = 1$, $y(-1) = 0$

(3) $y(n) - 7y(n-1) + 16y(n-2) - 12y(n-3) = 0$
     $y(0) = 0$, $y(1) = -1$, $y(2) = -3$

5.14 求下列差分方程所描述的系统的单位样值响应。

(1) $y(n) - \frac{1}{9}y(n-2) = f(n)$

(2) $y(n) + \frac{1}{4}y(n-1) - \frac{1}{8}y(n-2) = f(n)$

(3) $y(n+2) - y(n+1) + \frac{1}{4}y(n) = f(n)$

(4) $y(n+2) - y(n) = f(n+1) - f(n)$

(5) $y(n+2) - \frac{3}{5}y(n+1) - \frac{4}{25}y(n) = f(n)$

(6) $y(n) - 4y(n-1) + 8y(n-2) = f(n)$

5.15 求下列信号的卷积。

(1) $\{10, -3, 6, 8, 4, 0, 1\}_0 * \{0.5, 0.5, 0.5, 0.5\}_0$

(2) $\{2, 1, 3, 2, 4\}_{-1} * \{0, 1, 4, 2\}_0$

(3) $\{3, 2, 1, -3\}_{-1} * \{4, 8, -2\}_{-1}$

(4) $\{1, 1\}_0 * \{2, 2\}_0 * \{1, 1\}_0$

(5) $\{1, 2, 3, 4, \cdots\}_0 * \{1, -2, 1\}_0$

(6) $\{0, 1, 2, 3\}_{-1} * \{1, 1, 1, 1\}_0$

5.16 求下列信号的卷积。

(1) $e^{-2n}U(n) * e^{-3n}U(n)$ 　　(2) $2^n U(n) * 2^n U(n)$

(3) $\left(\dfrac{1}{2}\right)^n U(n) * U(n)$ 　　(4) $[U(n)-U(n-4)] * [U(n)-U(n-4)]$

(5) $nU(n) * nU(n)$ 　　(6) $[U(n)-U(n-4)] * \sin\left(\dfrac{n\pi}{2}\right)$

(7) $\sin\left(\dfrac{n\pi}{2}\right)U(n) * \sin\left(\dfrac{n\pi}{2}\right)U(n)$

(8) $\sin\left(\dfrac{n\pi}{2}\right)U(n) * 2^n U(n)$

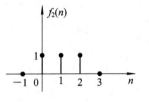

习题图 5-6

5.17　已知信号 $f_1(n) = \sum\limits_{m=1}^{5} \delta(n-m)$，$f_2(n)$ 的波形如习题图 5-6 所示，试画出信号 $f_1(n) * f_2(n)$ 的波形。

5.18　已知序列 $f_1(n)$、$f_2(n)$ 的波形如习题图 5-7 所示，设 $f(n)=f_1(n) * f_2(n)$，则 $f(3)=?$

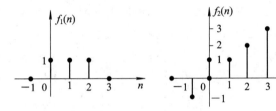

习题图 5-7

5.19　已知各系统的激励 $f(n)$ 和单位样值响应 $h(n)$ 的波形如习题图 5-8 所示，求其零状态响应 $y_f(n)$ 的波形。

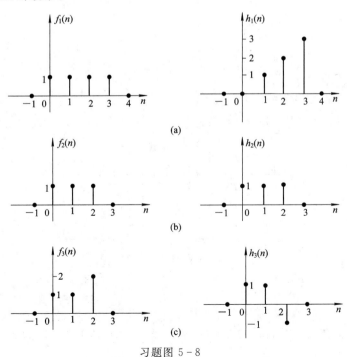

习题图 5-8

5.20 求下列系统的全响应并指出零输入和零状态响应。

(1) $y(n+2)-3y(n+1)+2y(n)=U(n+1)-2U(n)$，$y_x(0)=y_x(1)=1$

(2) $y(n+2)+y(n+1)-6y(n)=4^{n+1}U(n+1)$，$y_x(0)=0$，$y_x(1)=1$

(3) $y(n)+2y(n-1)=(3n+4)U(n)$，$y(-1)=-1$

(4) $y(n+2)-5y(n+1)+6y(n)=U(n)$，$y_x(0)=1$，$y_x(1)=5$

(5) $y(n)+2y(n-1)+y(n-2)=3^nU(n)$，$y(0)=y(1)=0$

(6) $y(n)+2y(n-1)+y(n-2)=3(0.5)^nU(n)$，$y(-1)=3$，$y(-2)=-5$

5.21 已知 LTI 系统的差分方程为 $y(n)+0.5y(n-1)=f(n)$。

(1) 求系统的单位样值响应 $h(n)$；

(2) 求系统对下列输入的响应：

① $f(n)=(-0.5)^nU(n)$

② $f(n)=\delta(n)+0.5\delta(n-1)$

5.22 已知一系统的差分方程 $y(n)+2y(n-1)+y(n-2)=f(n)$，$f(n)=2^nU(n)$。

(1) 若 $y(-1)=1$，$y(-2)=2$，求系统全响应，指出零输入响应和零状态响应；

(2) 若 $y(1)=1$，$y(2)=2$，求系统全响应，指出零输入响应和零状态响应；

(3) 若 $y_x(1)=1$，$y_x(2)=2$，求系统全响应，指出零输入响应和零状态响应。

5.23 已知系统差分方程如下，求 $y_x(n)$。

(1) $y(n)+0.5y(n-1)-0.5y(n-2)=f(n)$，$y_x(-1)=1$，$y_x(-2)=0$

(2) $y(n)+3y(n-1)+2y(n-2)=f(n)$，$y_x(-1)=0$，$y_x(-2)=0.5$

5.24 已知 LTI 系统的差分方程为 $y(n)-\dfrac{1}{2}y(n-1)=f(n)-f(n-1)$，零状态响应 $y_f(n)=2[(0.5)^n-1]U(n)$，求激励信号 $f(n)$。

5.25 系统如习题图 5-9 所示。

(1) 求系统方程；

(2) 求系统的单位样值响应 $h(n)$；

(3) 在激励 $f(n)=3^nU(n)$，初始条件 $y(0)=y(1)=0$ 下，求系统的全响应。

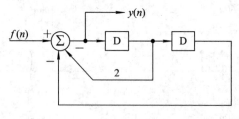

习题图 5-9

※扩展练习题

5.26 已知系统的单位阶跃响应 $g(n)=\left[\left(\dfrac{1}{3}\right)^n-3(0.5)^n+3\right]U(n)$。

(1) 求系统的单位样值响应 $h(n)$；

(2) 写出系统的差分方程。

5.27　已知 LTI 系统单位阶跃响应 $g(n)=2[1-(0.5)^n]U(n)$，求系统在激励 $f(n)=0.5^nU(n)$ 时的零状态响应。

5.28　系统如习题图 5-10 所示。

(1) 求系统方程；

(2) 求系统的单位样值响应 $h(n)$ 和单位阶跃响应 $g(n)$；

(3) 在激励 $f(n)=(n-2)U(n)$，初始条件 $y(0)=1$ 下，求系统的全响应。

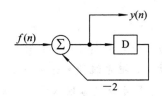

习题图 5-10

5.29　如习题图 5-11 所示复合系统由三个子系统组成，其单位序列响应分别为 $h_1(n)=(0.5)^nU(n)$，$h_2(n)=\delta(n-2)$，$h_3(n)=U(n)$，试求复合系统的单位序列响应 $h(n)$。

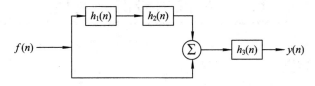

习题图 5-11

5.30　试画出离散系统的框图，已知系统的单位样值响应是：

(1) $\left\{1,\dfrac{1}{2},\dfrac{1}{4},\cdots,\left(\dfrac{1}{2}\right)^n,\cdots,\right\}$。　(2) $\left\{1,1,\dfrac{1}{2},\dfrac{1}{2},\dfrac{1}{4},\dfrac{1}{4},\cdots\right\}$。

5.31　已知 LTI 系统的差分方程及初始条件为 $y(n+2)+3y(n+1)+2y(n)=f(n)$，$y_x(0)=1$，$y_x(1)=2$。

(1) 绘出系统框图；

(2) 求系统的单位样值响应 $h(n)$；

(3) 若 $f(n)+U(n+1)$，求系统的全响应 $y(n)$，指出零输入和零状态响应；

(4) 比较全响应 $y(n)$ 在 $n=0$，$n=1$ 时的值与初始值，二者不同的原因是什么？

上 机 练 习

5.1　利用 conv 验证卷积和的交换律、分配律和结合律。

5.2　已知系统的差分方程为 $y(n)-0.8y(n-1)+0.12y(n-2)=f(n)+f(n-1)$。

(1) 利用 impz 计算单位样值响应，画出前 51 点的值；

(2) 利用 filter 函数和本节中给出的 delta 函数，计算单位样值响应，并与(1)比较。

5.3　已知系统的差分方程为 $y(n)-1.845y(n-1)+0.8506y(n-2)=f(n)$，$f(n)=U(n)$。分别用 conv 和 filter 求出系统的零状态响应，并比较两种响应的不同以及产生此不同的原因。

第6章 离散信号与系统的 z 域分析

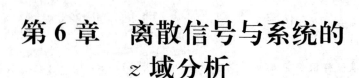

【内容提要】 在离散信号与系统的分析中，z 变换是一种重要的数学工具，其作用类似于连续系统分析中的拉氏变换。它把系统的差分方程变换为代数方程，而且代数方程中包括了系统的初始状态，从而可求得系统的零输入响应、零状态响应与全响应。

本章讨论 z 变换的定义、性质及逆变换的计算，在此基础上研究离散系统的 z 域分析，以及离散系统的系统函数与频率响应。

6.1 离散信号的 z 变换

6.1.1 z 变换的定义

序列 $f(n)$ 的双边 z 变换，通常记为

$$F(z) = \mathscr{L}[f(n)] = \sum_{n=-\infty}^{\infty} f(n)z^{-n} \tag{6-1}$$

这样，已知一个序列便可由式(6-1)确定一个 z 变换函数 $F(z)$。反之，如果给定 $F(z)$，则 $F(z)$ 的逆变换记作 $\mathscr{L}^{-1}[F(z)]$，并由以下的围线积分给出：

$$f(n) = \mathscr{L}^{-1}[F(z)] = \frac{1}{2\pi\mathrm{j}} \oint_C F(z)z^{n-1}\,\mathrm{d}z \tag{6-2}$$

式中，C 是包围 $F(z)z^{n-1}$ 所有极点的逆时针闭合积分路线。

这样，式(6-1)和式(6-2)便构成了一对 z 变换对。为简便起见，$f(n)$ 与 $F(z)$ 之间的关系仍简记为

$$f(n) \leftrightarrow F(z) \tag{6-3}$$

与拉氏变换类似，z 变换亦有单边与双边之分。序列 $f(n)$ 的单边 z 变换定义为

$$F(z) = \mathscr{L}[f(n)] = \sum_{n=0}^{\infty} f(n) \cdot z^{-n} \tag{6-4}$$

即求和只对 n 的非负值进行(不论 $n<0$ 时 $f(n)$ 是否为零)。而 $F(z)$ 的逆变换仍由式(6-2)给出，只是将 n 的范围限定为 $n \geqslant 0$，即

$$f(n) = \mathscr{L}^{-1}[F(z)] = \begin{cases} 0, & n < 0 \\ \dfrac{1}{2\pi\mathrm{j}} \oint_C F(z)z^{n-1}\,\mathrm{d}z, & n \geqslant 0 \end{cases} \tag{6-5}$$

或写为

$$f(n) = \mathscr{L}^{-1}[F(z)] = \left[\frac{1}{2\pi j}\oint_C F(z)z^{n-1}\,\mathrm{d}z\right]U(n) \tag{6-6}$$

不难看出，式(6-4)等于 $f(n)U(n)$ 的双边 z 变换，因而 $f(n)$ 的单边 z 变换也可写为

$$F(z) = \sum_{n=-\infty}^{\infty} f(n)U(n)z^{-n} \tag{6-7}$$

由以上定义可见，如果 $f(n)$ 是因果序列，则其单、双边 z 变换相同，否则二者不等。在拉氏变换中主要讨论单边拉氏变换，这是由于在连续系统中，非因果信号的应用较少。对于离散系统，非因果序列也有一定的应用范围，因此，本章以讨论单边 z 变换为主，适当兼顾双边 z 变换。讨论中在不致混淆的情况下，将两种变换统称为 z 变换，$f(n)$ 与 $F(z)$ 的关系统一由式(6-3)表示。

由定义可知，序列的 z 变换是 z 的幂级数，只有当该级数收敛时，z 变换才存在。

对任意给定的序列 $f(n)$，使 z 变换定义式幂级数 $\sum\limits_{n=-\infty}^{\infty} f(n)z^{-n}$ 或 $\sum\limits_{n=0}^{\infty} f(n)z^{-n}$ 收敛的复变量 z 在 z 平面上的取值区域，称为 z 变换 $F(z)$ 的收敛域，也常用 ROC 表示。

【例 6-1】 求以下有限长序列的双边 z 变换：

(1) $\delta(n)$；(2) $f(n)=\{1, 2, 1\}_{-1}$。

解 (1) 由式(6-4)知，单位样值序列的 z 变换为

$$F(z) = \sum_{n=-\infty}^{\infty} \delta(n)z^{-n} = 1$$

即 $\delta(n)\leftrightarrow1$。$F(z)$ 是与 z 无关的常数，因而其 ROC 是 z 的全平面。

(2) $f(n)$ 的双边 z 变换为

$$F(z) = \sum_{n=-\infty}^{\infty} f(n)z^{-n} = z + 2 + \frac{1}{z}$$

由上式可知，除 $z=0$ 和 $z=\infty$ 外，对任意 z，$F(z)$ 有界，因此其 ROC 为 $0<|z|<\infty$。

【例 6-2】 求因果序列 $f_1(n)=a^n U(n)$ 的双边 z 变换(a 为常数)。

解 设 $f_1(n)\leftrightarrow F_1(z)$，则

$$F_1(z) = \sum_{n=-\infty}^{\infty} f_1(n)z^n = \sum_{n=0}^{\infty} (az^{-1})^n$$

利用等比级数求和公式，上式仅当公比 az^{-1} 满足 $|az^{-1}|<1$，即 $|z|>|a|$ 时收敛，此时

$$F_1(z) = \frac{1}{1-az^{-1}} = \frac{z}{z-a}$$

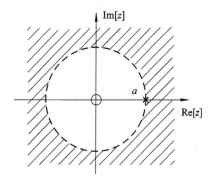

图 6-1 例 6-2 的收敛域

故其收敛域为 $|z|>|a|$，这个收敛域在 z 平面上是半径为 $|a|$ 的圆外区域，如图 6-1 所示。显然它也是单边 z 变换的收敛域。

6.1.2 常用离散信号的单边 z 变换

1. 单位样值信号 $\delta(n)$

由例 6-1 知

$$\delta(n)\leftrightarrow1 \tag{6-8}$$

2. 单位阶跃序列 $U(n)$

将 $U(n)$ 代入式(6-4)，得

$$\mathscr{L}[U(n)] = \sum_{n=0}^{\infty} U(n)z^{-n} = \sum_{n=0}^{\infty} (z^{-1})^n$$

若 $|z^{-1}| < 1$，即 $|z| > 1$，该级数收敛，此时有

$$\mathscr{L}[U(n)] = \frac{1}{1-z^{-1}} = \frac{z}{z-1}$$

故 $\qquad\qquad\qquad\qquad U(n) \leftrightarrow \dfrac{z}{z-1}$ $\qquad\qquad\qquad\qquad$ (6-9)

3. 单边指数序列 $a^n U(n)$（a 为任意常数）

在例 6-2 中已求得

$$\mathscr{L}[a^n U(n)] = \frac{z}{z-a}$$

所以 $\qquad\qquad\qquad\qquad a^n U(n) \leftrightarrow \dfrac{z}{z-a}$ $\qquad\qquad\qquad\qquad$ (6-10)

表 6-1 列出了典型序列的单边 z 变换，以供查阅。

表 6-1 典型序列的单边 z 变换

序号	序列 $f(n)$	单边 z 变换 $F(z) = \sum_{n=0}^{\infty} f(n)z^{-n}$	收敛域 $|z| > R$
1	$\delta(n)$	1	$|z| \geqslant 0$
2	$\delta(n-m)(m>0)$	z^{-m}	$|z| > 0$
3	$U(n)$	$\dfrac{z}{z-1}$	$|z| > 1$
4	n	$\dfrac{z}{(z-1)^2}$	$|z| > 1$
5	e^{bn}	$\dfrac{z}{z-e^b}$	$|z| > |e^b|$
6	$e^{jn\omega_0}$	$\dfrac{z}{z-e^{j\omega_0}}$	$|z| > 1$
7	$\sin n\omega_0$	$\dfrac{z\sin\omega_0}{z^2-2z\cos\omega_0+1}$	$|z| > 1$
8	$\cos n\omega_0$	$\dfrac{z(z-\cos\omega_0)}{z^2-2z\cos\omega_0+1}$	$|z| > 1$
9	$\beta^n \sin n\omega_0$	$\dfrac{\beta z\sin\omega_0}{z^2-2\beta z\cos\omega_0+\beta^2}$	$|z| > |\beta|$
10	$\beta^n \cos n\omega_0$	$\dfrac{z(z-\beta\cos\omega_0)}{z^2-2\beta z\cos\omega_0+\beta^2}$	$|z| > |\beta|$

6.2 z 变换的基本性质

本节讨论 z 变换（包括单边、双边）的基本性质。绝大多数性质对单边、双边 z 变换是

相同的，少数对单、双边 z 变换有差别的性质，在讨论中将予以说明。

6.2.1　线性特性

设 $f_1(n) \leftrightarrow F_1(z)$，$R_1 < |z| < R_2$，$R_1$ 可为零，R_2 可为 ∞，下同，即

$$f_2(n) \leftrightarrow F_2(z)，R_3 < |z| < R_4$$

则

$$a_1 f_1(n) + a_2 f_2(n) \leftrightarrow a_1 F_1(z) + a_2 F_2(z) \qquad (6-11)$$

式中，a_1、a_2 为任意常数。相加后的收敛域至少是两个函数 $F_1(z)$、$F_2(z)$ 收敛域的重叠部分，有些情况下收敛域可能会扩大。

【例 6-3】　求序列 $\cos(\omega_0 n)U(n)$ 和 $\sin(\omega_0 n)U(n)$ 的 z 变换。

解　因为

$$\cos(\omega_0 n)U(n) = \frac{1}{2}(e^{j\omega_0 n} + e^{-j\omega_0 n})U(n)$$

而

$$e^{j\omega_0 n}U(n) \leftrightarrow \frac{z}{z - e^{j\omega_0}}，\quad |z| > 1$$

$$e^{-j\omega_0 n}U(n) \leftrightarrow \frac{z}{z - e^{-j\omega_0}}，\quad |z| > 1$$

由线性性质，即得

$$\cos(\omega_0 n)U(n) \leftrightarrow \frac{1}{2}\left(\frac{z}{z - e^{j\omega_0}} + \frac{z}{z - e^{-j\omega_0}}\right) = \frac{z(z - \cos\omega_0)}{z^2 - 2z\cos\omega_0 + 1}，\quad |z| > 1 \qquad (6-12)$$

类似地，可得

$$\sin(\omega_0 n)U(n) \leftrightarrow \frac{z\sin\omega_0}{z^2 - 2z\cos\omega_0 + 1}，\quad |z| > 1 \qquad (6-13)$$

6.2.2　移位特性

单边变换与双边变换的移位特性差别很大，下面分别进行讨论。

1. 双边 z 变换

若 $f(n) \leftrightarrow F(z)$，$R_1 < |z| < R_2$，则

$$f(n-m) \leftrightarrow z^{-m}F(z)，\quad R_1 < |z| < R_2 \qquad (6-14)$$

式中，m 为任意整数。

2. 单边 z 变换

若 $f(n) \leftrightarrow F(z)$，则

$$f(n-m) \leftrightarrow z^{-m}\left[F(z) + \sum_{k=-m}^{-1} f(k)z^{-k}\right] \qquad (6-15)$$

$$f(n+m) \leftrightarrow z^{m}\left[F(z) - \sum_{k=0}^{m-1} f(k)z^{-k}\right] \qquad (6-16)$$

【例 6-4】　求矩形序列 $G_N(n)$ 的 z 变换。

解　因为

$$G_N(n) = U(n) - U(n-N), \quad U(n) \leftrightarrow \frac{z}{z-1}$$

由线性特性及移位特性，得

$$G_N(n) \leftrightarrow \frac{z}{z-1} - z^{-N}\frac{z}{z-1} = \frac{z}{z-1}(1-z^{-N}), \quad |z| > 1$$

【例 6-5】 求序列 $f(n) = \sum\limits_{m=0}^{\infty} \delta(n-mN)$ 的 z 变换。

解 因为 $\delta(n) \leftrightarrow 1$，由移位特性 $\delta(n-mN) \leftrightarrow z^{-mN}$，再由线性性质，得

$$f(n) \leftrightarrow 1 + z^{-N} + z^{-2N} + \cdots = \sum_{m=0}^{\infty}(z^{-N})^m = \frac{1}{1-z^{-N}}$$

6.2.3 尺度变换特性

若 $f(n) \leftrightarrow F(z)$，$R_1 < |z| < R_2$，则

$$a^n f(n) \leftrightarrow F\left(\frac{z}{a}\right), \quad R_1 < \left|\frac{z}{a}\right| < R_2 \tag{6-17}$$

式中，a 为任意常数。

【例 6-6】 用尺度变换特性求 $a^n U(n)$ 的 z 变换。

解 因为

$$U(n) \leftrightarrow \frac{z}{z-1}, \quad |z| > 1$$

由尺度变换特性，得

$$a^n U(n) \leftrightarrow \frac{\dfrac{z}{a}}{\dfrac{z}{a}-1} = \frac{z}{z-a}, \quad |z| > |a|$$

6.2.4 时间翻转特性

若 $f(n) \leftrightarrow F(z)$，$R_1 < |z| < R_2$，则

$$f(-n) \leftrightarrow F(z^{-1}), \ R_1 < |z^{-1}| < R_2 \quad \text{或} \quad \frac{1}{R_2} < |z| < \frac{1}{R_1} \tag{6-18}$$

6.2.5 z 域微分（时域线性加权）

若 $f(n) \leftrightarrow F(z)$，$R_1 < |z| < R_2$，则

$$nf(n) \leftrightarrow -z\frac{\mathrm{d}}{\mathrm{d}z}F(z), \quad R_1 < |z| < R_2 \tag{6-19}$$

【例 6-7】 求 $nU(n)$ 的 z 变换。

解 因为

$$U(n) \leftrightarrow \frac{z}{z-1}$$

由 z 域微分性质，可得

$$nU(n) \leftrightarrow -z\frac{\mathrm{d}}{\mathrm{d}z}\left(\frac{z}{z-1}\right) = \frac{z}{(z-1)^2} \tag{6-20}$$

6.2.6 卷积定理

1. 时域卷积定理

若
$$f_1(n) \leftrightarrow F_1(z), \quad R_1 < |z| < R_2$$
$$f_2(n) \leftrightarrow F_2(z), \quad R_3 < |z| < R_4$$

则
$$f_1(n) * f_2(n) \leftrightarrow F_1(z) F_2(z) \tag{6-21}$$

收敛域至少为两函数收敛域的重叠部分,有可能会扩大。

【例 6-8】 计算卷积 $U(n) * U(n+1)$。

解 因为
$$U(n) \leftrightarrow \frac{z}{z-1}$$

由移位特性,得
$$U(n+1) \leftrightarrow \frac{z^2}{z-1}$$

(注意,本例中 $U(n+1)$ 为非因果信号,故不能用单边变换求解)。

由卷积定理可得
$$U(n) * U(n+1) \leftrightarrow \frac{z^3}{(z-1)^2} = z\left[\frac{z}{z-1} + \frac{z}{(z-1)^2}\right]$$

从而
$$U(n) * U(n+1) = \mathscr{L}^{-1}\left[z\frac{z}{z-1} + z\frac{z}{(z-1)^2}\right] = (n+2)U(n+1)$$

2. z 域卷积定理(序列相乘)

若
$$f_1(n) \leftrightarrow F_1(z), \quad R_1 < |z| < R_2$$
$$f_2(n) \leftrightarrow F_2(z), \quad R_3 < |z| < R_4$$

则
$$f_1(n) f_2(n) \leftrightarrow \frac{1}{2\pi j} \oint_C \frac{F_1(\lambda) F_2(z/\lambda)}{\lambda} \, d\lambda \tag{6-22}$$

式中,C 是 $F_1(\lambda)$ 与 $F_2\left(\dfrac{z}{\lambda}\right)$ 收敛域公共部分内逆时针方向的围线。这里对收敛域及积分围线的选取限制较严,从而限制了它的应用,此处不再赘述。

6.3 逆 z 变换

与拉氏变换类似,用 z 变换分析离散系统时,往往需要从变换函数 $F(z)$ 确定对应的时间序列,即求 $F(z)$ 的逆 z 变换。求逆 z 变换的方法有留数法、幂级数展开法(长除法)和部分分式展开法。本节只讨论用部分分式展开法求有理函数的逆变换。

设 $F(z)$ 可以表示为
$$F(z) = \frac{N(z)}{D(z)} = \frac{b_M z^M + b_{M-1} z^{M-1} + \cdots + b_1 z + b_0}{z^N + a_{N-1} z^{N-1} + \cdots + a_1 z + a_0} \tag{6-23}$$

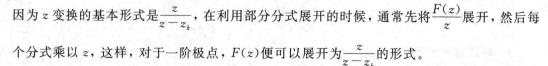

因为 z 变换的基本形式是 $\dfrac{z}{z-z_k}$，在利用部分分式展开的时候，通常先将 $\dfrac{F(z)}{z}$ 展开，然后每个分式乘以 z，这样，对于一阶极点，$F(z)$ 便可以展开为 $\dfrac{z}{z-z_k}$ 的形式。

另外，对于单边变换(或因果序列)，它的收敛域为 $|z|>R$，为保证在 $z=\infty$ 处收敛，其分母多项式的阶次不低于分子多项式的阶次，即满足 $N\geqslant M$。只有双边变换才可能出现 $M>N$。下面以 $N\geqslant M$ 为例说明部分分式展开法，此时 $\dfrac{F(z)}{z}$ 为真分式。

如果 $\dfrac{F(z)}{z}$ 只含一阶极点，则 $\dfrac{F(z)}{z}$ 可以展开为

$$\frac{F(z)}{z} = \sum_{k=0}^{N} \frac{A_k}{z-z_k}, \quad z_0 = 0$$

即

$$F(z) = \sum_{k=0}^{N} \frac{A_k z}{z-z_k} \tag{6-24}$$

式中 A_k 可用下式计算：

$$A_k = \left[(z-z_k) \frac{F(z)}{z} \right] \Bigg|_{z=z_k} \tag{6-25}$$

展开式中的每一项 $\dfrac{A_k z}{z-z_k}$ 的逆变换是以下两种情形之一：

$$A_k (z_k)^n U(n) \leftrightarrow \frac{A_k z}{z-z_k}, \quad |z|>|z_k| \tag{6-26}$$

或

$$-A_k (z_k)^n U(-n-1) \leftrightarrow \frac{A_k z}{z-z_k}, \quad |z|<|z_k| \tag{6-27}$$

根据 $F(z)$ 收敛域与各极点位置的关系选择采用式(6-26)还是式(6-27)。如果 $F(z)$ 的收敛域落在特定极点的外侧，则关于该极点的展开项的逆变换为因果序列，由式(6-26)得到；如果 $F(z)$ 的收敛域落在特定极点的内侧，则关于该极点的展开项的逆变换是反因果序列，由式(6-27)得到。这样逐个考察各极点，就可得到完整的逆 z 变换。

如果 $\dfrac{F(z)}{z}$ 中含有高阶极点，比如 $F(z)$ 除含有 K 个一阶极点外，在 $z=z_i$ 处还含有一个 r 阶极点，此时 $F(z)$ 应展开为

$$F(z) = \sum_{k=0}^{K} \frac{A_k z}{z-z_k} + \sum_{j=1}^{r} \frac{B_j z}{(z-z_i)^j} \tag{6-28}$$

式中，A_k 仍按式(6-25)计算，而 B_j 由下式计算：

$$B_j = \frac{1}{(r-j)!} \left[\frac{\mathrm{d}^{r-j}}{\mathrm{d}z^{r-j}} (z-z_i)^r \frac{F(z)}{z} \right] \Bigg|_{z=z_i} \tag{6-29}$$

【例 6-9】 已知 $F(z)=\dfrac{z^2}{z^2-1.5z+0.5}$，求 $F(z)$ 可能的收敛域及相应的序列 $f(n)$。

解 $F(z)$ 的两个极点是 $z_1=1$ 和 $z_2=0.5$，故其可能的收敛域为 $|z|<0.5$，$0.5<|z|<1$ 或 $|z|>1$。先将 $F(z)$ 展开为

$$\frac{F(z)}{z} = \frac{z}{z^2 - 1.5z + 0.5} = \frac{A_1}{z-1} + \frac{A_2}{z-0.5}$$

其中

$$A_1 = (z-1)\frac{F(z)}{z}\bigg|_{z=1} = \frac{z}{z-0.5}\bigg|_{z=1} = 2$$

$$A_2 = (z-0.5)\frac{F(z)}{z}\bigg|_{z=0.5} = \frac{z}{z-1}\bigg|_{z=0.5} = -1$$

所以

$$F(z) = \frac{2z}{z-1} + \frac{-z}{z-0.5}$$

（1）若收敛域为 $|z| < 0.5$，则两个极点均在收敛域的外侧，因此这两项的逆变换是反因果序列，由式(6-27)得

$$f(n) = \mathscr{L}^{-1}[F(z)] = -2U(-n-1) + (0.5)^n U(-n-1)$$

（2）若收敛域为 $0.5 < |z| < 1$，则收敛域在极点 $z_2 = 0.5$ 的外侧，相应的逆变换是因果序列，由式(6-26)得

$$\mathscr{L}^{-1}\left[\frac{-z}{z-0.5}\right] = -(0.5)^n U(n)$$

而极点 $z_1 = 1$ 在收敛域外侧，因此相应的逆变换是反因果序列，于是

$$f(n) = \mathscr{L}^{-1}[F(z)] = -2U(-n-1) - (0.5)^n U(n)$$

（3）若收敛域为 $|z| > 1$，则收敛域在所有极点的外侧，因此各展开项的逆变换均为因果序列，所以

$$f(n) = 2U(n) - (0.5)^n U(n) = [2 - (0.5)^n]U(n)$$

【例 6-10】 已知 $F(z) = \dfrac{z^3 + 2z^2 + 1}{z(z-1)(z-0.5)}$，$|z| > 1$，求 $f(n)$。

解 因为

$$\frac{F(z)}{z} = \frac{z^3 + 2z^2 + 1}{z^2(z-1)(z-0.5)}$$

由式(6-25)和式(6-26)可得展开式

$$\frac{F(z)}{z} = \frac{6}{z} + \frac{2}{z^2} + \frac{8}{z-1} + \frac{-13}{z-0.5}$$

所以

$$F(z) = 6 + \frac{2}{z} + \frac{8z}{z-1} - \frac{13z}{z-0.5}$$

因为 $|z| > 1$，所以

$$f(n) = 6\delta(n) + 2\delta(n-1) + 8U(n) - 13(0.5)^n U(n)$$

6.4　利用 MATLAB 计算 z 变换和逆 z 变换

MATLAB 中可以利用函数 ztrans 和 iztrans 分别计算符号函数的 z 变换和逆 z 变换，所得结果也是符号函数，而非数值结果。其一般调用形式为

F＝ztrans(f)

$$f=iztrans(F)$$

其中，f 和 F 分别是时间序列和 z 变换的数学表示式。

【例 6 - 11】 （1）用 MATLAB 求函数 $a^n \cos\left(\frac{\pi}{3}n\right)U(n)$ 的 z 变换；（2）用 MATLAB

求 $F(z)=\dfrac{z}{(z+1)(z+2)}$ 的逆 z 变换。

解 程序代码如下：

```
%program ch6_11
clear;
format rat;              % 近似有理数的表示
syms a n z pi；          % syms 定义符号变量
f=a.^n. * cos(pi * n/3);
Fz=ztrans(f,n,z);
Fz=simple(Fz),          % 约分，该命令试图找出符号表达式 Fz 的代数上的简单形式
F=z. /(z+1)/(z+2);
fn=iztrans(F)
```

程序运行结果为

Fz=

$-1/2 * z * (-2 * z+a)/(z\hat{}2-z * a+a\hat{}2)$ $\left(\text{即 } \dfrac{z(z-0.5a)}{z^2-az+a^2}\right)$

fn=

$-(-2)\hat{}n+(-1)\hat{}n$ （即 $-(-2)^n+(-1)^n$ $n\geqslant 0$）

如果 z 变换可以用如下的有理分式表示：

$$F(z) = \frac{b_0 + b_1 z^{-1} + \cdots + b_M z^{-M}}{1 + a_1 z^{-1} + \cdots + a_N z^{-N}}$$

则求 $F(z)$ 的逆变换时，可以将 $F(z)$ 展开为部分分式之和，然后再取其逆变换。用 residuez 可以实现部分分式展开。其一般的调用方式为

$$[r, p, k]=residuez(nam, den)$$

其中：r 是各部分分式分子系数向量；p 为极点向量；k 表示分子多项式除以分母多项式所得的商多项式。若 $F(z)$ 为 z^{-1} 的真分式，则 k 为零。

【例 6 - 12】 用 MATLAB 计算 $F(z)=\dfrac{2z^4+3z^3}{(z+1)^2(z+2)(z+3)}$ 的部分分式展开。

解 程序代码如下：

```
%program ch6_12
a=poly([-1 -1 -2 -3]);
b=[2 3];
[r,p,k]=residuez(b,a)
```

程序运行结果为

r=6. 7500 -4. 0000 -0. 2500 -0. 5000

p=-3. 0000 -2. 0000 -1. 0000 -1. 0000

k=[ ]

由运行结果可知，$F(z)$ 的部分分式展开式为

$$F(z) = \frac{6.75z}{z+3} + \frac{-4z}{z+2} + \frac{-0.25z}{z+1} + \frac{-0.5z^2}{(z+1)^2}$$

【例 6 - 13】 用 MATLAB 实现例 6 - 3。

解　求解代码如下：

```
%program ch6_13
clear;
format rat;                  % 近似有理数的表示
syms w0 n z pi;              % syms 定义符号变量
f1=cos(w0 * n);
F1=ztrans(f1,n,z);
f2=sin(w0 * n);
F2=ztrans(f2,n,z);
F1=simple(F1)
F2=simple(F2)
```

运行结果如下：

```
F1 =
(z-cos(w0)) * z/(1+z^2-2 * z * cos(w0))
F2 =
z * sin(w0)/(1+z^2-2 * z * cos(w0))
```

【例 6 - 14】 用 MATLAB 实现例 6 - 6。

解　求解代码如下：

```
%program ch6_14
clear;
format rat;                  % 近似有理数的表示
syms a n z pi;              % syms 定义符号变量
f=a.^n;
F=ztrans(f,n,z);
Fn=simple(F)
```

运行结果如下：

```
Fn =
-z/(-z+a)
```

【例 6 - 15】 用 MATLAB 实现例 6 - 7。

解　求解代码如下：

```
%program ch6_15
clear;
format rat;                  % 近似有理数的表示
syms n z pi;                % syms 定义符号变量
f=n;
F=ztrans(f,n,z);
Fn=simple(F)
```

运行结果如下：

```
Fn =
```

z/(z−1)^2

【例 6 - 16】 已知 $F(z) = \dfrac{z^2}{z^2 - 1.5z + 0.5}$，$|z| > 1$，求 $f(n)$。

解　求解代码如下：

```
%program ch6_16
clear;
a=[1 −1.5 0.5];
b=[1 0 0];
[r,p,k]=residuez(b,a)              % z 变换的部分分式展开
```

运行结果如下：

```
r = 2      −1
p = 1      1/2
k = 0
```

由运行结果可知，$F(s)$ 的部分分式展开式为

$$F(z) = \frac{2z}{z-1} + \frac{-z}{z - \dfrac{1}{2}}$$

由此可得

$$f(n) = \left[2 - \left(\frac{1}{2}\right)^n\right]U(n)$$

【例 6 - 17】 已知 $F(z) = \dfrac{z^3 + 2z^2 + 1}{z(z-1)(z-0.5)}$，$|z| > 1$，求 $f(n)$。

解　求解代码如下：

```
%program ch6_17
clear;
syms z;                            % syms 定义符号变量
F=(z^3+2*z^2+1)/z/(z−1)/(z−0.5);
fn=iztrans(F)
```

运行结果如下：

```
fn =
2 * charfcn[1](n)+6 * charfcn[0](n)+8−13 * (1/2)^n
```

由运行结果可知

$$f(n) = 2\delta(n-1) + 6\delta(n) + 8U(n) - 13\left(\frac{1}{2}\right)^n U(n)$$

6.5　离散系统的 z 域分析

6.5.1　差分方程的变换解

　　LTI 离散系统是用常系数线性差分方程描述的，如果系统是因果的，并且输入为因果信号，那么可以用单边 z 变换来求解差分方程。与应用拉氏变换解微分方程相似，此时可以将差分方程变换为 z 变换函数的代数方程，并且利用单边 z 变换的移位特性可以将系统的初始

条件包含在代数方程中，从而能够方便地求得系统的零输入响应、零状态响应及全响应。

6.5.2 系统函数

因为

$$y_f(n) = f(n) * h(n)$$

式中：$f(n)$ 为某离散系统的激励；$h(n)$ 为单位样值响应；$y_f(n)$ 为零状态响应。而根据卷积定理，给上式两边取 z 变换，有

$$Y_f(z) = \mathcal{L}[h(n)]F(z) = H(z)F(z) \tag{6-30}$$

因此系统函数 $H(z)$ 是系统单位样值响应的 z 变换，即

$$\left.\begin{array}{l} \mathcal{L}[h(n)] = H(z) \\ h(n) = \mathcal{L}^{-1}[H(z)] \end{array}\right\} \tag{6-31}$$

或

$$h(n) \leftrightarrow H(z)$$

于是，根据式（6-31），可以利用 z 变换方法方便地求解系统的单位样值响应。进一步地，求出激励的 z 变换，然后由式（6-30）求出 $Y_f(z)$，再对 $Y_f(z)$ 取逆 z 变换即可得到 $y_f(n)$。

【例 6-18】 因果离散系统的差分方程为 $y(n) - 2y(n-1) = f(n)$，激励 $f(n) = 3^n U(n)$，$y(0) = 2$，求响应 $y(n)$。

解 方法一 差分方程变换解。

对差分方程两边取 z 变换得

$$Y(z) - 2z^{-1}[Y(z) + y(-1)z] = F(z)$$
$$(1 - 2z^{-1})Y(z) = 2y(-1) + F(z)$$

解出

$$Y(z) = \frac{2y(-1)}{1 - 2z^{-1}} + \frac{F(z)}{1 - 2z^{-1}}$$

即

$$Y_x(z) = \frac{2y(-1)}{1 - 2z^{-1}}, \quad Y_f(z) = \frac{F(z)}{1 - 2z^{-1}}$$

将 $y(0) = 2$ 代入差分方程得

$$y(0) - 2y(-1) = f(0)$$
$$y(-1) = \frac{1}{2}$$

而

$$F(z) = \mathcal{L}[3^n U(n)] = \frac{z}{z - 3}$$

所以

$$Y_x(z) = \frac{1}{1 - 2z^{-1}} = \frac{z}{z - 2}$$

$$Y_f(z) = \frac{1}{1 - 2z^{-1}} \cdot \frac{z}{z - 3} = \frac{z}{z - 2} \cdot \frac{z}{z - 3} = \frac{-2z}{z - 2} + \frac{3z}{z - 3}$$

将 $Y_x(z)$、$Y_f(z)$ 进行逆 z 变换就得出 $y_x(n)$ 和 $y_f(n)$ 为

$$y_x(n) = \mathscr{L}^{-1}\left[\frac{z}{z-2}\right] = 2^n U(n)$$

$$y_f(n) = \mathscr{L}^{-1}\left[\frac{-2z}{z-2} + \frac{3z}{z-3}\right] = [-2(2)^n + 3(3)^n]U(n)$$

得出

$$y(n) = y_x(n) + y_f(n) = [3(3)^n - 2^n]U(n)$$

方法二　先求出零输入响应 $y_x(n)$，再利用系统函数求出 $y_f(n)$。

(1) 求 $y_x(n)$。求 $y_x(n)$ 可以用 z 变换法，也可以用时域法，下面用这两种方法分别求出 $y_x(n)$。

① z 变换法。将差分方程写为齐次差分方程，即

$$y(n) - 2y(n-1) = 0$$

两边取 z 变换得

$$Y_x(z) - 2z^{-1}[Y_x(z) + y_x(-1)z] = 0$$

整理得

$$Y_x(z) = \frac{2y_x(-1)}{1 - 2z^{-1}}$$

而由前知

$$y_x(-1) = y(-1) = \frac{1}{2}$$

所以

$$Y_x(z) = \frac{1}{1 - 2z^{-1}} = \frac{z}{z-2}$$

则

$$y_x(n) = \mathscr{L}^{-1}[Y_x(z)] = 2^n U(n)$$

② 时域法。由差分方程知，特征值 $\lambda = 2$，则

$$y_x(n) = C2^n, \quad n \geqslant 0$$

将 $y_x(-1) = \frac{1}{2}$ 代入上式得

$$C = 1$$

所以

$$y_x(n) = 2^n, \qquad n \geqslant 0$$

(2) 求 $y_f(n)$。由差分方程 $y(n) - 2y(n-1) = f(n)$ 可得

$$h(n) - 2h(n-1) = \delta(n)$$

两边取 z 变换得

$$H(z) - 2z^{-1}H(z) = 1$$

$$H(z) = \frac{1}{1 - 2z^{-1}} = \frac{z}{z-2}$$

由式(6-30)得

$$Y_f(z) = H(z)F(z) = \frac{z}{z-2} \cdot \frac{z}{z-3} = \frac{z^2}{(z-2)(z-3)} = \frac{-2z}{z-2} + \frac{3z}{z-3}$$

从而

$$y_f(n) = \left[-2(2)^n + 3(3)^n\right]U(n)$$

综上可得

$$y(n) = y_x(n) + y_f(n) = \left[3(3)^n - 2^n\right]U(n)$$

6.5.3 离散系统因果性、稳定性与 $H(z)$ 的关系

在第 5 章已经知道，一个离散 LTI 系统是因果系统的充分必要条件是

$$h(n) = 0, \quad n < 0$$

或

$$h(n) = h(n)U(n)$$

即 $h(n)$ 为因果序列。

由于因果序列 z 变换的收敛域是 $|z| > R$，因此，如果系统函数的收敛域具有 $|z| > R$ 的形式，则该系统是因果的；否则，系统是非因果的。这样系统因果性的充分必要条件可以用 $H(z)$ 表示，即系统函数 $H(z)$ 的收敛域为

$$|z| > R, \quad R \text{ 为某非负实数}$$

类似地，可以用系统函数来研究稳定性问题。已经知道离散系统为稳定系统的充分必要条件是

$$\sum_{n=-\infty}^{\infty} |h(n)| < M, \quad M \text{ 为有界正值}$$

上式表明，$\sum\limits_{n=-\infty}^{\infty} |h(n)z^{-n}|$ 在单位圆 $|z| = 1$ 上是收敛的，根据收敛域的定义，单位圆在 $H(z) = \sum\limits_{n=-\infty}^{\infty} h(n)z^{-n}$ 的收敛域内。因此，系统为稳定的充要条件可以表示为：系统函数 $H(z)$ 的收敛域包含单位圆。

如果系统是因果的，那么其稳定性的条件是 $H(z)$ 的收敛域是包含单位圆在内的某个圆的外部，由于收敛域中不能含有极点，故 $H(z)$ 的所有极点均应在单位圆内。因此，因果系统稳定的充要条件是：$H(z)$ 的所有极点均在单位圆内。

6.5.4 离散系统 z 域分析的 MATLAB 实现

【例 6-19】 一离散系统的差分方程为 $y(n) - by(n-1) = f(n)$，激励 $f(n) = a^n U(n)$，$y(-1) = 0$，求响应 $y(n)$。

解 程序代码如下：

```
%program ch6_19
syms n a b z
f=a^n;
F=ztrans(f);
H=1/(1-b*z^(-1));
Y=H*F;
y1=iztrans(Y);
y=simplify(y1)
```

运行结果如下：

y

$= (a^{\wedge}(1+n) - b^{\wedge}(1+n))/(a-b)$

由运行结果可知

$$y(n) = \frac{a^{n+1} - b^{n+1}}{a-b} U(n)$$

【例 6 - 20】 条件同例 6 - 19，将初始条件变为 $y(-1)=2$，求系统的响应 $y(n)$。

解 对差分方程两边取单边 z 变换，得

$$Y(z) - bz^{-1}Y(z) - by(-1) = F(z)$$

代入 $y(-1)=2$ 得到

$$Y(z) = \frac{F(z) + 2b}{1 - bz^{-1}}$$

程序代码如下：

```
%program ch6_20
syms n a b z
F=z/(z-a);
Y=(F+2*b)/(1-b*z^(-1));
y1=iztrans(Y);
y=simplify(y1)
```

运行结果如下：

y=

$(a^{\wedge}(1+n) - b^{\wedge}(1+n) + 2*b^{\wedge}(1+n)*a - 2*b^{\wedge}(2+n))/(a-b)$

由运行结果知

$$y(n) = \frac{a^{n+1} - b^{n+1} + 2b^{n+1}a - 2b^{n+2}}{a-b} \cdot U(n) = \left(\frac{a^{n+1} - b^{n+1}}{a-b} + 2b^{n+1}\right)U(n)$$

6.5.5 利用 MATLAB 分析 $H(z)$ 的零极点与系统特性

系统函数的零点和极点可以通过 MATLAB 函数 roots 得到，也可借助函数 tf2zp 得到，它们的调用形式为

p=roots(s)

[z, p, k]=tf2zp(b, a)

其中，s 为多项式系统向量；p 为极点向量；z 为零点向量；k 的含义同 6.3 节；b、a 分别为系统函数的分子、分母多项式系数。

若要获得系统函数的零极点图，可以利用 zplane 函数，其调用形式为

zplane(b, a)

其中，b、a 的含义同上。

【例 6 - 21】 已知某因果系统的系统函数为

$$H(z) = \frac{z^2 - 1}{z^3 - 0.5z^2 + 0.5z + 0.2}$$

(1) 画出系统的零极点图，判断系统是否稳定；

(2) 求系统的单位样值响应，画出前 40 个样点；

（3）求系统的频率响应，画出 $0\sim2\pi$ 之间的幅度响应和相位响应。

解　程序代码如下：

```
%program ch6_21
clear;
b=[0 1 0 -1];
a=[1 -0.5 0.5 0.2];
subplot(2,2,1);
zplane(b,a);
h=impz(b,a,40);
subplot(2,2,2);
stem(h);
title('Impulse response'); xlabel('n');
w=0:0.01 * pi:2 * pi;
H=freqz(b,a,w);
subplot(2,2,3);
plot(w/pi,abs(H)); title('Magnitude response'); xlabel('Frequency\omega(unit:\pi)');
subplot(2,2,4);
plot(w/pi,angle(H)); title('Phase response'); xlabel('Frequency\omega(unit:\pi)');
```

运行结果如图 6－2 所示。

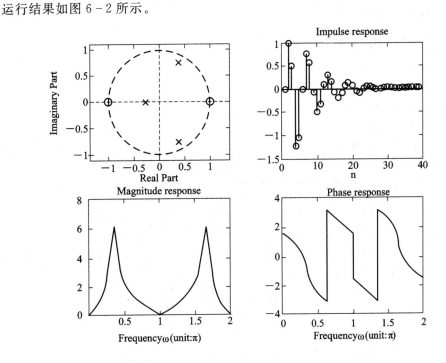

图 6－2　例 6－21 运行结果

由图可见该系统的全部极点都在单位圆内，所以该系统是稳定的。

【例 6－22】　某离散因果系统的系统函数为 $H(z)=\dfrac{z+0.32}{z^2+z+0.16}$，试用 MATLAB 命令求该系统的零极点。

解 程序代码如下：

```
%program ch6_22
b=[1 0.32];
a=[1 1 0.16];
[z,p,k]=tf2zp(b,a)
```

运行结果如下：

```
z=
    −0.3200
p=
    −0.8000
    −0.2000
k=
    1
```

由运行结果知，零点为 $z=-0.32$，极点为 $p_1=-0.8$ 和 $p_2=-0.2$。

【**例 6 - 23**】 某离散因果系统的系统函数为 $H(z)=\dfrac{z^2-0.36}{z^2-1.52z+0.68}$，试用 MATLAB 命令绘出该系统的零极点图，并判断该系统的稳定性。

解 程序代码如下：

```
%program ch6_23
b=[1 0 −0.36];
a=[1 −1.52 0.68];
zplane(b,a);
grid on
legend('零点','极点');
title('零极点分布图');
```

运行结果如图 6 - 3 所示。

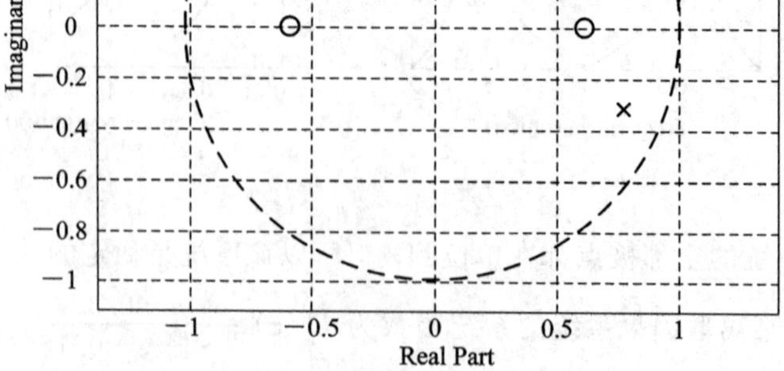

图 6 - 3　例 6 - 23 运行结果

由图可见该系统的全部极点都在单位圆内，所以该系统是稳定的。

6.5.6 利用 MATLAB 求解离散系统的频率响应

MATLAB 提供了函数 freqz 用于计算离散系统的频率响应，其一般调用形式为

    H＝freqz(b, a, w)

其中，a、b 为差分方程左、右端的系数向量；w 是由欲求解响应的频率抽样点构成的向量。

【例 6 - 24】 已知离散系统的差分方程为

$$y(n) - 0.3y(n-1) - 0.54y(n-2) = f(n) + 0.7f(n-1) + 0.12f(n-2)$$

用 MATLAB 求解系统的频率响应，画出 $-2\pi \sim 2\pi$ 之间的幅度响应和相位响应。

解 程序代码如下：

```
％program ch6_24
clear;
b=[1 0.7 0.12];
a=[1 −0.3 −0.54];
fs=0.01 * pi;
w=−2 * pi:fs:2 * pi;
H=freqz(b,a,w);
subplot(2,1,1);
plot(w/pi,abs(H));
title('Magnitude response');
xlabel('\omega(unit:\pi)');
subplot(2,1,2);
plot(w/pi,angle(H));
title('Phase response');
xlabel('\omega(unit:\pi)');
```

运行结果如图 6 - 4 所示。

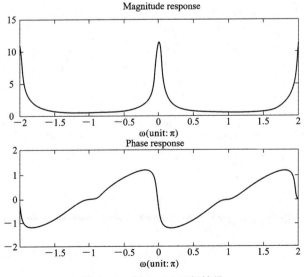

图 6 - 4 例 6 - 24 运行结果

【例 6 - 25】 已知某 LTI 因果系统的差分方程为 $y(n)-y(n-1)+\dfrac{1}{2}y(n-2)=f(n-1)$，试用 MATLAB 求解：

(1) 系统函数 $H(z)$ 及频率响应 $H(e^{j\omega})$；

(2) 单位样值响应 $h(n)$。

解　求解的 MATLAB 代码如下：

```
%program ch6_25
clear;
b=[0 1];
a=[1 -1 0.5];
w=0:0.01*pi:4*pi;
H=freqz(b,a,w);
subplot(2,2,1);
plot(w/pi,abs(H));
title('Magnitude response');
xlabel('Frequency\omega(unit:\pi)');
subplot(2,2,2);
plot(w/pi,angle(H));
title('Phase response');
xlabel('Frequency\omega(unit:\pi)');

h=impz(b,a,40);
subplot(2,1,2);
stem(h);
title('Impulse response');
xlabel('n');
```

运行结果如图 6-5 所示。

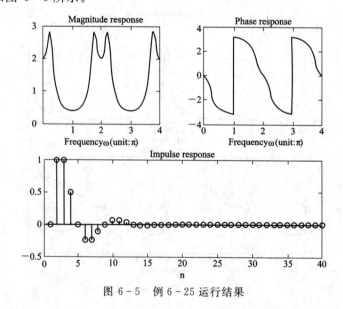

图 6-5　例 6-25 运行结果

课程思政扩展阅读

面向未来的工程人才应具备的新素养

"新工科"的发展建设历程和建设内涵指明了"新工科"建设的目的是为了培养能够适应甚至引领未来工程需求的人才。既如此,我们高等工程教育的师生就有必要根据"新工科"的建设内涵来分析未来的工程人才应该具备什么样的新素养?围绕这个问题国内很多专家学者都进行了论述,对于"新工科"人才的核心素养,"天大行动"提出:"强化工科学生的家国情怀、全球视野、法治意识和生态意识,培养设计思维、工程思维、批判性思维和数字化思维,提升创新创业、跨学科交叉融合、自主终身学习、沟通协商能力和工程领导力。"这里主要参考华中科技大学李培根教授对"新工科"背景下工科学生应具备和培养的若干新素养的论述,结合自身多年教学经验和学习,针对"新工科"所提出的各种必备能力要求进行阐述。这里重点体现"新"素养,对传统工科学生所要求的理论知识和实践能力素养方面的要求不再赘述。以下就价值观素养、知识领域素养、跨学科整合能力素养和思维素养四个方面对"新工科"核心素养进行探讨。

1. 价值观素养

"功崇惟志,业广惟勤",青年要志存高远,增长知识,锤炼意志,让青春在时代进步中焕发出绚丽的光彩。以大数据、云计算、物联网等为核心的新一轮科技革命和产业革命蓄势待发,科技之争、国家竞争本质上都是人才之争。"新工科"建设就是要打造世界工程创新中心和人才高地,提升国家硬实力和国际竞争力。作为"新工科"建设培养的工科学生,要增强价值感与使命感,坚定学业钻研志向,勇敢担负起时代赋予的使命和责任,树立为国家和民族崛起贡献自己智慧和力量的人生价值观。正如习近平总书记在 2013 年 5 月 2 日给北京大学同学的回信中所写:"'得其大者可以兼其小。'只有把人生理想融入国家和民族的事业中,才能最终成就一番事业。希望你们珍惜韶华、奋发有为,勇做走在时代前面的奋进者、开拓者、奉献者,努力使自己成为祖国建设的有用之才、栋梁之材,为实现中国梦奉献智慧和力量。"习近平总书记为新工科大学生塑造正确人生价值观指明了方向。

2. 知识领域素养

"新工科"要求培养具有面向未来新知识、新技术、新内容的工程技术人才,就要构建新知识体系和新课程体系。所以,"新工科"人才的知识领域素养不仅包含传统工科所要求的基础专业课程知识和工程技术知识,还要设置跨学科知识体系、通识知识体系(人文、法律、社会、自然)、管理知识体系(领导、沟通、表达)、国际化课程体系、工程实践与应用知识体系(包含现代软硬件技术工具使用)等。

3. 跨学科整合能力素养

新知识体系的学习素养要转换为能力素养,需要在实践中进一步进行体验和培养。卓越的工程师应该能在大的科学空间去观察、思考问题。现实中,哪怕一个小产品完全可能涉及多学科问题,如 LED,从学科而言,涉及电子、物理、材料、制造、机械等诸多领域(学科空间)。因此,"新工科"要帮助学生建立多学科交叉的意识,养成在多学科空间中观察、思考问题的习惯,培养跨学科整合能力。跨学科整合能力也是创新创造能力,也是终身学习能力。

4. 思维素养

（1）大工程思维。传统的工程教育，尤其是中国的工程教育，过分拘泥于专业的细节，学生的思维容易蜷缩在狭小的专业空间。其实，工程问题需要大工程观，是一种超越于自身专业之外的社会、科技、工程、文化等多方面的重大问题的观察思考及领悟能力，从系统的角度，从时间、空间的大尺度去观察、思考问题。德国"工业 4.0"和美国"工业互联网"所呈现的宏思维就是很好的例子，没有一批具备宏思维能力的专家，就不太可能有"工业 4.0"及"工业互联网"。技术，尤其是信息技术的发展使得企业运营空间、信息空间在增大，如很多制造企业在进行从生产型制造向生产服务型制造的转型。相应地，在联盟企业中建构数字生态系统、数字供应链等都是企业的新需求。"新工科"培养的学生应该具有这种空间感。

（2）问题思维。卓越工程师的视野主要不体现在知识上，而是体现在"问题"上。对工科学生而言，不能只是专注于"知识"，还要意识到存在哪些问题，观察和思维常常徜徉于问题空间之中，哪怕有些问题的解决有赖于别的学科，有些问题的解决尚无定论，创新也许就在问题思维之中。

（3）关联想象思维。关联想象力是创新的核心。对于新工科培养的学生，应着重在以下几个方面放飞学生的关联想象思维能力：一是问题空间中关联想象的能力，例如，轴承涉及精度、磨损等问题，精度与加工、装配等诸多问题有关，磨损问题又与材料、润滑、摩擦甚至化学等问题有关，精度问题和磨损问题又相互关联；二是物理或现实空间中关联想象的能力，例如，关于机械加工，人们可分别在机床的运动中、在材料的变化过程中、在机器能量消耗的变化中、在刀具与材料接触的界面中去感知关联；三是虚拟空间中关联想象的能力，例如，看似垃圾的数据，却又组成了斑斓的世界，大数据中潜藏着人平常根本意识不到的关联，车间中影响质量的隐性因素，即使专家也未必能意识到，未来工科学生应该意识到从虚拟世界中有可能获得对某一问题新的认识。

（4）批判性思维。批判性思维需要自由空间，可以说没有批判性思维就没有马克思主义，没有批判性思维也很难创新。"新工科"需要培养学生自由自在、独立思辨的能力。工程教育中应让学生养成批判思维习惯，看到某一结论或陈述时首先思考其证据是否充足？数据和信息与其来源之间的联系是否紧密？是否存在矛盾的、不充分的、模糊的信息？论证的逻辑存在错误吗？如此等等。

★本扩展阅读内容主要来源于以下网站和文献：

[1] 李培根. 高等工程教育中的边界再设计[J]. 高等工程教育研究，2007(04)：8-11.
[2] 叶民，孔寒冰，张炜. 新工科：从理念到行动[J]. 高等工程教育研究，2018(01)：24-31.

习　题

· 基础练习题

6.1　什么是 z 变换的收敛域？因果信号和非因果信号、时限信号和非时限信号的收敛

域分别对应于 z 平面上的何区域？信号 z 变换的极点与收敛域边界的关系是怎样的？

6.2　若双边信号 $f(n)=a^nU(n)+a^{-n}U(-n-1)$ 的 z 变换存在，求 a 的取值范围。（设 a 为正实数）

6.3　下列信号的 z 变换是否存在？若存在，求其 z 变换并确定收敛域。

(1) $f(n)=U(n+2)-U(n-1)$

(2) $f(n)=U(n+4)-U(n+1)$

(3) $f(n)=U(n)-U(n-3)$

(4) $f(n)=1$

(5) $f(n)=U(-n-1)$

(6) $f(n)=U(n)$

(7) $f(n)=e^nU(n)$

(8) $f(n)=e^nU(-n-1)$

(9) $f(n)=e^n$

6.4　利用性质求下列信号的 z 变换并确定其收敛域。

(1) $f(n)=(2^n+3^n)U(n)$

(2) $f(n)=(1+0.5^n)U(n-3)$

(3) $f(n)=\begin{cases}1,&n=0,2,4\\0,&\text{其他}\end{cases}$

(4) $f(n)=\sum_{m=0}^{n}(1)^m$

6.5　利用性质求下列信号的 z 变换。

(1) $f(n)=(-1)^{n+1}nU(n)$

(2) $f(n)=(0.5)^nU(n)*\delta(n-1)$

(3) $f(n)=\sum_{k=0}^{\infty}2^k\delta(n-k)$

(4) $f(n)=[U(n)-U(n-4)]*\sum_{k=0}^{\infty}2^k\delta(n-8k)$

(5) $f(n)=(0.5^{n+1}+3^{n-1})U(n)$

(6) $f(n)=(-2)^nU(n-2)$

6.6　根据定义求下列序列的双边 z 变换，画出其零极点图，并注明收敛域。

(1) $f(n)=\delta(n-2)$

(2) $f(n)=-\left(\dfrac{1}{2}\right)^nU(-n-1)$

(3) $f(n)=\left(\dfrac{1}{2}\right)^n[U(n)-U(n-3)]$

(4) $f(n)=\left(\dfrac{1}{2}\right)^{|n|}$

(5) $f(n)=-U(-n-1)$

(6) $f(n)=2^nU(n)+0.5^nU(n)$

6.7　根据定义求下列单边序列的 z 变换，画出其零极点图，并注明收敛域。

(1) $f(n)=(-1)^nU(n)$

(2) $f(n)=\cos\left(\dfrac{n\pi}{4}\right)U(n)$

(3) $f(n)=U(n)-U(n-2)$

(4) $f(n)=(0.5^n+4^n)U(n)$

6.8　已知信号 $f(n)$ 的 z 变换为 $F(z)=\dfrac{-z}{2z^2-7z+3}$。

(1) 画出 $F(z)$ 的零极点图；

(2) 判断在下列三种收敛域下，哪种情况对应于左边序列、右边序列、双边序列。

① $|z|>3$　　② $|z|<0.5$　　③ $0.5<|z|<3$

6.9　已知信号 $f(n)$ 的 z 变换为 $F(z)=\dfrac{-5z}{(z-2)(3z-1)}$，求在下列收敛域情况下所对应的序列。

(1) $\dfrac{1}{3}<|z|<2$ (2) $|z|>2$ (3) $|z|<\dfrac{1}{3}$

6.10 试利用 z 变换的性质下列信号的 z 变换。

(1) $f(n)=[1+(-1)^n]U(n)$ (2) $f(n)=0.5^n U(n)+\delta(n-2)$

(3) $f(n)=\sin\omega n U(n)$ (4) $f(n)=U(n)-U(n-2)+U(n-4)$

(5) $f(n)=0.5^n\cos\left(\dfrac{n\pi}{2}\right)U(n)$ (6) $f(n)=2^n e^{-3n}U(n)$

(7) $f(n)=3^n e^{-2n}\sin\omega n U(n)$ (8) $f(n)=\cos\left(\dfrac{n\pi}{2}+\dfrac{\pi}{4}\right)U(n)$

6.11 试利用 z 变换的性质求下列信号的 z 变换。

(1) $f(n)=(n-2)U(n)$ (2) $f(n)=n\cos\omega n U(n)$

(3) $f(n)=n(n-1)U(n-1)$ (4) $f(n)=(n-2^n)^2 U(n)$

(5) $f(n)=e^{j\omega n}U(-n)$ (6) $f(n)=e^{-2n}U(-n)$

(7) $f(n)=n2^{n-1}U(n)$ (8) $f(n)=(n+2)U(n+1)$

(9) $f(n)=\displaystyle\sum_{k=0}^{n}k^2$ (10) $f(n)=2^n U(-n-2)$

(11) $f(n)=n(n-1)U(-n+1)$ (12) $f(n)=0.5^n(n-1)U(n-1)$

6.12 已知因果序列 $f(n)$ 的 z 变换为 $F(z)$，求下列信号的 z 变换。

(1) $e^{-an}f(n)$ (2) $n^2 f(n)$

(3) $\displaystyle\sum_{k=0}^{n}\alpha^k f(k)$ (4) $f(n-1)U(n)$

(5) $f(n-1)U(n-1)$ (6) $f(n+1)U(n)$

(7) $f(n+1)U(n+1)$ (8) $\alpha^n\displaystyle\sum_{k=0}^{n}f(k)$

6.13 求下列单边 z 变换所对应的序列 $f(n)$。

(1) $F(z)=\dfrac{z^2}{z^2-z-2}$ (2) $F(z)=\dfrac{-5z}{(4z-1)(3z-2)}$

(3) $F(z)=\dfrac{2z^2-3z+1}{z^2-4z-5}$ (4) $F(z)=\dfrac{4z}{(z-1)^2(z+1)}$

(5) $F(z)=\dfrac{2z^3+4z^2+2}{2z^3-3z^2+z}$ (6) $F(z)=\dfrac{z^{-1}}{(1-6z^{-1})^2}$

6.14 已知因果序列的 z 变换如下，求所对应的序列 $f(n)$。

(1) $F(z)=\dfrac{4z^2-2z}{4z^2-1}$ (2) $F(z)=\dfrac{4z^3+7z^2+3z+1}{2z^3+2z^2+2z}$

(3) $F(z)=\dfrac{z^3+6}{z^3+z^2+4z+4}$ (4) $F(z)=\dfrac{z^2+2z}{(z-2)^3}$

(5) $F(z)=z^{-1}+2z^{-3}+4z^{-5}$ (6) $F(z)=\dfrac{z^3}{(z-0.5)^2(z-1)}$

6.15 利用卷积性质求下列序列的卷积。

(1) $e^{-2n}U(n)*e^{-3n}U(n)$

(2) $2^n U(n)*2^n U(n)$

(3) $\left(\dfrac{1}{2}\right)^n U(n) * U(n)$

(4) $[U(n) - U(n-4)] * [U(n) - U(n-4)]$

(5) $nU(n) * nU(n)$

(6) $[U(n) - U(n-4)] * \sin\left(\dfrac{n\pi}{2}\right) U(n)$

(7) $\sin\left(\dfrac{n\pi}{2}\right) U(n) * \sin\left(\dfrac{n\pi}{2}\right) U(n)$

(8) $\sin\left(\dfrac{n\pi}{2}\right) U(n) * 2^n U(n)$

(9) $2^n U(n) * 3^n U(-n)$

(10) $\cos\omega n U(n) * [U(n) - U(n-4)]$

(11) $2^n [U(n) - U(n-3)] * \displaystyle\sum_{k=0}^{\infty} \delta(n - 6k)$

(12) $\cos\left(\dfrac{n\pi}{4}\right) U(n) * [U(n) - U(n-4)] * \displaystyle\sum_{k=0}^{\infty} \delta(n - 8k)$

6.16 已知序列的单边 z 变换 $F(z)$，求序列 $f(n)$。

(1) $F(z) = \dfrac{z^4 - 1}{z^2 (z - 1)}$

(2) $F(z) = \dfrac{1}{2z - 1}$

(3) $F(z) = \left(\dfrac{z + 1}{z}\right)^3$

(4) $F(z) = \dfrac{z^2}{(z - 2)^2}$

6.17 已知某离散时间 LTI 系统的单位序列响应为 $h(n) = (0.5)^n U(n)$，求下列信号输入时系统的响应 $y(n)$。

(1) $f(n) = \left(\dfrac{3}{4}\right)^n U(n)$

(2) $f(n) = (n + 1)\left(\dfrac{1}{4}\right)^n U(n)$

(3) $f(n) = (-1)^n U(n)$

6.18 求下列系统的全响应。

(1) $y(n+2) - 3y(n+1) + 2y(n) = f(n+1) - 2f(n)$, $f(n) = U(n)$, $y_x(0) = y_x(1) = 1$

(2) $y(n+2) + y(n+1) - 6y(n) = f(n+1)$, $f(n) = 4^n U(n)$, $y_x(0) = 0$, $y_x(1) = 1$

(3) $y(n) + 2y(n-1) = f(n)$, $f(n) = (3n+4)U(n)$, $y(-1) = -1$

(4) $y(n+2) - 5y(n+1) + 6y(n) = f(n)$, $f(n) = U(n)$, $y_x(0) = 1$, $y_x(1) = 5$

(5) $y(n) + 2y(n-1) + y(n-2) = 3^n U(n)$, $y(0) = y(1) = 0$

(6) $y(n) + 2y(n-1) + y(n-2) = 3(0.5)^n U(n)$, $y(-1) = 3$, $y(-2) = -5$

6.19 已知系统函数 $H(z)$ 及激励信号 $f(n)$ 如下，求系统的零状态响应。

(1) $H(z) = \dfrac{1}{z^2 + 3z + 2}$, $\quad f(n) = 3^n U(n)$

(2) $H(z) = \dfrac{2}{2 + z^{-1} - z^{-2}}$, $\quad f(n) = 9(2)^n U(n)$

(3) $H(z) = \dfrac{z}{z^2 + z + 1}$, $\quad f(n) = 3U(n)$

(4) $H(z) = \dfrac{1 + 2z^{-2}}{1 - z^{-1} - 2z^{-2}}$, $\quad f(n) = U(n)$

6.20 离散时间 LTI 系统的框图如习题图 6-1 所示，求：

(1) 系统函数 $H(z)$；

(2) 系统单位样值响应 $h(n)$；

(3) 系统单位阶跃响应 $g(n)$。

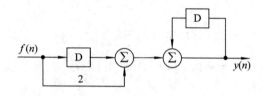

习题图 6-1

6.21 离散时间 LTI 系统的框图如习题图 6-2 所示，求：

(1) 系统函数 $H(z)$；

(2) 系统单位样值响应 $h(n)$；

(3) 系统单位阶跃响应 $g(n)$。

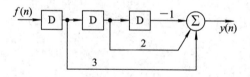

习题图 6-2

6.22 若一离散时间 LTI 系统对输入信号 $f(n) = \left(\dfrac{1}{2}\right)^n U(n) - \dfrac{1}{4}\left(\dfrac{1}{2}\right)^{n-1} U(n-1)$ 所产生的响应为 $y(n) = \left(\dfrac{1}{3}\right)^n U(n)$，求该系统的差分方程及单位样值响应 $h(n)$。

6.23 若一离散时间 LTI 系统对输入信号 $f(n) = (n+2)\left(\dfrac{1}{2}\right)^n U(n)$ 所产生的响应为 $y(n) = \left(\dfrac{1}{4}\right)^n U(n)$，求为使系统的输出为 $y(n) = \delta(n) - \left(-\dfrac{1}{2}\right)^n U(n)$，系统的输入 $f(n)$。

6.24 如习题图 6-3 所示系统，已知 $H_1(z) = \dfrac{4z}{4z-1}$，$H_2(z) = \dfrac{2z}{2z+1}$，求系统函数 $H(z)$、单位样值响应 $h(n)$ 和单位阶跃响应 $g(n)$。

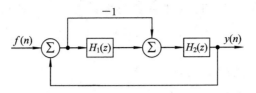

习题图 6-3

6.25 习题图 6-4 所示系统由三个子系统组成,已知子系统的系统函数分别为 $H_1(z)=\dfrac{1}{z+2}$, $H_2(z)=\dfrac{z}{z+1}$, $H_3(z)=\dfrac{1}{z}$, 求当激励 $f(n)=U(n)-U(n-2)$ 时的零状态响应 $y_f(n)$。

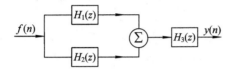

习题图 6-4

6.26 已知某离散时间 LTI 因果系统的零极点图如习题图 6-5 所示,且系统的 $H(0)=2$。

(1) 求系统函数 $H(z)$;

(2) 求系统的单位样值响应 $h(n)$;

(3) 求系统的差分方程;

(4) 若已知激励为 $f(n)$ 时,系统的零状态响应为 $y(n)=2^n U(n)$,求 $f(n)$。

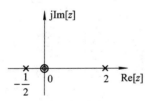

习题图 6-5

6.27 已知某离散时间 LTI 因果系统的零极点图如习题图 6-6 所示,且系统的 $H(\infty)=4$。

(1) 求系统函数 $H(z)$;

(2) 求系统的单位样值响应 $h(n)$;

(3) 求系统的差分方程;

(4) 若已知激励为 $f(n)$ 时,系统的零状态响应为 $y(n)=U(n)$,求 $f(n)$。

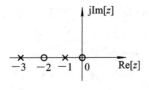

习题图 6-6

6.28 已知某离散时间 LTI 因果系统的零极点图如习题图 6-7 所示，且系统的 $H(\infty)=4$。

(1) 求系统函数 $H(z)$；

(2) 求系统的单位样值响应 $h(n)$；

(3) 求系统的差分方程；

(4) 若已知激励为 $f(n)$ 时，系统的零状态响应为 $y(n)=0.5^n U(n)$，求 $f(n)$。

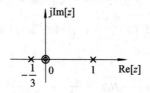

习题图 6-7

6.29 已知系统函数为

$$H(z)=\frac{1}{2z^2-5z+2}$$

(1) 画出其零极点图；

(2) 写出对应于下列情况的 $H(z)$ 的收敛域：

① 系统是因果的   ② 系统是非因果的   ③ 系统是稳定的

(3) 求出对应于以上情况的系统的单位样值响应 $h(n)$。

6.30 某 LTI 离散系统框图如习题图 6-8 所示，问当 K 为何值时系统稳定？

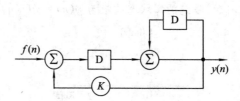

习题图 6-8

6.31 已知 LTI 离散系统的差分方程为

$$y(n)-\frac{\sqrt{2}}{2}y(n-1)+\frac{1}{4}y(n-2)=f(n)-f(n-1)$$

(1) 求系统的频率响应 $H(e^{j\omega})$；

(2) 若输入为 $f(n)=(-1)^n$，$-\infty<n<\infty$，求系统输出 $y(n)$；

(3) 若输入为 $f(n)=(-1)^n U(n)$，求系统输出 $y(n)$。

6.32 已知系统差分方程为 $y(n)-y(n-1)-2y(n-2)=f(n)-f(n-1)$，求在下列激励和初始条件下系统的零输入响应、零状态响应和全响应。

(1) $f(n)=U(n)$，$y(-1)=0$，$y(-2)=3$

(2) $f(n)=U(n)$，$y(1)=0$，$y(2)=3$

(3) $f(n)=0.5^n U(n)$，$y(-1)=0$，$y(-2)=3$

(4) $f(n)=0.5^n U(n)$，$y(1)=0$，$y(2)=3$

6.33 已知某离散系统的传输函数 $H(z)$ 的零极点分布如习题图 6-9 所示。

(1) 若 $h(\infty)=1$，求 $h(n)$；

(2) 若 $h(0)=1$，求 $h(n)$。

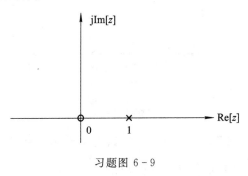

习题图 6-9

※扩展练习题

6.34　根据 z 变换和拉氏变换间的关系：

(1) 由 $f(t)=\mathrm{e}^{-2t}U(t)$ 的 $F(s)=\dfrac{1}{s+2}$，求 $f(n)=\mathrm{e}^{-2n}U(n)$ 的 z 变换；

(2) 由 $f(t)=t\mathrm{e}^{-2t}U(t)$ 的 $F(s)=\dfrac{1}{(s+2)^2}$，求 $f(n)=n\mathrm{e}^{-2n}U(n)$ 的 z 变换。

6.35　已知序列 $f_1(n)=(0.5^n+1)U(n)$，试求 $f(n)=\displaystyle\sum_{k=0}^{n}f_1(k)$ 的 z 变换 $F(z)$。

6.36　试用 z 变换求 $0\sim n$ 的全部整数和 $y(n)=\displaystyle\sum_{k=0}^{n}k$。

6.37　已知序列 $f(n)$ 为因果序列，且有 $f(n)=-nU(n)+\displaystyle\sum_{k=0}^{n}f(k)$，试求 $f(n)$。

6.38　已知序列 $f(n)$ 为因果序列，且有 $\displaystyle\sum_{k=0}^{n+1}f(k)=nU(n)*0.5^nU(n)$，试求 $f(n)$。

6.39　上题中若改成 $\displaystyle\sum_{k=0}^{n-1}f(k)=nU(n)*0.5^nU(n)$，则 $f(n)$ 如何？

6.40　已知离散时间信号 $f(n)$ 的 z 变换为 $F(z)$，且

(1) $f(n)$ 是实的因果序列；

(2) $F(z)$ 只有两个极点，其中之一为 $z=0.5\mathrm{e}^{j\frac{\pi}{3}}$；

(3) $F(z)$ 在原点有二阶零点；

(4) $F(1)=\dfrac{8}{3}$。

试求 $F(z)$ 并指出其收敛域。

6.41　已知某离散时间 LTI 系统的系统函数 $H(z)$ 的零极点图如习题图 6-10 所示，且 $H(\infty)=1$。

(1) 试求 α 与系统单位序列响应 $h(n)$ 中为 $K\left(\dfrac{1}{3}\right)^n U(n)$ 的分量的系数 K 的关系；

(2) 讨论习题图 6-10 当 α 从 0 变到 1 时，系统单位序列响应 $h(n)$ 的变化，并由此说明系统零点与系统响应之间的关系。

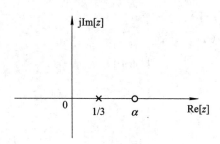

习题图 6-10

6.42 已知离散时间 LTI 系统的单位阶跃响应为 $g(n)=\left[2-\left(\frac{1}{2}\right)^{n}+\left(-\frac{3}{2}\right)^{n}\right]U(n)$，求该系统的系统函数 $H(z)$ 和单位样值响应 $h(n)$。

6.43 用矢量作图法粗略绘出具有下列系统函数的幅频响应曲线。

(1) $H(z)=\dfrac{z}{z+1}$ (2) $H(z)=\dfrac{1}{z-0.5}$

(3) $H(z)=\dfrac{z+2}{z}$ (4) $H(z)=\dfrac{z}{z^{2}+2z+3}$

6.44 若实序列 $f(n)$ 的变换为 $F(z)$，试证明：

(1) $F(z)=F^{*}(z^{*})$；

(2) 若 z_{0} 为 $F(z)$ 的极点，则 z_{0}^{*} 也是 $F(z)$ 的极点。

6.45 设离散系统的系统函数 $H(z)$ 在单位圆上收敛，试证其幅频响应函数 $|H(e^{j\omega})|$，有以下等式成立：

$$|H(e^{j\omega})|^{2}=H(z)H(z^{-1})|_{z=e^{j\omega}}$$

6.46 设离散系统的系统函数 $H(z)$，其阶跃响应为 $g(n)$，试证：若 $g(\infty)=H(1)$，则该系统是稳定的。

6.47 已知某离散 LTI 系统的差分方程为

$$2y(n)-(K-1)y(n-1)+y(n-2)=f(n)+3f(n-1)+2f(n-2)$$

求系统的稳定条件。

6.48 已知某离散 LTI 反馈系统框图如习题图 6-11 所示，其中 $H_{1}(z)=\dfrac{2}{2-z^{-1}}$，$H_{2}(z)=1-Kz^{-1}$，求使系统稳定的 K 的取值范围。

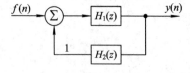

习题图 6-11

6.49 已知离散系统的系统函数 $H(z)$ 如下，求系统的幅频特性 $H(\omega)$ 并粗略绘出图形。

(1) $H(z)=\dfrac{1}{z+1}$

(2) $H(z)=\dfrac{z+1}{(z-2)(z+0.5)}$

6.50 已知描述 LTI 离散系统的差分方程为 $y(n)-3y(n-1)+2y(n-2)=f(n)+$

$f(n-1)$，初始条件 $y(-1)=1$，$y(-2)=1.5$。当加入因果激励信号 $f(n)$ 时，系统全响应 $y(n)=(1-2^n+3^n)U(n)$，试求 $f(n)$。

6.51 已知 LTI 离散系统的差分方程为 $y(n)+0.5y(n-1)=f(n)+2f(n-1)$，求当激励为 $f(n)=\cos\dfrac{n\pi}{2}$ 时，系统的稳态响应 $y_{ss}(n)$。

上 机 练 习

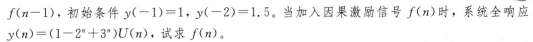

6.1 利用 residuez 函数，求 $F(z)=\dfrac{2z^4+16z^3+44z^2+56z+32}{3z^4+3z^3-15z^2+18z-12}$ 的逆变换。

6.2 已知离散系统的系统函数为 $H(z)=\dfrac{z(2z+1)}{2z^2+z-3}$，系统输入为 $f(n)=0.5^nU(n)$，$y(-1)=1$，$y(-2)=2$，试用 filter 函数求系统的零输入响应、零状态响应和全响应。

6.3 分别用 impz 函数和 filter 函数，求如下系统的单位样值响应，比较两种方法所得的结果，求系统的频率响应，并画出 $0\sim2\pi$ 之间的幅频响应。

$$H(z)=\frac{z^2}{z^2+2z+2}$$

6.4 一个离散系统的五个零点为 $z=-0.7\pm j0.5$，$z=-0.8\pm j0.15$ 和 $z=-0.85$，其六个极点为 $z=0.8$，$z=0.7$，$z=0.75\pm j0.2$ 和 $z=0.85\pm j0.4$。系统的直流增益为 0.9。

（1）求系统的系统函数；

（2）画出系统函数的零极点图，并判断系统是否稳定；

（3）画出系统的幅频响应和相频响应。

第7章　系统的信号流图及模拟

【内容提要】 本章介绍系统的信号流图，讨论用信号流图描述系统以及模拟系统的方法。

7.1　系统的信号流图

系统的描述方法在前面章节中已讨论过。连续系统和离散系统都可以用模拟框图来描述。模拟框图由一些模拟器件组成，如加法器、乘法器、积分器、延迟单元等。在研究了系统的复频域和 z 域分析之后，系统的模拟框图除时域形式外，还有复频域形式(连续系统)和 z 域形式(离散系统)。图 7-1 所示为 s 域和 z 域的模拟器件模型，图 7-2 所示是 s 域和 z 域系统的模拟框图示例。由模拟框图可以写出这两个系统的系统函数。

加法器　　　　积分器　　　　　　加法器　　　　延迟单元

(a) s 域模拟器件　　　　　　　　(b) z 域模拟器件

图 7-1　s 域和 z 域的模拟器件模型

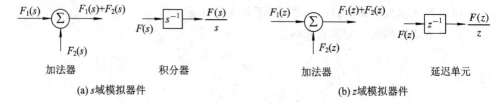

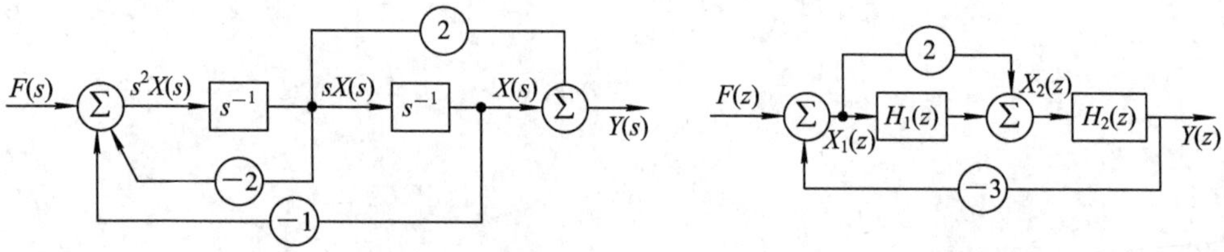

(a) s 域系统的模拟框图　　　　　　　(b) z 域系统的模拟框图

图 7-2　s 域和 z 域系统的模拟框图

对图 7-2(a)所示连续系统，设中间变量为 $X(s)$，则有

$$s^2 X(s) = F(s) - 2sX(s) - X(s)$$
$$Y(s) = 2sX(s) + X(s)$$

联立两式可得

$$H(s) = \frac{Y(s)}{F(s)} = \frac{2s+1}{s^2+2s+1}$$

对图 7-2(b)所示离散系统，设中间变量为 $X_1(z)$ 和 $X_2(z)$，则有

$$X_1(z) = F(z) - 3Y(z)$$
$$X_2(z) = 2X_1(z) + X_1(z) \cdot H_1(z) = [2 + H_1(z)]X_1(z)$$
$$Y(z) = X_2(z) \cdot H_2(z)$$

联立三式可得

$$H(z) = \frac{Y(z)}{F(z)} = \frac{[2 + H_1(z)] \cdot H_2(z)}{1 + 3[2 + H_1(z)] \cdot H_2(z)}$$

可见，s 域或 z 域的模拟框图完全可以描述一个系统的系统函数，即可描述一个系统。这里也可看出，s 域和 z 域有对偶的关系。

不过对于一个比较复杂的系统，如含多个子系统（如图 7-2(b) 所示）并包含多个加法器，绘制模拟框图及从模拟框图写出系统函数就会变得很复杂。为了简化模拟框图，出现了线性系统的信号流图（signal flow graphs）表示与分析方法。信号流图是由美国麻省理工学院的梅森（Mason）于 20 世纪 50 年代提出的，它在系统的分析与设计中得到了广泛应用。与模拟框图相比，信号流图方法更加简明清楚，系统函数的计算过程明显简化。此外，借助信号流图研究系统的状态变量分析也显示出许多优点，这将在本章的后续部分介绍。

系统的信号流图实际上是对 s 域或 z 域模拟框图的简化：用有方向的线段表示信号的传输路径，有向线段的起始点表示系统中的变量或信号，将起点信号与终点信号之间的转移关系标注在有向线段箭头的上方，并将加法器省略后用一个节点表示。如将图 7-2 所示的连续系统和离散系统的模拟框图转化为对应的信号流图，如图 7-3 所示。

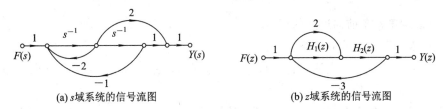

(a) s 域系统的信号流图　　　　　　　　　　(b) z 域系统的信号流图

图 7-3　s 域和 z 域系统的信号流图

为了更好地研究及使用信号流图，先给出以下一些术语。

节点：表示信号或变量的点，同时具有加法器的功能。

源点：只有信号输出的节点，对应输入信号。

阱点：只有信号输入的节点，对应输出信号。

混合节点：既有信号输入，又有信号输出的节点。

支路：节点之间的有向线段，支路上的标注称为支路增益或转移函数。

通路：沿支路箭头方向通过各相连支路的途径，不允许逆箭头方向。

开通路：与任一节点相交不多于一次的通路。

前向通路：从源点到阱点方向的开通路。

环路：通路的终点就是起点，并且与任何其他节点相交不多于一次的闭合通路。

不接触环路：两环路之间没有任何公共节点。

前向通路增益：在前向通路中，各支路增益的乘积。

环路增益：在环路中各支路增益的乘积。

由图 7-3 可以总结几点信号流图的特性：

（1）节点有加法器功能，并能把和信号传送到所有输出支路。

（2）支路表示了一个信号与另一个信号的函数关系，信号只能沿箭头方向流过。

（3）给定一个系统，其信号流图形式不唯一。

（4）连续系统的信号流图表示的分析方法同离散系统的完全一致，只是连续系统在 s 域中，积分器的增益用 s^{-1} 表示，系统函数用 $H(s)$ 表示；而离散系统在 z 域中，延迟单元的增益用 z^{-1} 表示，系统函数用 $H(z)$ 表示。所以下面所叙述的信号流图的相关内容均适用于连续和离散两种系统。

由前文可知，有了模拟框图，就可以求出系统的系统函数。那么有了信号流图，同样可以求出系统的系统函数，这个过程可以用前面所用到的方法（称为方程法），但对于复杂的系统，这种方法比较麻烦。下面介绍用梅森公式求系统函数的方法。

梅森公式的形式为

$$H = \frac{1}{\Delta} \sum_k g_k \Delta_k \tag{7-1}$$

式中字符含义说明如下：

（1）H 可以是 $H(s)$，也可以是 $H(z)$，所以只用 H 表示。

（2）Δ 称为信号流图的特征行列式，其定义为

$\Delta = 1 -$（所有不同环路的增益之和）$+$（每两个互不接触环路增益乘积之和）

$\quad\quad -$（每三个互不接触环路增益乘积之和）$+ \cdots$

$$= 1 - \sum_a L_a + \sum_{b,c} L_b L_c - \sum_{d,e,f} L_d L_e L_f + \cdots \tag{7-2}$$

（3）k 表示第 k 条前向通路的标号。

（4）g_k 表示第 k 条前向通路增益。

（5）Δ_k 表示第 k 条前向通路特征行列式的余子式。它是除去与第 k 条前向通路相接触的环路外，余下信号流图的特征行列式。

这里不对梅森公式进行证明，仅举出应用实例。

【例 7-1】 求图 7-4 所示系统的系统函数。

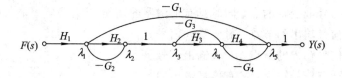

图 7-4 例 7-1 的信号流图

解 设信号流图中各个节点为 $\lambda_1 \sim \lambda_5$，如图 7-4 中所标注。利用梅森公式计算如下：

（1）求信号流图的特征行列式：

环路： $\quad L_1 = (\lambda_1 \to \lambda_2 \to \lambda_1) = -H_2 G_2$

$\quad\quad\quad\quad L_2 = (\lambda_3 \to \lambda_4 \to \lambda_3) = -H_3 G_3$

$\quad\quad\quad\quad L_3 = (\lambda_4 \to \lambda_5 \to \lambda_4) = -H_4 G_4$

$\quad\quad\quad\quad L_4 = (\lambda_1 \to \lambda_2 \to \lambda_3 \to \lambda_4 \to \lambda_5 \to \lambda_1) = -H_2 H_3 H_4 G_1$

其中，L_1 和 L_2、L_1 和 L_3 是不接触环路，所以

$\quad\quad \Delta = 1 + (H_2 G_2 + H_3 G_3 + H_4 G_4 + H_2 H_3 H_4 G_1) + (H_2 G_2 H_3 G_3 + H_2 G_2 H_4 G_4)$

（2）前向通路及增益：

前向通路只有一条，其增益为 $g_1 = H_1 H_2 H_3 H_4$，相应的余子式为 $\Delta_1 = 1$。

（3）按梅森公式即得系统函数：

$$H(s) = \frac{Y(s)}{F(s)} = \frac{H_1 H_2 H_3 H_4}{\Delta}$$

【例 7 - 2】 求图 7-5 所示信号流图的系统函数。

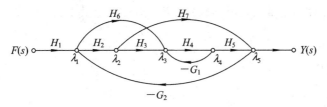

图 7 - 5　例 7 - 2 的信号流图

解　为了利用梅森公式求系统函数，先求出有关参数。

（1）求 Δ。求所有环路增益。从信号流图中可以看出，共有四条环路，分别用 L_1、L_2、L_3、L_4 表示：

$$L_1 = (\lambda_3 \to \lambda_4 \to \lambda_3) = -H_4 G_1$$

$$L_2 = (\lambda_2 \to \lambda_5 \to \lambda_1 \to \lambda_2) = -H_7 G_2 H_2$$

$$L_3 = (\lambda_1 \to \lambda_3 \to \lambda_4 \to \lambda_5 \to \lambda_1) = -H_6 H_4 H_5 G_2$$

$$L_4 = (\lambda_1 \to \lambda_2 \to \lambda_3 \to \lambda_4 \to \lambda_5 \to \lambda_1) = -H_2 H_3 H_4 H_5 G_2$$

求两两不接触环路增益的乘积：只有 L_1 和 L_2 是不接触的环路，即 $L_1 L_2 = H_2 H_4 H_7 G_1 G_2$，由此得

$$\Delta = 1 + (H_4 G_1 + H_2 H_7 G_2 + H_4 H_5 H_6 G_2 + H_2 H_3 H_4 H_5 G_2) + H_2 H_4 H_7 G_1 G_2$$

（2）前向通路共三条：

第一条：$\lambda \to \lambda_1 \to \lambda_2 \to \lambda_3 \to \lambda_4 \to \lambda_5$，

$$g_1 = H_1 H_2 H_3 H_4 H_5$$

没有与第一条通路不接触的环路，所以 $\Delta_1 = 1$。

第二条：$\lambda \to \lambda_1 \to \lambda_3 \to \lambda_4 \to \lambda_5$，

$$g_2 = H_1 H_6 H_4 H_5$$

没有与第二条通路不接触的环路，所以 $\Delta_2 = 1$。

第三条：$\lambda \to \lambda_1 \to \lambda_2 \to \lambda_5$，

$$g_3 = H_1 H_2 H_7$$

有与第三条通路不接触的环路 L_1，所以 $\Delta_3 = 1 + H_4 G_1$。

最后得到系统函数为

$$H(s) = \frac{Y(s)}{F(s)} = \frac{1}{\Delta} \sum_3 g_k \Delta_k$$

$$= \frac{H_1 H_2 H_3 H_4 H_5 + H_1 H_6 H_4 H_5 + H_1 H_2 H_7 (1 + H_4 G_1)}{1 + H_4 G_1 + H_2 H_7 G_2 + H_4 H_5 H_6 G_2 + H_2 H_3 H_4 H_5 G_2 + H_2 H_4 H_7 G_1 G_2}$$

7.2 系统的信号流图模拟

为了研究一个系统的特性(即观察系统特性的变化情况),需要采用模拟手段来改变各种参数。这里的模拟是指数学意义上的,并非实验室的仿真系统,只是用一些积分器、加法器、标量乘法器、延迟单元等模拟器件组成模拟系统,与相应的物理系统没有直接关系,仅具有相同的系统数学模型和系统函数。在此,以梅森公式为基础,介绍系统的三种模拟形式。

7.2.1 直接形式(卡尔曼形式)

若系统函数为

$$H(s) = \frac{Y(s)}{F(s)} = \frac{s + b_0}{s^2 + a_1 s + a_0}$$

则可以表示为

$$H(s) = \frac{s^{-1} + b_0 s^{-2}}{1 + a_1 s^{-1} + a_0 s^{-2}}$$

根据梅森规则,从 $H(s)$ 的分母可知,系统有两个环路,增益分别是 $-a_1 s^{-1}$ 和 $-a_0 s^{-2}$,且是接触环路,也即系统的特征行列式 $\Delta = 1 + a_1 s^{-1} + a_0 s^{-2}$;若从源点 $F(s)$ 到阱点 $Y(s)$ 有两条均与环路接触的前向通路,增益分别为 $g_1 = s^{-1}$,$g_2 = b_0 s^{-2}$,那么该系统的系统函数正是 $H(s)$。按照这样的思路就可以画出该系统的直接形式模拟图,如图 7-6(a)或(b)所示。

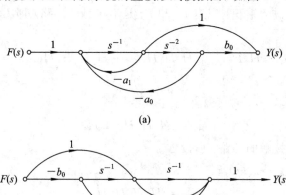

图 7-6 $H(s) = \dfrac{s + b_0}{s^2 + a_1 s + a_0}$ 系统的直接形式模拟图

7.2.2 串联形式(级联形式)

设

$$H(s) = \frac{s + 2}{s^2 + 4s + 3} = \frac{s + 2}{s + 3} \cdot \frac{1}{s + 1} = \frac{1 + 2s^{-1}}{1 + 3s^{-1}} \cdot \frac{s^{-1}}{1 + s^{-1}}$$

分别画出 $\dfrac{1+2s^{-1}}{1+3s^{-1}}$ 和 $\dfrac{s^{-1}}{1+s^{-1}}$ 的模拟图，再将二者串联起来，就得到系统的串联形式模拟图，如图 7-7 所示。

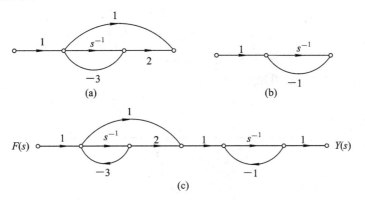

图 7-7　$H(s)=\dfrac{s+2}{s^2+4s+3}$ 的串联形式模拟图

可见，串联形式是将 $H(s)$ 表示为 $H(s)=H_1(s)H_2(s)\cdots H_n(s)$，分别画出各子系统的直接模拟图，再串联起来就是串联形式模拟图。

7.2.3　并联形式

设 $H(s)=\dfrac{s+2}{s^2+4s+3}$，因为

$$H(s)=\frac{s+2}{s^2+4s+3}=\frac{\dfrac{1}{2}}{s+3}+\frac{\dfrac{1}{2}}{s+1}=\frac{\dfrac{1}{2}s^{-1}}{1+3s^{-1}}+\frac{\dfrac{1}{2}s^{-1}}{1+s^{-1}}$$

分别画出两个子系统 $\dfrac{\dfrac{1}{2}s^{-1}}{1+3s^{-1}}$ 和 $\dfrac{\dfrac{1}{2}s^{-1}}{1+s^{-1}}$ 的信号流图，然后再并联起来得到 $H(s)$ 的并联形式模拟图，如图 7-8 所示。

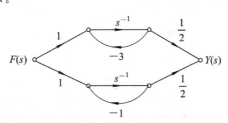

图 7-8　$H(s)=\dfrac{s+2}{s^2+4s+3}$ 的并联形式模拟图

可见，将 $H(s)$ 用部分分式展开为 $H(s)=H_1(s)+H_2(s)+\cdots+H_n(s)$，分别画出各子系统的信号流图，然后再并联起来即可得到 $H(s)$ 的并联形式模拟图。

【例 7-3】　已知某系统的 $H(s)=\dfrac{2s+3}{s(s+3)(s+2)^2}$，试画出系统的信号流图。

解　(1) 直接形式：

信号与系统分析（第三版）

$$H(s) = \frac{2s+3}{s^4+7s^3+16s^2+12s} = \frac{2s^{-3}+3s^{-4}}{1+7s^{-1}+16s^{-2}+12s^{-3}}$$

根据梅森公式，可令

$$\Delta = 1-(-7s^{-1}-16s^{-2}-12s^{-3})$$

$$g_1 = 2s^{-3}, \quad \Delta_1 = 1$$

$$g_2 = 3s^{-4}, \quad \Delta_2 = 1$$

由此得到的直接形式信号流图如图 7-9 所示。

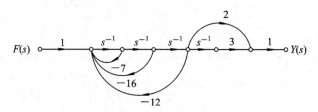

图 7-9　例 7-3 的直接形式信号流图

（2）串联形式。将 $H(s)$ 改写为如下形式：

$$H(s) = \frac{2s+3}{s(s+3)(s+2)^2} = \frac{1}{s} \cdot \frac{1}{s+2} \cdot \frac{2s+3}{s+2} \cdot \frac{1}{s+3}$$

$$= H_1(s)H_2(s)H_3(s)H_4(s)$$

故串联形式信号流图如图 7-10 所示。

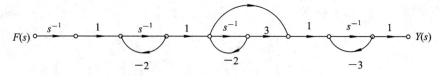

图 7-10　例 7-3 的串联形式信号流图

（3）并联形式。将 $H(s)$ 展开为部分分式，得

$$H(s) = \frac{\frac{1}{4}}{s} + \frac{1}{s+3} + \frac{\frac{1}{2}}{(s+2)^2} + \frac{-\frac{5}{4}}{s+2}$$

$$= H_1(s) + H_2(s) + H_3(s)$$

故并联形式信号流图如图 7-11 所示。

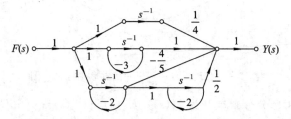

图 7-11　例 7-3 的并联形式信号流图

　　这里需要特别指出的是：在以上信号流图及系统模拟的讨论中，都是用复变量 s 讨论的。实际上，对于 z 域，以上讨论均是成立的。也就是说，若将复变量 s 换成 z，那么逐字逐句地重复以上讨论，就是对离散系统 $H(z)$ 的模拟，这里就不再重复。

习　题

• 基础练习题

7.1 已知系统框图如习题图 7-1 所示，试画出其对应的信号流图并求系统函数。

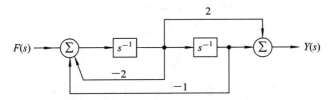

习题图 7-1

7.2 已知系统信号流图如习题图 7-2 所示，试画出其对应的框图并求系统函数。

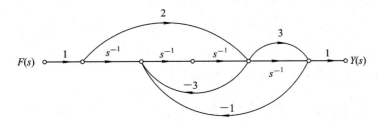

习题图 7-2

7.3 已知连续时间 LTI 系统的信号流图如习题图 7-3 所示，求其系统函数 $H(s)$。

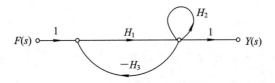

习题图 7-3

7.4 已知连续时间 LTI 系统的信号流图如习题图 7-4 所示，求其系统函数 $H(s)$。

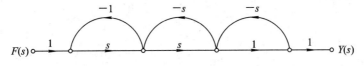

习题图 7-4

7.5 已知连续时间 LTI 系统的信号流图如习题图 7-5 所示，求其系统函数 $H(s)$。

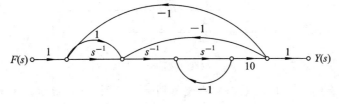

习题图 7-5

7.6 已知连续时间 LTI 系统的信号流图如习题图 7-6 所示，求其系统函数 $H(s)$。

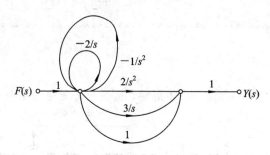

习题图 7-6

7.7 已知连续时间 LTI 系统的系统函数为 $H(s)=\dfrac{6s^2+5s+2}{s^3+4s^2+7s+36}$，试利用梅森公式画出其直接形式的信号流图。

7.8 已知连续时间 LTI 系统的微分方程为

$$\frac{\mathrm{d}^4}{\mathrm{d}t^4}y(t)+2\frac{\mathrm{d}^3}{\mathrm{d}t^3}y(t)+5\frac{\mathrm{d}^2}{\mathrm{d}t^2}y(t)+9\frac{\mathrm{d}}{\mathrm{d}t}y(t)+2y(t)=\frac{\mathrm{d}^2}{\mathrm{d}t^2}f(t)+3\frac{\mathrm{d}}{\mathrm{d}t}f(t)+2f(t)$$

试利用梅森公式画出其直接形式的信号流图。

7.9 已知连续时间 LTI 系统的微分方程为

$$\frac{\mathrm{d}^2}{\mathrm{d}t^2}y(t)+4\frac{\mathrm{d}}{\mathrm{d}t}y(t)+5y(t)=\frac{\mathrm{d}^2}{\mathrm{d}t^2}f(t)+3\frac{\mathrm{d}}{\mathrm{d}t}f(t)+f(t)$$

试利用梅森公式画出其直接形式的信号流图。

7.10 已知连续时间 LTI 系统的系统函数为 $H(s)=\dfrac{10s^2+34s+10}{s^3+7s^2+10s}$，试分别画出其直接形式、并联形式的信号流图。

7.11 已知连续时间 LTI 系统的系统函数为 $H(s)=\dfrac{6s+15}{s^3+9s^2+18s}$，试分别画出其直接形式、串联形式及并联形式的信号流图。

7.12 已知连续时间 LTI 系统的系统框图如习题图 7-7 所示，试画出其信号流图，并求系统函数 $H(s)$。

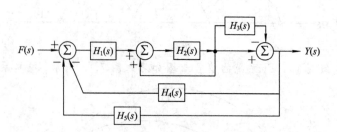

习题图 7-7

7.13 已知连续时间 LTI 系统的系统框图如习题图 7-8 所示，试画出其信号流图，并求系统函数 $H(s)$。

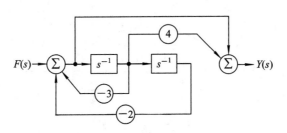

习题图 7-8

7.14 已知离散时间 LTI 系统的信号流图如习题图 7-9 所示，求其系统函数 $H(z)$。

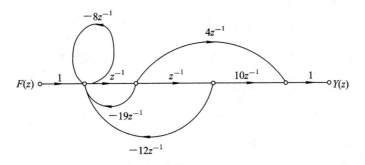

习题图 7-9

7.15 已知离散时间 LTI 系统的信号流图如习题图 7-10 所示，求其系统函数 $H(z)$。

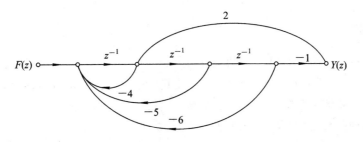

习题图 7-10

7.16 已知离散时间 LTI 系统的信号流图如习题图 7-11 所示，求其系统函数 $H(z)$。

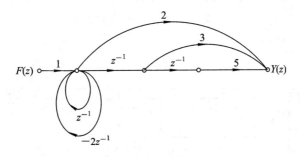

习题图 7-11

7.17 已知离散时间 LTI 系统的信号流图如习题图 7-12 所示，求其系统函数 $H(z)$。

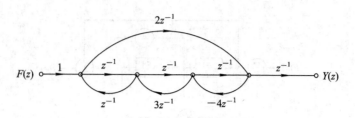

习题图 7 - 12

7.18 已知离散时间 LTI 系统的系统函数为 $H(z) = \dfrac{2z+3}{z^3+2z^2+3z+5}$，试画出其直接形式的信号流图和系统框图。

7.19 已知离散时间 LTI 系统的系统函数为

$$H(z) = \frac{2 - 2z^{-2}}{1 - 0.5z^{-1} + 0.25z^{-2} - 0.125z^{-3}}$$

试画出其直接形式的信号流图和系统框图。

7.20 已知离散时间 LTI 系统的系统函数为 $H(z) = \dfrac{5z+5}{z^3+7z^2+10z}$，试分别画出其直接形式、串联形式及并联形式的信号流图。

7.21 已知离散时间 LTI 系统的差分方程为

$$y(n) - 3y(n-1) + 7y(n-2) - 5y(n-3) = 3f(n) - 5f(n-1) + 10f(n-2)$$

试画出其直接形式、串联形式及并联形式的信号流图。

※扩展练习题

7.22 已知离散时间 LTI 系统的差分方程为

$$y(n) - 2y(n-1) - 5y(n-2) + 6y(n-3) = f(n) + f(n-1)$$

试利用梅森公式画出其直接形式的信号流图。

7.23 已知离散时间 LTI 系统的差分方程为

$$y(n) - y(n-2) = f(n-1) + y(n-3)$$

试利用梅森公式画出其直接形式的信号流图及系统框图。

7.24 已知离散时间 LTI 系统的系统框图如习题图 7 - 13 所示。

(1) 分别画出其直接形式、串联形式及并联形式的信号流图；

(2) 求系统函数 $H(z)$。

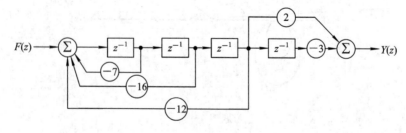

习题图 7 - 13

7.25 已知离散时间 LTI 系统的系统框图如习题图 7-14 所示。

(1) 分别画出其直接形式、串联形式及并联形式的信号流图；

(2) 求系统函数 $H(z)$。

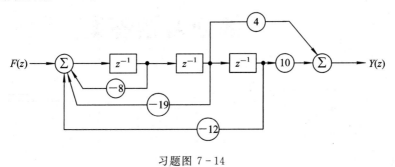

习题图 7-14

部分习题答案

第 1 章

1.7 (1) 线性 时变 因果   (2) 非线性 时不变 因果

      (3) 线性 时不变 因果   (4) 线性 时变 非因果

      (5) 线性 时变 因果   (6) 线性 时变 因果

      (7) 非线性 时变 因果   (8) 线性 时变 非因果

      (9) 非线性 时不变 因果   (10) 线性 时变 非因果

1.8 $y_2(t) = y_1(t) - y_1(t-2)$

     $y_3(t) = y_1(t) + y_1(t+1)$

第 2 章

2.11 (1) 0   (2) 1

2.12 (1) $3\delta(t)$ (2) 3

      (3) $3U(t)$ (4) $U(t)$

      (5) $U(t-2)$ (6) $U(t)$

      (7) 0   (8) -1

      (9) -4 (10) $4[\delta(t-2) - U(t-2)]$

      (11) $2\delta(t)$ (12) $\delta(t) - 2U(t-1) - 2\delta(t-1)$

2.13 (1) $e^{-1}\delta(t)$ (2) $\delta'(t)$

      (3) $\delta(t) + 2U(t)$ (4) 25

      (5) 2   (6) 4

      (7) 0   (8) 10

      (9) $\dfrac{\pi}{4}$ (10) 2

      (11) $\dfrac{3+\pi}{6}$ (12) $1 - e^{j2}$

      (13) $\delta'(t) + 2\delta(t) - (\cos t + 4\sin 2t)U(t)$ (14) $e^{-1} + 1$

      (15) $\dfrac{5}{8}\delta\left(t - \dfrac{1}{2}\right)$ (16) $4\delta'(t-1) - 4\delta(t-1)$

2.16　(1) $2\cos3t+\dfrac{1}{3}\sin3t$, $t\geqslant0$　　　(2) $2e^{-2t}-2e^{-3t}$, $t\geqslant0$

(3) $2e^{-t}\cos2t$, $t\geqslant0$　　　(4) $(2t+1)e^{-t}$, $t\geqslant0$

2.17　(1) $2\cos t$, $t\geqslant0$　　　(2) $(2t-1)e^{-t}+e^{-2t}$, $t\geqslant0$

(3) $2e^{-t}-e^{-2t}$, $t\geqslant0$　　　(4) $e^{-t}(\cos t-3\sin t)$, $t\geqslant0$

(5) $1-(t+1)e^{-t}$, $t\geqslant0$

2.18　$y^{(2)}(t)+y^{(1)}(t)=f(t)$

$h(t)=(1-e^{-t})U(t)$

2.20　(1) $h(t)=(2e^{-t}-e^{-2t})U(t)$　　　(2) $h(t)=te^{-3t}U(t)$

(3) $h(t)=\delta(t)-e^{-t}U(t)$

(4) $h(t)=\delta'(t)-3\delta(t)+7e^{-2t}U(t)$　　　(5) $h(t)=e^{-2t}U(t)$

(6) $h(t)=(e^{-3t}-e^{-4t})U(t)$　　　(7) $h(t)=\dfrac{1}{3}e^{-t}\sin3tU(t)$

2.21　(1) $0.25(2t-1+e^{-2t})U(t)$

(2) $0.5t^2U(t)$

(3) $0.5t^2[U(t)-U(t-2)]+2(t-1)U(t-2)$

(4) $(0.5t^2-3t+4)U(t-4)$

(5) $(e^{-2t}-e^{-3t})U(t)$

(6) $0.5(\sin t-t\cos t)U(t)$

(7) $\dfrac{1}{\pi}(1-\cos\pi t)[U(t)-U(t-4)]$

(8) $\cos[\pi(t-1)+45°]$

(9) $0.5(t^2-1)[U(t-1)-U(t-2)]+(-0.5t^2+t+1.5)[U(t-2)-U(t-3)]$

(10) $\dfrac{1}{5}(2\sin t-\cos t+e^{-2t})U(t)$

2.23　(1) $3y(t)$　　　(2) $y(-t)$

(3) $y(t+1)$　　　(4) $y(t-1)-y(t+1)$

(5) $y'(t)$　　　(6) $y'(t)$

(7) $y''(t)$

2.30　$\delta'(t)+2e^{-2t}U(t)-\delta(t)$

2.31　$U(t)+4e^{-2t}U(t)-2\delta(t)$

2.32　(1) $g(t)=(t-1)U(t)+e^{-t}U(t)$

(2) $y(t)=[t-2+e^{-(t-1)}]U(t-1)-[t-3+e^{-(t-2)}]U(t-2)$

2.33　$t[U(t)-U(t-1)]+U(t)$

2.34　$U(t)$　积分器

2.35　(1) $y(t)=(1.5e^{-t}-3e^{-2t}+1.5e^{-3t})U(t)$

(2) $y(t)=[3e^{-t}-(2t+3)e^{-2t}]U(t)$

(3) $y(t)=(1-t)e^{-2t}U(t)$

(4) $y(t)=\left[t-\dfrac{1}{8}+\dfrac{\sqrt{10}}{8}\mathrm{e}^{-2t}\cos(2t+71.5°)\right]U(t)$

2.36 (1) $y_x(t)=(4\mathrm{e}^{-t}-3\mathrm{e}^{-2t})u(t)$

$y_f(t)=2(\mathrm{e}^{-t}-t\mathrm{e}^{-t}-\mathrm{e}^{-2t})u(t)$

$y(t)=(4\mathrm{e}^{-t}-3\mathrm{e}^{-2t})u(t)+2(\mathrm{e}^{-t}-t\mathrm{e}^{-t}-\mathrm{e}^{-2t})u(t)$

(2) $y_x(t)=\dfrac{1}{4}(\mathrm{e}^{-2t}-\cos2t+\sin2t)u(t)$

$y_f(t)=\mathrm{e}^{-2t}u(t)$

$y(t)=\dfrac{1}{4}(\mathrm{e}^{-2t}-\cos2t+\sin2t)u(t)+\mathrm{e}^{-2t}u(t)$

(3) $y_x(t)=(3\mathrm{e}^{-t}-2\mathrm{e}^{-2t})u(t)$

$y_f(t)=(-\mathrm{e}^{-t}+t\mathrm{e}^{-t}+\mathrm{e}^{-2t})u(t)$

$y(t)=(3\mathrm{e}^{-t}-2\mathrm{e}^{-2t})u(t)+(-\mathrm{e}^{-t}+t\mathrm{e}^{-t}+\mathrm{e}^{-2t})u(t)$

2.37 (1) $4\ \Omega,\ 4\ \Omega,\ 0.25\ \mathrm{F}$

(2) $0.5(1-\mathrm{e}^{-2t})+2.5\mathrm{e}^{-2t}+2(1-\mathrm{e}^{-2t})\ \mathrm{V},\ t\geqslant0$

2.38 (1) $3\mathrm{e}^{-3t}U(t)+[-\mathrm{e}^{-3(t-1)}+\sin2(t-1)]U(t-1)$

(2) $2(2\mathrm{e}^{-3t}+\sin2t)U(t)$

2.40 (1) $y^{(3)}(t)+4y^{(2)}(t)+6y^{(1)}(t)+4y(t)=3f^{(1)}(t)$

(2) $h(t)=3(\mathrm{e}^{-t}\cos t-\mathrm{e}^{-2t})U(t)$

2.44 (1) $y_f(t)=(\mathrm{e}^{-t}-\mathrm{e}^{-2t})U(t)-[\mathrm{e}^{-t}-\mathrm{e}^{-2(t-1)}-\beta\mathrm{e}^{-2(t-2)}]U(t-2)$

$\beta=\mathrm{e}^{-4}-\mathrm{e}^{-2}$

(2) $\beta=-\mathrm{e}^{-4}\displaystyle\int_0^2\mathrm{e}^{2\tau}f_1(\tau)\mathrm{d}\tau$

2.45 (1) $\mathrm{e}^{-(t-2)}U(t-2)$

(2) $[1-\mathrm{e}^{(-t-1)}]U(t-1)+[\mathrm{e}^{-(t-4)}-1]U(t-4)$

第 3 章

3.1 (1) D (2) A (3) B (4) D (5) B

3.6 (1) $\omega_0=2,\ T=\pi$ (2) $\omega_0=\pi,\ T=2$

(3) $\omega_0=2\pi,\ T=1$ (4) $\omega_0=10,\ T=\dfrac{\pi}{5}$

(5) $\omega_0=2\pi,\ T=1$ (6) $\omega_0=1,\ T=2\pi$

(7) $\omega_0=1,\ T=2\pi$

3.7 $f(t)=4\cos\dfrac{\pi}{4}t+8\cos\left(\dfrac{3}{4}\pi t+\dfrac{\pi}{2}\right)$

3.8 $\omega_0=\dfrac{\pi}{3},\ F_0=2,\ F_2=F_{-2}=\dfrac{1}{2},\ F_5=F_{-5}^*=-2\mathrm{j}$

$f(t)=2+\dfrac{1}{2}(\mathrm{e}^{\mathrm{j}\frac{2}{3}\pi t}+\mathrm{e}^{-\mathrm{j}\frac{2}{3}\pi t})-2\mathrm{j}(\mathrm{e}^{\mathrm{j}\frac{5}{3}\pi t}-\mathrm{e}^{-\mathrm{j}\frac{5}{3}\pi t})$

3.10 (1) $f(t) = \dfrac{8}{\pi^3}\left(\sin\pi t + \dfrac{1}{9}\sin 3\pi t + \dfrac{1}{5^3}\sin 5\pi t + \cdots\right)$

$$= \sum_{k=1}^{\infty} \dfrac{8}{(k\pi)^3}\sin k\pi t, \quad k \text{ 为奇数}$$

(2) $f'(t) = \sum_{k=1}^{\infty} \dfrac{8}{(k\pi)^2}\cos k\pi t, \quad k \text{ 为奇数}$

$$f''(t) = \sum_{k=1}^{\infty} \dfrac{-8}{k\pi}\sin k\pi t, \quad k \text{ 为奇数}$$

3.11 (1) $f(t) = \dfrac{1}{2} + \sum_{k=1}^{\infty} \dfrac{2}{k\pi}\sin k\pi t, \quad k \text{ 为奇数}$

(2) $\dfrac{\pi}{4}$

3.12 $F_{1n} = F_{2n}\mathrm{e}^{-\mathrm{j}n\omega_0\frac{T}{4}}, \quad F_{3n} = F_{4n}\mathrm{e}^{-\mathrm{j}n\omega_0\frac{T}{4}}$

$$F_{3n} = \begin{cases} \dfrac{1}{2}F_{1n}, & n \neq 0 \\[2mm] \dfrac{1}{2}F_{1n} + \dfrac{A}{2}, & n = 0 \end{cases}$$

$$F_{4n} = \begin{cases} \dfrac{1}{2}F_{2n}, & n \neq 0 \\[2mm] \dfrac{1}{2}F_{2n} + \dfrac{A}{2}, & n = 0 \end{cases}$$

3.13 (1) $a_0 = \dfrac{A}{2},\ b_n = 0,\ a_n = \begin{cases} 0, & n \text{ 为偶数} \\[2mm] -\dfrac{4A}{(n\pi)^2}, & n \text{ 为奇数} \end{cases}$

(2) $a_0 = \dfrac{A}{4},\ b_n = 0,\ a_n = \begin{cases} \dfrac{4A}{(n\pi)^2}, & n \text{ 为奇数} \\[2mm] \dfrac{8A}{(n\pi)^2}, & n = 2(2k+1),\ k = 0,\ 1,\ 2,\ \cdots \\[2mm] 0, & \text{其他} \end{cases}$

3.15 (1) $F_1 = \dfrac{1}{4(2+\mathrm{j}\pi)} = F_{-1}^{*},\ F_n = 0, \text{其他}$

(2) $F_n = \dfrac{1}{4+\mathrm{j}2n\pi},\ n = 0,\ \pm 1,\ \pm 2,\ \cdots$

3.18 (a) $F(\mathrm{j}\omega) = \dfrac{4\left(\sin\dfrac{\omega}{2}\right)^2}{\omega^2}$

(b) $F(\mathrm{j}\omega) = \dfrac{\pi}{\pi^2 - \omega^2}(1 + \mathrm{e}^{-\mathrm{j}\omega})$

(c) $F(\mathrm{j}\omega) = \dfrac{1}{2\omega^2}(1 - \mathrm{j}2\omega - \mathrm{e}^{-\mathrm{j}2\omega})$

(d) $F(\mathrm{j}\omega) = \mathrm{Sa}\left(\dfrac{\omega}{2}\right)\mathrm{e}^{-\mathrm{j}\frac{\omega}{2}}$

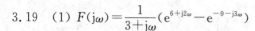
3.19　(1) $F(j\omega) = \dfrac{1}{3+j\omega}(e^{6+j2\omega} - e^{-9-j3\omega})$ 　　(2) $F(j\omega) = \pi\delta(\omega) + \dfrac{1}{j\omega}e^{-j2\omega}$

(3) $F(j\omega) = \dfrac{e^{3-j\omega}}{1-j\omega}$ 　　(4) $F(j\omega) = e^{-j2(\omega+1)}$

(5) $e^2\left[\pi\delta(\omega+2) + \dfrac{1}{j(\omega+2)}\right]$ 　　(6) $e^{2-j(\omega+2)}$

(7) $\pi\delta(\omega-2) - \dfrac{1}{j(\omega-2)}e^{-j(\omega-2)}$ 　　(8) $\dfrac{1}{j\omega}(1-e^{-j3\omega})$

(9) $3\pi\delta(\omega) + \dfrac{1}{j\omega}$

3.20　(1) $\omega_1 + \omega_2$ 　　(2) ω_2

(3) ω_1 　　(4) $\min(2\omega_1, \omega_2)$

(5) $2\omega_1 + \omega_2$

3.21　(1) $2\pi e^{-\beta|\omega|}$ 　　(2) $G_{4\pi}(\omega)e^{-j\omega}$

(3) $\dfrac{1}{2}G_{8\pi}(\omega)\left(1-\dfrac{|\omega|}{4\pi}\right)$ 　　(4) $-j\mathrm{sgn}(\omega)$

3.22　(1) $\dfrac{1}{3}F\left(j\dfrac{\omega}{3}\right)e^{-j\frac{5}{3}\omega}$ 　　(2) $F(-j\omega)e^{-j\omega}$

(3) $\dfrac{j}{3}F'\left(j\dfrac{\omega}{3}\right)$ 　　(4) $\dfrac{1}{2}F\left(j\dfrac{1-\omega}{2}\right)e^{-j\frac{3(\omega-1)}{2}}$

(5) $-jF'(-j\omega)e^{-j\omega}$ 　　(6) $2[jF'(j\omega) - F(j\omega)]$

(7) $-F(j\omega) - \omega F'(j\omega)$ 　　(8) $j(\omega+\omega_0)F[j(\omega+\omega_0)]$

(9) $\pi F(0)\delta(\omega) + \dfrac{F(j\omega)}{j\omega}e^{j5\omega}$

(10) $\pi F(0)\delta(\omega) - \dfrac{1}{j\omega}F(-j2\omega)e^{-j2\omega}$

(11) $|\omega|F(j\omega)$ 　　(12) $[-\omega F(-j\omega)e^{-j\omega}]'$

(13) $j\{e^{-j6}F[j(\omega-2)]\}' - 2e^{-j6}F[j(\omega-2)]$ 　　(14) $\dfrac{1}{2\pi}F(j\omega) * \left[\dfrac{1}{j\omega} + \pi\delta(\omega)\right]$

(15) $\dfrac{1}{2}\{F[j(\omega+2)] + F[j(\omega-2)]\}$ 　　(16) $\dfrac{\pi}{2}F(j\omega)G_4(\omega)$

3.24　(a) $F(j\omega) = 2\tau \mathrm{Sa}(\omega\tau) - \tau \mathrm{Sa}^2(\omega\tau)$

(b) $F(j\omega) = \dfrac{1}{\omega^2}(2\omega\cos2\omega - \sin2\omega)$

(c) $F(j\omega) = j\dfrac{4}{\omega}\sin^2\dfrac{\omega\tau}{2}$

(d) $\omega_1 = \dfrac{2\pi}{T}$, $F(j\omega) = \dfrac{j2\omega_1 \sin\dfrac{\omega T}{2}}{\omega^2 - \omega_1^2}$, $\omega \neq \omega_1$

　　　$F(j\omega_1) = \dfrac{T}{2j}$

3.25　(1) $\dfrac{1}{2}[e^{j\frac{\pi}{3}}\delta(t+4) + e^{-j\frac{\pi}{3}}\delta(t-4)]$

(2) $\dfrac{4}{\pi}\mathrm{Sa}(4t)$

(3) $\dfrac{2\mathrm{j}}{\pi}\sin t+\dfrac{3}{\pi}\cos 2\pi t$

3.26   (1) $te^{-2t}U(t)$ (2) $t\,\mathrm{sgn}\,t$

(3) $3-e^{2t}U(-t)-e^{-3t}U(t)$ (4) $\dfrac{1}{2}e^{\mathrm{j}2\pi t}G_6(t)$

(5) $-\delta''(t)$ (6) $\dfrac{1}{2\pi}e^{\mathrm{j}3t}$

(7) $\dfrac{1}{\pi}\mathrm{Sa}(t-2)e^{\mathrm{j}(t-2)}$ (8) $\dfrac{1}{2}\displaystyle\sum_{k=0}^{n}G_2(t-2k)$

(9) $\dfrac{1}{2\pi(2+\mathrm{j}t)}$

3.27   (1) $|\omega|$ (2) $\mathrm{j}\omega+e^{\mathrm{j}\left(-\frac{3}{2}\omega\right)}$

(3) $2\mathrm{Sa}(\omega)+\mathrm{Sa}(\omega+\pi)+\mathrm{Sa}(\omega-\pi)$ (4) $2\pi\mathrm{j}^n\delta^{(n)}(\omega)$

(5) $\mathrm{j}\pi\mathrm{sgn}(-\omega)$

3.28   (a) $\mathrm{j}\pi\delta'(\omega)+\left(\dfrac{1}{\omega}\right)'$ (b) $2\pi\mathrm{j}\delta'(\omega)$

(c) $2\left(\dfrac{1}{\omega}\right)'$ (d) $3\pi\delta(\omega)+\dfrac{1}{\mathrm{j}\omega}\mathrm{Sa}\left(\dfrac{\omega}{2}\right)e^{-\mathrm{j}\frac{\omega}{2}}$

(e) $\dfrac{2}{\mathrm{j}\omega}\mathrm{Sa}(\omega)$ (f) $4\pi\delta(\omega)-8\mathrm{Sa}(2\omega)+6\mathrm{Sa}(\omega)$

3.29   (b) $2[\mathrm{Sa}^2(\omega+5\pi)\cos(3\omega+15\pi)+\mathrm{Sa}^2(\omega-5\pi)\cos(3\omega-15\pi)]$

3.30   (1) $(e^{-4t}-e^{-2t}+2te^{-2t})U(t)$

(2) $(e^{-4t}+te^{-4t}-e^{-2t}+te^{-2t})U(t)$

(3) $e^{-t}U(t)+e^{t}U(-t)$

3.31   (a) $2+\dfrac{\omega_0 E}{\pi}\mathrm{Sa}[\omega_0(t-t_0)]$ (b) $-\dfrac{2E}{\pi t}\sin^2\dfrac{\omega_0 t}{2}$

3.32   (1) $H(\mathrm{j}\omega)=\dfrac{1}{(\mathrm{j}\omega+3)(\mathrm{j}\omega+1)},\ h(t)=\dfrac{1}{2}(e^{-t}-e^{-3t})U(t)$

$y_f(t)=\left(\dfrac{1}{2}e^{-t}-e^{-2t}+\dfrac{1}{2}e^{-3t}\right)U(t)$

(2) $H(\mathrm{j}\omega)=\dfrac{\mathrm{j}\omega+1}{(\mathrm{j}\omega+2)(\mathrm{j}\omega+3)},\ h(t)=(2e^{-3t}-e^{-2t})U(t)$

$y_f(t)=(-2e^{-3t}-te^{-2t}+2e^{-2t})U(t)$

3.33   (1) $\dfrac{1}{4}\cos 2\pi t$ (2) $4\cos 2\pi t+3\sin 6\pi t$

3.34 $1+2\sin t-2\cos 2t$

3.35   (1) $1+\dfrac{4}{\pi}\cos\dfrac{3}{2}\pi t$ (2) $6\pi<B<\dfrac{15}{2}\pi$

3.36   (1) $y(t)=(4e^{-2t}-3e^{-2t})U(t)+2(e^{-t}-te^{-t}-e^{-2t})U(t)$

(2) $y(t)=\dfrac{1}{4}(e^{-2t}-\cos 2t+\sin 2t)U(t)+e^{-2t}U(t)$

(3) $y(t) = (3e^{-t} - 2e^{-2t})U(t) + (-e^{-t} + te^{-t} + e^{-2t})U(t)$

3.38 (1) $\dfrac{\pi}{\omega_1 + \omega_2}$ (2) $\dfrac{\pi}{\max(\omega_1, \omega_2)}$

(3) $\dfrac{\pi}{\min(\omega_1, \omega_2)}$ (4) $\dfrac{\pi}{2\omega_1}$

(5) $\dfrac{\pi}{3\omega_1}$ (6) $\dfrac{\pi}{2\omega_1}$

3.39 (1) $\dfrac{\pi}{50}$ (2) $\dfrac{\pi}{500}$

(3) $\dfrac{\pi}{160}$

3.41 $h(t) = 2\delta(t-5) - 4\mathrm{Sa}[2\pi(t-5)]$

3.42 $y(t) = 2\mathrm{Sa}(2t)\sin 4t$

3.43 $y(t) = 1 + 2\cos\left(t - \dfrac{\pi}{3}\right)$

3.44 (1) $1000\ \text{kHz}, 2000\ \text{kHz}, \dfrac{1000}{3}\ \text{kHz}, \dfrac{2000}{3}\ \text{kHz}$

(2) $1 : 3$

(3) 3

3.46 (1) $f_s(t) = \displaystyle\sum_{n=-\infty}^{\infty} f(nT)\delta(t-nT)$

$F_s(\mathrm{j}\omega) = \dfrac{1}{T}\displaystyle\sum_{n=-\infty}^{\infty} F\left[\mathrm{j}\left(\omega - \dfrac{2n\pi}{T}\right)\right]$

(2) $f_{s1}(t) = \displaystyle\sum_{n=-\infty}^{\infty} f(nT)\{U(t-nT) - U[t-(n+1)T]\}$

$F_{s1}(\mathrm{j}\omega) = \displaystyle\sum_{n=-\infty}^{\infty} F\left[\mathrm{j}\left(\omega - \dfrac{2n\pi}{T}\right)\right]\mathrm{Sa}\left(\dfrac{\omega T}{2}\right)e^{-\mathrm{j}\frac{\omega T}{2}}$

(3) $H(\mathrm{j}\omega) = \dfrac{1}{\mathrm{Sa}\left(\dfrac{\omega T}{2}\right)e^{-\mathrm{j}\frac{\omega T}{2}}} \cdot G_{\frac{\pi}{T}}(\omega)$

3.47 $y(t) = \dfrac{2}{\pi}\mathrm{Sa}(t)\cos 5t$

3.48 (1) 8   (2) 4π (3) $\dfrac{64}{3}\pi$

3.49 (1) $\arg X(\mathrm{j}\omega) = -\omega$

(2) $X(\mathrm{j}0) = \left[\displaystyle\int_{-\infty}^{\infty} x(t)e^{-\mathrm{j}\omega t}\,\mathrm{d}t\right]_{\omega=0} = \displaystyle\int_{-\infty}^{\infty} x(t)\mathrm{d}t = 7$

(3) $\displaystyle\int_{-\infty}^{\infty} X(\mathrm{j}\omega)\mathrm{d}\omega = \left[\displaystyle\int_{-\infty}^{\infty} X(\mathrm{j}\omega)e^{\mathrm{j}\omega t}\,\mathrm{d}\omega\right]_{t=0} = 2\pi x(0) = 4\pi$

(4) 设 $Y(\mathrm{j}\omega) = \dfrac{2\sin\omega}{\omega}e^{\mathrm{j}2\omega}$，则

$$y(t) = \begin{cases} 1, & -3 < t < -1 \\ 0, & \text{其他} \end{cases}$$

$$\int_{-\infty}^{\infty} X(\mathrm{j}\omega)\frac{2\sin\omega}{\omega}\mathrm{e}^{\mathrm{j}2\omega}\,\mathrm{d}\omega = \int_{-\infty}^{\infty} X(\mathrm{j}\omega)Y(\mathrm{j}\omega)\mathrm{d}\omega = 2\pi\{x(t)*y(t)\}_{t=0} = 7\pi$$

(5) $\displaystyle\int_{-\infty}^{\infty} |X(\mathrm{j}\omega)|^2\mathrm{d}\omega = 2\pi\int_{-\infty}^{\infty} |x(t)|^2\mathrm{d}t = 2\pi\int_{-\infty}^{\infty} |x(t+1)|^2\,\mathrm{d}t$

$$= 2\pi\times 2\left[\int_0^1 (t+1)^2\mathrm{d}t + \int_1^2 2^2\,\mathrm{d}t\right] = 25\,\frac{\pi}{3}$$

(6) $\mathscr{F}^{-1}\{\mathrm{Re}[X(\mathrm{j}\omega)]\} = \mathrm{Ev}[x(t)] = \dfrac{1}{2}[x(t)+x(-t)]$

3.50　(1) $y_1(t)=\mathscr{F}^{-1}[Y_1(\mathrm{j}\omega)]=0$

(2) $y_2(t)=\mathscr{F}^{-1}[Y_2(\mathrm{j}\omega)]=\dfrac{1}{2}\sin[3(t-1)]$

(3) $y_3(t)=\mathscr{F}^{-1}[Y_3(\mathrm{j}\omega)]=h_1(t)=\dfrac{\sin 4t}{\pi t}$

(4) $y_4(t)=\mathscr{F}^{-1}[Y_4(\mathrm{j}\omega)]=x_4(t-1)=\left\{\dfrac{\sin[2(t-1)]}{\pi(t-1)}\right\}^2$

第 4 章

4.3　(1) $s_{1,2}=-1\pm\mathrm{j}5$ 　　　　　(2) $s=-1$

(3) $s_{1,2}=\pm\mathrm{j}2$ 　　　　　(4) $s_{1,2}=-1\pm\mathrm{j}2$

4.4　(1) $\mathrm{Re}(s)<-1$ 　　　　　(2) s 全平面

(3) $\mathrm{Re}(s)>-2$ 　　　　　(4) $-3<\mathrm{Re}(s)<0$

(5) $\mathrm{Re}(s)>-1$ 　　　　　(6) $\mathrm{Re}(s)>-1$

4.5　(1) $\dfrac{(s+1)\mathrm{e}^{-\alpha}}{(s+1)^2+\omega^2}$ 　　　(2) $\dfrac{2s+11}{s+7}$

(3) $\dfrac{2s+1}{s^2+1}$ 　　　(4) $\dfrac{1-\mathrm{e}^{-2t}}{s+1}$

(5) $\dfrac{\pi(1-\mathrm{e}^{-s})}{s^2+\pi^2}$ 　　　(6) $\dfrac{1}{s(s+1)}$

(7) $\dfrac{1-\mathrm{e}^{-2(s+1)}}{s+1}$ 　　　(8) $\dfrac{(1-\mathrm{e}^{-s})^2}{s}$

(9) $2\mathrm{e}^{-st_0}+3$ 　　　(10) $\dfrac{\mathrm{e}^{-s}}{s^2}$

(11) $\dfrac{2}{(s+1)^2+4}$ 　　　(12) $\dfrac{1}{s+\beta}-\dfrac{s+\beta}{(s+\beta)^2+\alpha^2}$

(13) $\dfrac{(s+\alpha)\cos\theta-\omega\sin\theta}{(s+\alpha)^2+\omega^2}$ 　　　(14) $\dfrac{1}{s+2}+\dfrac{1}{s+8}$

4.6　(1) $\dfrac{s}{s^2+9}\mathrm{e}^{-\frac{2}{3}s}$ 　　　(2) $\dfrac{1}{4}\mathrm{e}^{-\frac{1}{2}s}$

(3) $\dfrac{2-s}{\sqrt{2}(s^2+4)}$ 　　　(4) $\dfrac{1-s}{s^2}$

(5) $\dfrac{1}{4}\ln\left(1+\dfrac{4}{s^2}\right)$ 　　　(6) $\dfrac{3(s^2-4)}{4(s^2+4)^2}+\dfrac{s^2-36}{4(s^2+36)^2}$

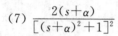

信号与系统分析(第三版)

(7) $\dfrac{2(s+\alpha)}{[(s+\alpha)^2+1]^2}$

(8) $\dfrac{s^3-4s+6}{s^4}$

(9) $\dfrac{2s^3-24s}{(s^2+4)^3}$

(10) $-\ln\left(\dfrac{s}{s+\alpha}\right)$

(11) $\dfrac{\pi}{2}-\arctan\dfrac{s}{\alpha}$

(12) $\ln\left(\dfrac{s+5}{s+3}\right)$

(13) $\dfrac{1}{1-\alpha e^{-sT}}$

(14) $\left[\dfrac{1}{(s+1)^2}+\dfrac{T}{s+1}\right]e^{-(s+1)T}$

(15) $\dfrac{s+2}{(s+1)^2}e^{-(s-2)}$

4.7 (1) $\dfrac{\omega}{s^2+\omega^2}$

(2) $\dfrac{(s\sin\omega t_0+\omega\cos\omega t_0)}{s^2+\omega^2}\cdot e^{-st_0}$

(3) $\dfrac{\omega\cos\omega t_0-s\sin\omega t_0}{s^2+\omega^2}$

(4) $\dfrac{\omega}{s^2+\omega^2}e^{-st_0}$

(5) $\dfrac{1}{s+\alpha}$

(6) $\dfrac{1}{s+\alpha}e^{-(a+s)t_0}$

(7) $\dfrac{1}{s+\alpha}e^{at_0}$

(8) $\dfrac{1}{s+\alpha}e^{-st_0}$

4.8 (1) $\dfrac{s^2\omega}{s^2+\omega^2}$

(2) $\dfrac{-\omega^3}{s^2+\omega^2}$

(3) $\dfrac{\omega}{s(s^2+\omega^2)}$

(4) $\dfrac{\omega}{s^2(s^2+\omega^2)}$

(5) $\dfrac{-2s}{(s^2+1)^2}$

4.9 (1) $\alpha F(\alpha s+\alpha^2)$

(2) $\alpha F(\alpha s+1)$

(3) $\dfrac{-1}{|\alpha|}\left[F\left(\dfrac{s}{\alpha}\right)e^{-\frac{\beta}{\alpha}s}\right]'$

(4) $\dfrac{j}{2\pi|\alpha|}\cdot\dfrac{1}{s+\alpha}*\left[F\left(\dfrac{s}{\alpha}\right)e^{-\frac{\beta}{\alpha}s}\right]'$

(5) $\displaystyle\int_s^\infty\dfrac{1}{\alpha}F\left(\dfrac{\eta}{\alpha}\right)e^{-\frac{\beta}{\alpha}\eta}\,d\eta$

(6) $\dfrac{1}{|\alpha|s}F\left(\dfrac{s}{\alpha}\right)e^{-\frac{\beta}{\alpha}s}$

(7) $\dfrac{F\left(\dfrac{s}{\alpha}\right)}{2\pi j}e^{-\frac{\beta}{\alpha}s}\left[F(\alpha s)*\dfrac{1}{s+a}\right]$

(8) $\dfrac{j}{2\pi}\dfrac{1}{s+\alpha}*\left[\dfrac{s}{|\alpha|}F\left(\dfrac{s}{\alpha}\right)e^{-\frac{\beta}{\alpha}s}-f(0_-)\right]$

4.10 (1) $\delta(t)+3(t-1)e^{-t}U(t)$

(2) $\delta'(t)-2\delta(t)+(e^{-t}+3e^{-2t})U(t)$

(3) $(\cos t+\sin t)e^{-t}U(t)$

(4) $\dfrac{1}{5}tU(t)-\dfrac{1}{5}(t-4)U(t-4)$

(5) $\dfrac{1}{2}(\sin t-t\cos t)U(t)$

(6) $(2e^{-4t}-e^{-2t})U(t)$

(7) $2[1-(1-t)e^t]U(t)$

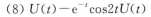

(8) $U(t)-\mathrm{e}^{-t}\cos2tU(t)$

(9) $(7\mathrm{e}^{-3t}-3\mathrm{e}^{-2t})U(t)$

(10) $\left[\mathrm{e}^{-t}(t^2-t+1)-\mathrm{e}^{-2t}\right]U(t)$

4.11 (1) $\displaystyle\sum_{k=0}^{\infty}(-1)^kU(t-k)$ (2) $\displaystyle\sum_{k=0}^{\infty}(-1)^k\delta(t-k)$

(3) $\dfrac{1}{t}(\mathrm{e}^{-9t}-1)U(t)$ (4) $\displaystyle\sum_{k=0}^{\infty}U(t-k)$

(5) $\displaystyle\sum_{k=0}^{\infty}\sin\pi(t-2k)\{U(t-2k)-U[t-(2k+1)]\}$

(6) $\displaystyle\sum_{k=0}^{\infty}\sin\pi(t-k)\{U(t-k)-U[t-(k+1)]\}$

4.12 (1) $\dfrac{1}{\tau s^2}\left[1-\mathrm{e}^{-s\tau}-\mathrm{e}^{-s(T-\tau)}+\mathrm{e}^{-sT}\right]$ (2) $\dfrac{s}{s^2+(2\pi)^2}(1-\mathrm{e}^{-s})$

(3) $\dfrac{1}{s^2}(1-\mathrm{e}^{-s})^2$ (4) $\dfrac{1}{s}(2-\mathrm{e}^{-s}-2\mathrm{e}^{-2s}+\mathrm{e}^{-3s})$

4.13 (1) $\mathrm{e}^{-3t}U(t-2)$

(2) $\delta(t)+(2\mathrm{e}^{-t}-\mathrm{e}^{-2t})U(t)$

(3) $tU(t)-2(t-1)U(t-1)+(t-2)U(t-2)$

(4) $-\dfrac{1}{5}\left[\mathrm{e}^{-2t}-\left(\cos3t+\dfrac{4}{3}\sin3t\right)\mathrm{e}^{-t}\right]U(t)$

(5) $\dfrac{2\pi}{1+4\pi^2}\left(\mathrm{e}^{-\frac{t}{2}}-\cos\pi t+\dfrac{1}{2\pi}\sin\pi t\right)U(t)$

(6) $\delta(t)+\sin tU(t)$

(7) $(6\mathrm{e}^{-4t}-3\mathrm{e}^{-2t})U(t)$

(8) $\delta(t)-\mathrm{e}^{-3t}\left(6\cos2t-\dfrac{9}{2}\sin2t\right)U(t)$

(9) $(\mathrm{e}^{-t}-\mathrm{e}^{-2t})U(t)+[\mathrm{e}^{-(t-1)}-\mathrm{e}^{-2(t-1)}]U(t-1)+[\mathrm{e}^{-(t-2)}-\mathrm{e}^{-2(t-2)}]U(t-2)$

(10) $(3\mathrm{e}^{-4t}-\mathrm{e}^{-3t})U(t)$

(11) $\dfrac{1}{2}(3-\mathrm{e}^{-2t})U(t)$

(12) $2\mathrm{e}^t\sin tU(t)+\mathrm{e}^t\sin(t-1)U(t-1)$

4.14 (1) $\dfrac{1}{2}tu(t)-\dfrac{1}{4}u(t)+\dfrac{1}{4}\mathrm{e}^{-2t}u(t)$ (2) $\dfrac{1}{2}t^2u(t)$

(3) $\dfrac{1}{2}t^2u(t)-\dfrac{1}{2}(t-2)^2u(t-2)$ (4) $\dfrac{1}{2}(t+2)^2U(t+2)$

(5) $\mathrm{e}^{-2t}u(t)-\mathrm{e}^{-3t}u(t)$ (6) $\dfrac{1}{2}\sin tu(t)-t\cos tu(t)$

(7) $\dfrac{1}{\pi}(1-\cos\pi t)u(t)+\dfrac{1}{\pi}[1-\cos\pi(t-4)]u(t-4)$

(8) $\cos\left(\pi t-\dfrac{3\pi}{4}\right)$

(9) $\left[\dfrac{1}{2}(t-1)^2+t\right]u(t-1)-[(t-2)^2+2t]u(t-2)+\left[\dfrac{1}{2}(t-3)^2+t\right]u(t-3)$

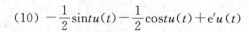

$(10)\ -\dfrac{1}{2}\mathrm{sin}tu(t)-\dfrac{1}{2}\mathrm{cos}tu(t)+\mathrm{e}^{t}u(t)$

4.15 (1) $F_1(s)=\dfrac{1-(s+1)\mathrm{e}^{-s}}{s^2(1-\mathrm{e}^{-s})}$

     (2) $F_2(s)=\dfrac{1}{s}\cdot\dfrac{1-\mathrm{e}^{-s}}{1+\mathrm{e}^{-s}}$

     (3) $F_3(s)=\dfrac{1}{1+\mathrm{e}^{-s}}$

     (4) $F_4(s)=\dfrac{(1-\mathrm{e}^{-s})}{s^2(1+\mathrm{e}^{-s})}-\dfrac{\mathrm{e}^{-s}}{s(1+\mathrm{e}^{-s})}$

4.16 $h(t)=3\delta(t)+(2\mathrm{e}^{-2t}+\mathrm{e}^{-3t})U(t)$

4.17 (1) $y_f(t)=(\mathrm{e}^{-t}-2\mathrm{e}^{-2t}+\mathrm{e}^{-3t})U(t)$

     (2) $y_f(t)=(2t+1-\mathrm{e}^{-2t})U(t)$

     (3) $y_f(t)=(\mathrm{e}^{-3t}-\mathrm{e}^{-2t}+\mathrm{e}^{-t})U(t)$

4.18 $y_f(t)=[1+\mathrm{e}^{-(t-2)}]U(t-2)$

4.19 (1) $h(t)=3\delta(t)-5\mathrm{e}^{-2t}U(t)$

       $g(t)=\dfrac{1}{2}(1+5\mathrm{e}^{-2t})U(t)$

     (2) $h(t)=(-2\mathrm{e}^{-t}+3\mathrm{e}^{-3t})U(t)$

       $g(t)=(-1+2\mathrm{e}^{-t}-\mathrm{e}^{-3t})U(t)$

     (3) $h(t)=2(\mathrm{e}^{-t}-\mathrm{e}^{-2t})U(t)$

       $g(t)=(1-2\mathrm{e}^{-t}+\mathrm{e}^{-2t})U(t)$

4.20 $H(s)=\dfrac{s+2}{2s+3}\qquad g(t)=\left(\dfrac{2}{3}-\dfrac{1}{6}\mathrm{e}^{-\frac{3}{2}t}\right)U(t)$

4.21 $f(t)=(1-0.5\mathrm{e}^{-2t})U(t)$

4.22 (1) $H(\mathrm{j}\omega)=\dfrac{1}{1-\omega^2}+\mathrm{j}\dfrac{\pi}{2}[\delta(\omega+1)-\delta(\omega-1)]$

     (2) $H(s)=\dfrac{1}{s^2+1}$ (3) $h(t)=\mathrm{sin}tU(t)$

4.24 (1) $\left(\dfrac{3}{2}+2\mathrm{e}^{-t}-\dfrac{5}{2}\mathrm{e}^{-2t}\right)U(t)$ (2) $(5\mathrm{e}^{-t}-4\mathrm{e}^{-2t})U(t)$

4.27 $f(t)-\mathrm{e}^{-t}U(t)$ 或 $-\mathrm{e}^{-t}U(t)$

4.28 $h(t)=(4\mathrm{e}^{-2t}-2\mathrm{e}^{-3t})U(t)$

4.29 $f(t)=\mathrm{e}^{-10t}U(t)$

4.30 $R=2\ \Omega,\ L=2\ \mathrm{H},\ C=0.25\ \mathrm{F}$

4.31 (a) (1) $\dfrac{-3(s+2)}{(s-1)(s+6)}$ (2) $\left(1-\dfrac{9}{7}\mathrm{e}^{t}+\dfrac{2}{7}\mathrm{e}^{-6t}\right)U(t)$

     (b) (1) $\dfrac{-10(s-1)}{(s+5)(s+1)(s+2)}$ (2) $(1-5\mathrm{e}^{-t}+5\mathrm{e}^{-2t}-\mathrm{e}^{-5t})U(t)$

4.32 (1) $H(s)=\dfrac{2s+1}{(s+1)(s+2)}$ $h(t)=(3\mathrm{e}^{-2t}-\mathrm{e}^{-t})U(t)$

     (2) $y''(t)+3y'(t)+2y(t)=2f'(t)+f(t)$

(3) $y_f(t) = (-5e^{-3t} + 6e^{-2t} - e^{-t})U(t)$

4.33 (1) $y_x(t) = e^{-t}U(t)$ (2) $y(t) - U(t)$

4.34 (1) $H(s) = \dfrac{s^2 + (K+4)s + 3K + 3}{s^2 + 3s + 2 - K}$ (2) $K < 2$

4.35 由 $x(t) = \beta e^{-t}u(t)$ 可知其拉普拉斯变换 $X(s) = \dfrac{\beta}{s+1}$，$\mathrm{Re}(s) > -1$。

又 $g(t) = x(t) + \alpha x(-t)$，由拉氏变换的时域反褶性质及线性性质，有
$$G(s) = X(s) + \alpha X(-s)$$

即
$$G(s) = \frac{\beta}{s+1} + \alpha \cdot \frac{\beta}{-s+1} = \beta \cdot \frac{(1-\alpha)s - (1+\alpha)}{s^2 - 1}, \quad -1 < \mathrm{Re}(s) < 1$$

对比所给的 $G(s)$ 的表达式，不难得到 $\alpha = -1$，$\beta = \dfrac{1}{2}$。

4.36 (1) ① $\mathrm{Re}(s) > 1$；② $-1 < \mathrm{Re}(s) < 1$；③ $-2 < \mathrm{Re}(s) < -1$；④ $\mathrm{Re}(s) < -2$。

4.37 $y(t) = 0.4e^{-t}\cos t u(t) + 0.8e^{-t}\sin t u(t) + 0.4e^t u(-t)$

4.38 (1) $H(s) = \dfrac{s}{s^2 + (4-K)s + 4}$

(2) $K < 4$

(3) $H(j\omega) = \dfrac{j\omega}{(j\omega + 2)^2}$

(4) $K = 4$，$H(j\omega) = \dfrac{\pi}{2}[\delta(\omega+2) + \delta(\omega-2)] + \dfrac{j\omega}{4 - \omega^2}$

(5) $h_1(t) = (e^{-2t} - 2te^{-2t})U(t)$，$h_2(t) = \cos 2t U(t)$

4.39 (1) $|H(j\omega)| = \dfrac{1}{\sqrt{(1 - 2\omega^2)^2 + (2\omega - \omega^2)^2}}$，$\varphi(\omega) = -\arctan \dfrac{2\omega - \omega^3}{1 - 2\omega^2}$

(2) $\omega = 0$ 时，$|H(j\omega)| = 1 = \max$，$\varphi(\omega) = 0$

(3) 三阶低通滤波器，$\omega_c = 1 \ \mathrm{rad/s}$

4.40 (1) $H(s) = \dfrac{1}{s^2 + 3s + 2}$ ROC：$(-1, \infty)$

(2) 稳定 $H(j\omega) = \dfrac{1}{j3\omega + 2 - \omega^2}$

(3) $h(t) = (-e^{-2t} + e^{-t})U(t) \cdot g(t) = \left(\dfrac{1}{2} + \dfrac{1}{2}e^{-2t} - e^{-t}\right)U(t)$

(4) $y_f(t) = (e^{-2t} + te^{-t} - e^{-t})U(t)$

(5) $f(t) = \delta'(t) + e^{-2t}U(t)$

4.41 (1) $b > 0$ (2) 2

第 5 章

5.8 (1) $f(n) = (n^2 + 2)U(n)$

(2) $f(n) = (-1)^{n+1}U(n)$

(3) $f(n) = \left[\left(\dfrac{1}{2}\right)^n + 1\right]U(n)$

$(4)\ f(n)=n\cdot 2^{n}U(n)$

5.9   (1) 否   (2) 是，$N=16$

      (3) 是，$N=7$ (4) 是，$N=40$

5.10   (1) $\left[-4\left(-\dfrac{1}{2}\right)^{n}+2\left(-\dfrac{1}{3}\right)^{n}\right]U(n)$

      (2) $\left[-\dfrac{2}{3}(-1)^{n}+\dfrac{1}{6}\left(\dfrac{1}{2}\right)^{n}\right]U(n)$

      (3) $[5(-1)^{n}-3(-2)^{n}]U(n)$

      (4) $4(3)^{n}\cos\dfrac{n\pi}{2}U(n)$

      (5) $(2n+1)(-1)^{n}U(n)$

      (6) $\left[-\dfrac{5}{4}n(-2)^{n}+\dfrac{3}{4}n^{2}(-2)^{n}\right]U(n)$

      (7) $\left[24\left(\dfrac{1}{2}\right)^{n}-9\left(\dfrac{1}{3}\right)^{n}\right]U(n)$

5.11   (a) $y(n)+y(n-1)=a_{0}f(n)+a_{1}f(n-1)$

      (b) $y(n)-y(n-1)+0.5y(n-2)=f(n-1)$

      (c) $y(n)=4f(n-1)+3f(n-2)+2f(n-3)$

      (d) $y(n)+2y(n-1)+3y(n-2)=f(n)$

5.12   (a) $h(n)=(-1)^{n-1}U(n-1)+\delta(n-1)$

      (b) $h(n)=3^{n-1}U(n-1)$

      (c) $h(n)=[-1+4(3)^{n}]U(n)$

      (d) $h(n)=(2^{n}-2)U(n)$

5.13   (1) $-\left(-\dfrac{1}{3}\right)^{n+1}U(n)$

      (2) $[2(-1)^{n}-4(-2)^{n}]U(n)$

      (3) $3^{n}-(n+1)2^{n}U(n)$

5.14   (1) $\dfrac{1}{2}\left[\left(\dfrac{1}{3}\right)^{n}+\left(-\dfrac{1}{3}\right)^{n}\right]U(n)$

      (2) $\left[\dfrac{2}{3}\left(-\dfrac{1}{2}\right)^{n}+\dfrac{1}{3}\left(\dfrac{1}{4}\right)^{n}\right]U(n)$

      (3) $4(n-1)\left(\dfrac{1}{2}\right)^{n}U(n-1)$

      (4) $(-1)^{n-1}U(n-1)$

      (5) $[0.8^{n-1}-(-0.2)^{n-1}]U(n-1)$

      (6) $2^{n}(\sqrt{2})^{n+1}\cos\left(\dfrac{n\pi}{4}-\dfrac{\pi}{4}\right)U(n)$

5.15   (1) $\{5,\ 3.5,\ 6.5,\ 10.5,\ 7.5,\ 9,\ 6.5,\ 2.5,\ 0.5,\ 0.5\}_{0}$

      (2) $\{2,\ 9,\ 11,\ 16,\ 18,\ 20,\ 8\}_{0}$

      (3) $\{12,\ 32,\ 14,\ -8,\ -26,\ 6\}_{-2}$

      (4) $\{2,\ 6,\ 6,\ 2\}_{0}$

(5) $\delta(n)$

(6) $\{1,\,3,\,6,\,6,\,5,\,3\}_0$

5.16　(1) $\left[\dfrac{e^{-2(n+1)}-e^{-3(n+1)}}{e^{-2}-e^{-3}}\right]U(n)$

(2) $(n+1)2^n U(n)$

(3) $2\left[1-\left(\dfrac{1}{2}\right)^{n+1}\right]U(n)$

(4) $(n+1)U(n)-2(n-3)U(n-4)+(n-7)U(n-8)$

(5) $\dfrac{n}{3!}(n+1)(n-1)U(n)$

(6) 0

(7) $-\dfrac{1}{2}n\cos\dfrac{n\pi}{2}U(n)$

(8) $2^n\displaystyle\sum_{m=0}^{n}\sin\dfrac{m\pi/2}{2^m}$

5.19　(a) $\{0,\,1,\,3,\,6,\,6,\,5,\,3\}_0$

(b) $\{1,\,2,\,3,\,2,\,1\}_0$

(c) $\{1,\,2,\,2,\,1,\,-2\}_0$

5.20　(1) $y_x(n)=U(n)$　　　$y_f(n)=nU(n)$

(2) $y_x(n)=\left[-\dfrac{1}{5}(-3)^n+\dfrac{1}{5}(2)^n\right]U(n)$

$y_f(n)=\left[-\dfrac{1}{5}(2)^n-\dfrac{3}{35}(-3)^n+\dfrac{2}{7}(4)^n\right]U(n)$

(3) $y_x(n)=2(-2)^n U(n)$　$y_f(n)=[2(-2)^n+n+2]U(n)$

(4) $y_x(n)=[-(2)^{n+1}+(3)^{n+1}]U(n)$

$y_f(n)=\left[\dfrac{1}{2}-(2)^n+\dfrac{1}{2}(3)^n\right]U(n)$

(5) $y_x(n)=[2n(-1)^n-(-1)^n]U(n)$

$y_f(n)=\left[-\dfrac{1}{4}n(-1)^{n-1}+\dfrac{9}{16}(3)^n+\dfrac{7}{16}(-1)^n\right]U(n)$

(6) $y_x(n)=(2n-1)(-1)^n U(n)$

$y_f(n)=\left[\left(2n+\dfrac{8}{3}\right)(-1)^n+\dfrac{1}{3}\left(\dfrac{1}{2}\right)^n\right]U(n)$

5.21　(1) $h(n)=(-0.5)^n U(n)$

(2) ① $y_f(n)=(n+1)(-0.5)^n U(n)$　　② $y_f(n)=\delta(n)$

5.23　(1) $y_x(n)=\left[-\dfrac{2}{3}(-1)^n+\dfrac{1}{6}(0.5)^n\right]U(n)$

(2) $y_x(n)=[(-1)^n-2(-2)^n]U(n)$

5.24　$f(n)=-nU(n)$

5.25　(2) $h(n)=(n+1)(-1)^n U(n)$

(3) $y(n)=\left[-\dfrac{9}{16}(-1)^n+\dfrac{9}{4}n(-1)^n+\dfrac{9}{16}(3)^n\right]U(n)$

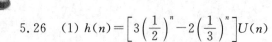

5.26 (1) $h(n) = \left[3\left(\dfrac{1}{2}\right)^n - 2\left(\dfrac{1}{3}\right)^n\right]U(n)$

(2) $y(n) - \dfrac{5}{6}y(n-1) + \dfrac{1}{6}y(n-2) = f(n)$

5.27 $y_f(n) = n\left(\dfrac{1}{2}\right)^{n-1}U(n)$

5.28 (2) $h(n) = (-2)^n U(n)$

$g(n) = \dfrac{2}{3}(-2)^n U(n) + \dfrac{1}{3}U(n)$

(3) $y(n) = \left[\dfrac{13}{9}(-2)^n + \dfrac{1}{3}n - \dfrac{4}{9}\right]U(n)$

5.29 $h(n) = \left[3 - 4\left(\dfrac{1}{2}\right)^n\right]U(n) + 2\delta(n)$

5.31 (2) $h(n) = \dfrac{1}{2}\delta(n) + \left[\dfrac{1}{2}(-2)^n - (-1)^n\right]U(n)$

(3) $y(n) = \left[\dfrac{9}{2}(-1)^n - \dfrac{11}{3}(-2)^n + \dfrac{1}{6}\right]U(n)$

第 6 章

6.6 (1) $F(z) = z^{-2}$, $z \neq 0$

(2) $F(z) = \dfrac{z}{z - 0.5}$, $0 < |z| < \dfrac{1}{2}$

(3) $F(z) = \dfrac{z^3 - 0.5^3}{z^2(z - 0.5)} = \dfrac{z^2 + \dfrac{1}{2}z + \dfrac{1}{4}}{z^2}$, $|z| > 0$ 或 $z \neq 0$

(4) $F(z) = \dfrac{0.5}{z - 0.5} - \dfrac{2}{z - 2}$, $0.5 < |z| < 2$

(5) $F(z) = \dfrac{z}{z - 1}$, $|z| < 1$

(6) $F(z) = \dfrac{z}{z - 2} + \dfrac{z}{z - 0.5}$, $|z| > 2$

6.7 (1) $\dfrac{z}{z+1}$, $|z| > 1$ (2) $\dfrac{z^2 - \dfrac{1}{\sqrt{2}}z}{z^2 - \sqrt{2}z + 1}$, $|z| > 1$

(3) $\dfrac{z+1}{z}$, $|z| > 0$ 或 $z \neq 0$ (4) $\dfrac{z}{z - 0.5} + \dfrac{z}{z - 4}$, $|z| > 4$

6.9 (1) $2^n U(-n-1) + \left(\dfrac{1}{3}\right)^n U(n)$

(2) $\left[-2^n + \left(\dfrac{1}{3}\right)^n\right]U(n)$

(3) $\left[2^n - \left(\dfrac{1}{3}\right)^n\right]U(-n-1)$

6.10 (1) $\dfrac{2z^2}{z^2 - 1}$ (2) $\dfrac{z^3 + z - 0.5}{z^2(z - 0.5)}$

(3) $\dfrac{z\sin\omega}{z^2-2z\cos\omega+1}$

(4) $\dfrac{z^4-z^2+1}{z^4-z^3}$

(5) $\dfrac{4z^2}{4z^2+1}$

(6) $\dfrac{z}{z-2\mathrm{e}^{-3}}$

(7) $\dfrac{3\mathrm{e}^{-2}z\,\sin\omega}{z^2-6\mathrm{e}^{-2}z\,\cos\omega+9\mathrm{e}^{-4}}$

(8) $\dfrac{z^2-z}{\sqrt{2}(z^2+1)}$

6.11 (1) $\dfrac{-2z^2+3z}{(z-1)^2}$

(2) $\dfrac{1}{2}\left[\dfrac{z\mathrm{e}^{-\mathrm{j}\omega}}{(z-\mathrm{e}^{-\mathrm{j}\omega})^2}+\dfrac{z\mathrm{e}^{\mathrm{j}\omega}}{(z-\mathrm{e}^{\mathrm{j}\omega})^2}\right]$

(3) $\dfrac{2z}{(z-1)^3}$

(4) $\dfrac{z^3-z}{(z-1)^4}-\dfrac{4z}{(z-2)^2}+\dfrac{z}{z-4}$

(5) $\dfrac{z^{-1}}{z^{-1}-\mathrm{e}^{-\mathrm{j}\omega}}$

(6) $\dfrac{1}{1-z\mathrm{e}^2}$

(7) $\dfrac{z}{(z-2)^2}$

(8) $\dfrac{z^3}{(z-1)^2}$

(9) $\dfrac{z^2(z+1)}{(z-1)^4}$

(10) $\dfrac{-\dfrac{1}{2}z^2}{z-2}$

(11) $-\dfrac{2z}{(z-1)^2}$

(12) $\dfrac{1}{(2z-1)^2}$

6.12 (1) $F(\mathrm{e}^n z)$

(2) $z\dfrac{\mathrm{d}F(z)}{\mathrm{d}z}+z^2\dfrac{\mathrm{d}^2F(z)}{\mathrm{d}z^2}$

(3) $\dfrac{z}{z-1}F\left(\dfrac{z}{\alpha}\right)$

(4) $z^{-1}F(z)$

(5) $z^{-1}F(z)$

(6) $z[F(z)-f(0)]$

(7) $zF(z)$

(8) $\dfrac{z}{z-\alpha}F\left(\dfrac{z}{\alpha}\right)$

6.13 (1) $\left[\dfrac{1}{3}(-1)^n+\dfrac{2}{3}\cdot 2^n\right]U(n)$

(2) $\left[\left(\dfrac{1}{4}\right)^n-\left(\dfrac{2}{3}\right)^n\right]U(n)$

(3) $2\delta(n)-[(-1)^{n-1}-6\cdot 5^{n-1}]U(n-1)$

(4) $[(-1)^n+2n-1]U(n)$

(5) $2\delta(n-1)+6\delta(n)+\left[8-13\left(\dfrac{1}{2}\right)^n\right]U(n)$

(6) $\dfrac{1}{6}n\cdot 6^n U(n)$

6.14 (1) $\left(-\dfrac{1}{2}\right)^n U(n)$

(2) $\delta(n)+\dfrac{1}{2}\delta(n-1)+2\cos\left(\dfrac{2}{3}\pi n-\dfrac{\pi}{3}\right)U(n)$

(3) $\left[\dfrac{3}{2}\delta(n)-(-1)^n+\dfrac{\sqrt{5}}{2}\cdot 2^n\cos\left(\dfrac{n\pi}{2}+63.4°\right)\right]U(n)$

(4) $n^2\cdot 2^{n-1}U(n)$

(5) $\delta(n-1)+2\delta(n-3)+4\delta(n-5)$

(6) $\left[4-(n+3)\left(\dfrac{1}{2}\right)^n\right]U(n)$

6.17 (1) $y(n)=\left[-2\left(\dfrac{1}{2}\right)^n+3\left(\dfrac{3}{4}\right)^n\right]U(n)$

(2) $y(n)=\left[4\left(\dfrac{1}{2}\right)^n-3\left(\dfrac{1}{4}\right)^n-n\left(\dfrac{1}{4}\right)^n\right]U(n)$

(3) $y(n)=\left[\dfrac{1}{3}\left(\dfrac{1}{2}\right)^n+\dfrac{2}{3}(-1)^n\right]U(n)$

6.19 (1) $\dfrac{1}{20}\left[3^n-5(-1)^n+4(-2)^n\right]U(n)$

(2) $\left[2(-1)^n-\left(\dfrac{1}{2}\right)^n+8\cdot2^n\right]U(n)$

(3) $\left(1-\cos\dfrac{2\pi}{3}n+\sqrt{3}\sin\dfrac{2}{3}\pi n\right)U(n)$

(4) $\left[2^{n+1}+\dfrac{1}{2}(-1)^n-\dfrac{3}{2}\right]U(n)$

6.20 (1) $H(z)=\dfrac{2z+1}{z-1}$

(2) $h(n)=2\delta(n)+3U(n-1)$ 或 $-\delta(n)+3U(n)$

(3) $g(n)=(2+3n)U(n)$

6.21 (1) $H(z)=\dfrac{3z^2+2z-1}{z^3}$

(2) $h(n)=3\delta(n-1)+2\delta(n-2)-\delta(n-3)$

(3) $g(n)=3U(n-1)+2U(n-2)-U(n-3)$

6.22 $y(n)-\dfrac{7}{12}y(n-1)+\dfrac{1}{12}y(n-2)=f(n)-\dfrac{1}{2}f(n-1)$

$h(n)=\left[-2\left(\dfrac{1}{3}\right)^n+3\left(\dfrac{1}{4}\right)^n\right]U(n)$

6.23 $f(n)=\left[\dfrac{1}{2}\delta(n)-\dfrac{9}{8}\left(-\dfrac{1}{2}\right)^n+\dfrac{5}{8}\left(\dfrac{1}{2}\right)^n+\dfrac{n}{4}\left(\dfrac{1}{2}\right)^n\right]U(n)$

6.26 (1) $H(z)=\dfrac{2z^2}{\left(z+\dfrac{1}{2}\right)(z-2)}$

(2) $h(n)=\left[\dfrac{2}{5}\left(-\dfrac{1}{2}\right)^n+\dfrac{8}{5}\cdot2^n\right]U(n)$

(3) $y(n)-\dfrac{3}{2}y(n-1)-y(n-2)=2f(n)$

(4) $f(n)=\dfrac{1}{2}\delta(n)+\dfrac{1}{4}\delta(n-1)$

6.27 (1) $H(z)=\dfrac{4z(z+2)}{(z+3)(z+1)}$

(2) $h(n)=\left[2(-3)^n+2(-1)^n\right]U(n)$

(3) $y(n)+4y(n-1)+3y(n-2)=4f(n)+8f(n-1)$

(4) $f(n)=\dfrac{1}{4}\delta(n)+\left[\dfrac{1}{12}(-2)^{n-1}+\dfrac{2}{3}\right]U(n-1)$

6.28   (1) $H(z)=\dfrac{16z}{(z-1)(3z+1)}$

      (2) $h(n)=\left[4-4\left(-\dfrac{1}{3}\right)^n\right]U(n)$

      (3) $3y(n+2)-2y(n+1)-y(n)=16(n+1)$

      (4) $f(n)=\dfrac{1}{16}\left[2\delta(n)-\dfrac{5}{2}\left(\dfrac{1}{2}\right)^n U(n)\right]$

6.30 $-2<K<0$

6.31   (1) $H(e^{j\omega})=\dfrac{1-e^{-j\omega}}{1-\dfrac{\sqrt{2}}{2}e^{-j\omega}+\dfrac{1}{4}e^{-j2\omega}}$

      (2) $y(n)=\dfrac{8}{17}(5-2\sqrt{2})(-1)^n$

      (3) $y(n)=\dfrac{10}{2+\sqrt{2}}\cdot\left(-\dfrac{1}{4}\right)^n u(n)+\dfrac{-\dfrac{\sqrt{2}}{4}+\dfrac{1-\sqrt{2}j}{4}}{\dfrac{1+\sqrt{2}}{4}+\dfrac{\sqrt{2}}{4}j}\cdot\dfrac{\sqrt{2}+\sqrt{2}j}{4}u(n)+$

$$\dfrac{-\dfrac{\sqrt{2}}{4}+\dfrac{1+\sqrt{2}j}{4}}{\dfrac{1+\sqrt{2}}{4}-\dfrac{\sqrt{2}}{4}j}\cdot\dfrac{\sqrt{2}-\sqrt{2}j}{4}u(n)$$

6.34   (1) $\dfrac{z}{z-e^{-2}}$

      (2) $\dfrac{e^{-2}z}{(z-e^{-2})^2}$

6.35 $\dfrac{z^2(2z-1.5)}{(z-0.5)(z-1)^2}$

6.36 $y(n)=\dfrac{n(n+1)}{2}$

6.37 $f(n)=U(n)$

6.38 $f(n)=\left[2-\left(\dfrac{1}{2}\right)^n\right]U(n)$

6.39 $f(n)=2\delta(n)+\left[2-4\left(\dfrac{1}{2}\right)^2\right]U(n)$

6.40 $F(z)=\dfrac{2z^2}{z^2-0.5z+0.25},\ |z|>0.5$

6.42 $H(z)=2-\dfrac{z-1}{z-0.5}+\dfrac{z-1}{z+1.5}$

      $h(n)=-\dfrac{2}{3}\delta(n)+\left[\left(\dfrac{1}{2}\right)^n+\dfrac{5}{3}\left(-\dfrac{3}{2}\right)^n\right]U(n)$

6.47 $-2<K<4$

6.48 $-\dfrac{5}{2}<K<\dfrac{3}{2}$

6.51 $y_{ss}(n)=2\cos\left(\dfrac{n\pi}{2}-36.9°\right)$

第 7 章

7.3 $H(s)=\dfrac{H_1(s)}{1-H_2(s)+H_1(s)\cdot H_3(s)}$

7.4 $H(s)=\dfrac{s^2}{1+2s^2+2s}$

7.5 $H(s)=\dfrac{10(s+1)}{s^3+s^2+20s+10}$

7.6 $H(s)=\dfrac{s^2+3s+2}{s^2+2s+1}$

7.12 $H(s)=\dfrac{H_1(s)H_2(s)[1-H_3(s)]}{1-H_2(s)+H_1(s)H_2(s)[1-H_3(s)][H_4(s)+H_5(s)]}$

7.13 $H(z)=\dfrac{s^2+4s}{s^2+3s+2}$

7.14 $H(z)=\dfrac{4z+10}{z^3+8z^2+19z+12}$

7.15 $H(z)=\dfrac{2z^2-1}{z^3+4z^2+5z+6}$

7.16 $H(z)=\dfrac{2z^2+3z+5}{z^2+z}$

7.17 $H(z)=\dfrac{2z^2-5}{z^4+20}$

7.24 $H(z)=\dfrac{2z^2-3}{z(z+2)^2(z+3)}$

7.25 $H(z)=\dfrac{4z+10}{(z+3)(z+1)(z+4)}$

附　　录

附录1　卷积积分表

序号	$f_1(t)$	$f_2(t)$	$f_1(t) * f_2(t)$
1	$f(t)$	$\delta'(t)$	$f'(t)$
2	$f(t)$	$\delta(t)$	$f(t)$
3	$f(t)$	$U(t)$	$\displaystyle\int_{-\infty}^{t} f(\lambda)\,\mathrm{d}\lambda$
4	$U(t)$	$U(t)$	$tU(t)$
5	$tU(t)$	$U(t)$	$\dfrac{1}{2}t^2U(t)$
6	$\mathrm{e}^{-at}U(t)$	$U(t)$	$\dfrac{1}{\alpha}(1-\mathrm{e}^{-at})U(t),\ \alpha\neq 0$
7	$\mathrm{e}^{-\alpha_1 t}U(t)$	$\mathrm{e}^{-\alpha_2 t}U(t)$	$\dfrac{1}{\alpha_2-\alpha_1}(\mathrm{e}^{-\alpha_1 t}-\mathrm{e}^{-\alpha_2 t})U(t),\ \alpha_1\neq\alpha_2$
8	$\mathrm{e}^{-at}U(t)$	$\mathrm{e}^{-at}U(t)$	$t\mathrm{e}^{-at}U(t)$
9	$tU(t)$	$\mathrm{e}^{-at}U(t)$	$\left(\dfrac{\alpha t-1}{\alpha^2}+\dfrac{1}{\alpha^2}\mathrm{e}^{-at}\right)U(t),\ \alpha\neq 0$
10	$t\mathrm{e}^{-\alpha_1 t}U(t)$	$\mathrm{e}^{-\alpha_2 t}U(t)$	$\left[\dfrac{(\alpha_2-\alpha_1)t-1}{(\alpha_2-\alpha_1)^2}\mathrm{e}^{-\alpha_1 t}+\dfrac{1}{(\alpha_2-\alpha_1)^2}\mathrm{e}^{-\alpha_2 t}\right]U(t),\ \alpha_1\neq\alpha_2$
11	$t\mathrm{e}^{-at}U(t)$	$\mathrm{e}^{-at}U(t)$	$\dfrac{1}{2}t^2\mathrm{e}^{-at}U(t)$

信号与系统分析(第三版)

附录2 常用周期信号的傅里叶系数表

名 称	信号波形	傅里叶系数 $\left(\omega_0 = \dfrac{2\pi}{T}\right)$
矩形脉冲	 (波形图)	$\dfrac{a_0}{2} = \dfrac{\tau}{T}$ $a_n = \dfrac{2\sin\dfrac{n\omega_0\tau}{2}}{n\pi}, \quad n=1,2,3,\cdots$ $b_n = 0$
方波	 (波形图)	$a_n = 0$ $b_n = \begin{cases} 0, & n=2,4,6,\cdots \\ \dfrac{4}{n\pi}, & n=1,3,5,\cdots \end{cases}$ 或 $b_n = \dfrac{4}{n\pi}\sin^2\dfrac{n\pi}{2}$
锯齿波	 (波形图)	$\dfrac{a_0}{2} = \dfrac{1}{2}$ $a_n = 0$ $b_n = \dfrac{1}{n\pi}, \quad n=1,2,3,\cdots$
	 (波形图)	$a_n = 0$ $b_n = (-1)^{n+1}\dfrac{2}{n\pi}, \quad n=1,2,3,\cdots$
三角脉冲	 (波形图)	$\dfrac{a_0}{2} = \dfrac{\tau}{2T}$ $a_n = \dfrac{4T}{\tau} \cdot \dfrac{1}{(n\pi)^2} \sin^2\dfrac{n\omega_0\tau}{4}$
三角波	 (波形图)	$a_n = 0$ $b_n = \dfrac{8}{(n\pi)^2}\sin\dfrac{n\pi}{2}$

名　称	信号波形	傅里叶系数 $\left(\omega_0 = \dfrac{2\pi}{T}\right)$
半波余弦		$\dfrac{a_0}{2} = \dfrac{1}{\pi}$ $a_n = \dfrac{-2}{\pi(n^2-1)}\cos\dfrac{n\pi}{2}$ $b_n = 0$
全波余弦		$\dfrac{a_0}{2} = \dfrac{2}{\pi}$ $a_n = -\dfrac{4}{\pi(n^2-1)}\cos\dfrac{n\pi}{2}$ $b_n = 0$
余弦脉冲		$\dfrac{a_0}{2} = \dfrac{\sin\theta - \theta\cos\theta}{\pi(1-\cos\theta)}$ $a_1 = \dfrac{\theta - \sin\theta\cos\theta}{\pi(1-\cos\theta)}$ $a_n = \dfrac{2(n\sin\theta\cos n\theta - \cos\theta\sin n\theta)}{n\pi(1-n^2)(1-\cos\theta)}$ $n = 2,\,3,\,4,\,\cdots$ $b_n = 0$

附录 3　常用信号的傅里叶变换及其频谱图

序号	信号名称	时间函数	波形	频谱函数 $F(j\omega)$	幅度谱 $\|F(j\omega)\|$	相位谱 $\varphi(\omega)$
1	单位冲激	$\delta(t)$		1		$\varphi(\omega)=0$
2	单位阶跃	$U(t)$		$\pi\delta(\omega)+\dfrac{1}{j\omega}$		
3	单位指数	$e^{-at}U(t)$ $(a>0)$		$\dfrac{1}{\alpha+j\omega}$		
4	双边指数	$e^{-a\|t\|}$ $(a>0)$		$\dfrac{2\alpha}{\alpha^2+\omega^2}$		$\varphi(\omega)=0$

续表一

序号	信号名称	时间函数	波形	频谱函数 $F(j\omega)$	幅度谱 $|F(j\omega)|$	相位谱 $\varphi(\omega)$
5	矩形脉冲	$G_\tau(t)=\begin{cases}1, & \|t\|<\dfrac{\tau}{2}\\[4pt]0, & \|t\|>\dfrac{\tau}{2}\end{cases}$		$\tau\,\mathrm{Sa}\left(\dfrac{\omega\tau}{2}\right)$		
6	单位直流	1		$2\pi\delta(\omega)$		$\varphi(\omega)=0$
7	符号函数	$\mathrm{sgn}(t)=\begin{cases}1, & t>0\\ -1, & t<0\end{cases}$		$\dfrac{2}{j\omega}$		
8	周期余弦	$\cos\omega_0 t$		$\pi[\delta(\omega+\omega_0)+\delta(\omega-\omega_0)]$		$\varphi(\omega)=0$
9	周期正弦	$\sin\omega_0 t$		$j\pi[\delta(\omega+\omega_0)-\delta(\omega-\omega_0)]$		

信号与系统分析（第三版）

续表二

序号	信号名称	时间函数	波形	频谱函数 $F(j\omega)$	幅度谱 $\|F(j\omega)\|$	相位谱 $\varphi(\omega)$
10	周期复指数函数	$e^{j\omega_0 t}$	—	$2\pi\delta(\omega-\omega_0)$		$\varphi(\omega)=0$
11	冲激偶	$\delta'(t)$		$j\omega$		
12	周期冲激序列	$\delta_T(t)=\sum\limits_{n=-\infty}^{\infty}\delta(t-nT)$		$\omega_0\sum\limits_{n=-\infty}^{\infty}\delta(\omega-n\omega_0)$ $\omega_0=\dfrac{2\pi}{T}$		—
13	周期信号（满足狄氏条件）	$\sum\limits_{n=-\infty}^{\infty}F_n e^{jn\omega_0 t}$ $F_n=\dfrac{1}{T}\int_{-T/2}^{T/2}f(t)e^{-jn\omega_0 t}dt$ $\omega_0=\dfrac{2\pi}{T}$ T 为周期	—	$2\pi\sum\limits_{n=-\infty}^{\infty}F_n\delta(\omega-n\omega_0)$	—	—

说明：为便于读者记忆，本表列出了最常用函数的傅里叶变换对。还有些函数，如 Sa(bt)、$|t|$、t、$\dfrac{1}{t}$ 等，可由表中给出的变换对结合傅里叶变换的性质求得。

附录 4 傅里叶变换的性质

名　称	时　域	$f(t) \leftrightarrow F(j\omega)$	频　域
定义	$f(t) = \dfrac{1}{2\pi} \displaystyle\int_{-\infty}^{+\infty} F(j\omega) e^{j\omega t}\, d\omega$		$F(j\omega) = \displaystyle\int_{-\infty}^{+\infty} f(t) e^{-j\omega t}\, dt$ $F(j\omega) = F(\omega) e^{j\varphi(\omega)} = R(\omega) + jX(\omega)$
线性特性	$a_1 f_1(t) + a_2 f_2(t)$		$a_1 F_1(j\omega) + a_2 F_2(j\omega)$
奇偶特性	$f(t)$为 实函数	$f(t) = f(-t)$	$F(\omega) = F(-\omega)$，$\varphi(\omega) = -\varphi(-\omega)$ $R(\omega) = R(-\omega)$，$X(\omega) = -X(-\omega)$ $F(-j\omega) = F^*(j\omega)$
奇偶特性	$f(t)$为 实函数	$f(t) = -f(-t)$	$F(j\omega) = R(\omega)$，$X(\omega) = 0$ $F(j\omega) = jX(\omega)$，$R(\omega) = 0$
奇偶特性	$f(t)$为虚函数		$F(\omega) = F(-\omega)$，$\varphi(\omega) = -\varphi(-\omega)$ $X(\omega) = X(-\omega)$，$R(\omega) = -R(-\omega)$ $F(-j\omega) = -F^*(j\omega)$
反折特性	$f(-t)$		$F(-j\omega)$
对称特性	$F(jt)$		$2\pi f(-\omega)$
时频展缩特性	$f(at)$，$a \neq 0$		$\dfrac{1}{\|a\|} F\!\left(j\,\dfrac{\omega}{a} \right)$
时移特性	$f(t \pm t_0)$		$e^{\pm j\omega t_0} F(j\omega)$
时移特性	$f(at - b)$，$a \neq 0$		$\dfrac{1}{\|a\|} e^{-j\frac{b}{a}\omega} F\!\left(j\,\dfrac{\omega}{a} \right)$
频移特性	$f(t) e^{\pm j\omega_0 t}$		$F[j(\omega \mp \omega_0)]$
卷积定理 时域	$f_1(t) * f_2(t)$		$F_1(j\omega) F_2(j\omega)$
卷积定理 频域	$f_1(t) \cdot f_2(t)$		$\dfrac{1}{2\pi} F_1(j\omega) * F_2(j\omega)$
时域微分	$f^{(n)}(t)$		$(j\omega)^n F(j\omega)$
时域积分	$f^{(-1)}(t)$		$\pi F(0)\delta(\omega) + \dfrac{1}{j\omega} F(j\omega)$
频域微分	$(-jt)^n f(t)$		$\dfrac{d^n}{d\omega^n} F(j\omega)$
频域积分	$\pi f(0)\delta(t) + \dfrac{1}{-jt} f(t)$		$F^{(-1)}(j\omega)$

附录 5　常用信号的拉普拉斯变换

序号	$f(t)(t>0)$	$F(s)=\mathscr{L}\left[f(t)\right]$
1	冲激 $\delta(t)$	1
2	阶跃 $U(t)$	$\dfrac{1}{s}$
3	e^{-at}	$\dfrac{1}{s+a}$
4	t^n（n 是正整数）	$\dfrac{n!}{s^{n+1}}$
5	$\sin\omega t$	$\dfrac{\omega}{s^2+\omega^2}$
6	$\cos\omega t$	$\dfrac{s}{s^2+\omega^2}$
7	$\mathrm{e}^{-at}\sin\omega t$	$\dfrac{\omega}{(s+a)^2+\omega^2}$
8	$\mathrm{e}^{-at}\cos\omega t$	$\dfrac{s+a}{(s+a)^2+\omega^2}$
9	$t\mathrm{e}^{-at}$	$\dfrac{1}{(s+a)^2}$
10	$t^n\mathrm{e}^{-at}$（n 是正整数）	$\dfrac{n!}{(s+a)^{n-1}}$
11	$t\sin\omega t$	$\dfrac{2\omega s}{(s^2+\omega^2)^2}$
12	$t\cos\omega t$	$\dfrac{s^2-\omega^2}{(s^2+\omega^2)^2}$

附录6　单边拉普拉斯变换的性质

名称	时域　　　　　　$f(t) \leftrightarrow F(s)$　　　　复频域	
定义	$f(t) = \dfrac{1}{2\pi\mathrm{j}} \displaystyle\int_{\sigma-\mathrm{j}\infty}^{\sigma+\mathrm{j}\infty} F(s)\mathrm{e}^{st}\,\mathrm{d}s$	$F(s) = \displaystyle\int_{0^-}^{+\infty} f(t)\mathrm{e}^{-st}\,\mathrm{d}t\,,\ \sigma > \sigma_0$
线性特性	$a_1 f_1(t) \pm a_2 f_2(t)$	$a_1 F_1(s) \pm a_2 F_2(s)\,,\ \sigma > \max(\sigma_1,\ \alpha_2)$
时频展缩特性	$f(at)\,,\ a>0$	$\dfrac{1}{a}F\left(\dfrac{s}{a}\right)\,,\ \sigma > a\sigma_0$
时移特性	$f(t-t_0)U(t-t_0)$	$\mathrm{e}^{-st_0}F(s)\,,\ \sigma > \sigma_0$
	$f(at-b)U(at-b)\,,\ a>0, b\geqslant 0$	$\dfrac{1}{a}\mathrm{e}^{-\frac{b}{a}s}F\left(\dfrac{s}{a}\right)\,,\ \sigma > a\sigma_0$
复频移特性	$\mathrm{e}^{\pm s_a t}f(t)$	$F(s \mp s_a)\,,\ \sigma > \sigma_a + \sigma_0$
时域微分	$f^{(1)}(t)$	$sF(s) - f(0^-)\,,\ \sigma > \sigma_0$
	$f^{(n)}(t)$	$s^n F(s) - \displaystyle\sum_{m=0}^{n-1} s^{n-1-m}f^{(m)}(0^-)$
时域积分	$\left(\displaystyle\int_{0^-}^{t}\right)^n f(x)\mathrm{d}x$	$\dfrac{1}{s^n}F(s)\,,\ \sigma > \max(\sigma_0, 0)$
	$f^{(-1)}(t)$	$\dfrac{1}{s}F(s) + \dfrac{1}{s}f^{(-1)}(0^-)$
	$f^{(-n)}(t)$	$\dfrac{1}{s^n}F(s) + \displaystyle\sum_{m=1}^{n} s^{\frac{1}{n-m+1}}f^{(-m)}(0^-)$
时域卷积	$f_1(t) * f_2(t)$	$F_1(s)F_2(s)\,,\ \sigma > \max(\sigma_1,\ \sigma_2)$
时域相乘	$f_1(t)f_2(t)$	$\dfrac{1}{2\pi\mathrm{j}} \displaystyle\int_{C-\mathrm{j}\infty}^{C+\mathrm{j}\infty} F_1(\eta)F_2(s-\eta)\mathrm{d}\eta$ $\sigma > \sigma_1 + \sigma_2,\ \sigma_1 < C < \sigma - \sigma_2$
复频域微分	$(-t)^n f(t)$	$F^{(n)}(s)\,,\ \sigma > \sigma_0$
复频域积分	$\dfrac{f(t)}{t}$	$\displaystyle\int_{s}^{+\infty} F(\eta)\mathrm{d}\eta\,,\ \sigma > \sigma_0$
初值定理	$f(0^+) = \displaystyle\lim_{s\to\infty} sF(s)\,,\ F(s)$ 为真分式	
终值定理	$f(\infty) = \displaystyle\lim_{s\to 0} sF(s)\,,\ s=0$ 在收敛域内	

注：① 表中 σ_0 为收敛坐标。

　　② $f^{(n)}(t) \xlongequal{\text{def}} \dfrac{\mathrm{d}^n f(t)}{\mathrm{d}t^n}$，$F^{(n)}(s) \xlongequal{\text{def}} \dfrac{\mathrm{d}^n F(s)}{\mathrm{d}s^n}$，$f^{(-n)}(t) = \left(\displaystyle\int_{-\infty}^{t}\right)^n f(x)\mathrm{d}x\,,\ n\geqslant 0$。

附录 7 常用序列单、双边 z 变换对

序号	$f(n)$	单边 z 变换		双边 z 变换	
		象函数 $F(z)$	收敛域	象函数 $F_b(z)$	收敛域
1	$\delta(n)$	1	全平面	1	全平面
2	$U(n)$	$\dfrac{z}{z-1}$	$\lvert z\rvert>1$	$\dfrac{z}{z-1}$	$\lvert z\rvert>1$
3	$(a)^n U(n)$	$\dfrac{z}{z-a}$	$\lvert z\rvert>\lvert a\rvert$	$\dfrac{z}{z-a}$	$\lvert z\rvert>\lvert a\rvert$
4	$nU(n)$	$\dfrac{z}{(z-1)^2}$	$\lvert z\rvert>1$	$\dfrac{z}{(z-1)^2}$	$\lvert a\rvert>1$
5	$n(a)^{n-1}U(n)$	$\dfrac{z}{(z-a)^2}$	$\lvert z\rvert>\lvert a\rvert$	$\dfrac{z}{(z-a)^2}$	$\lvert z\rvert>\lvert a\rvert$
6	$\dfrac{n(n-1)\cdots(n-m+1)}{m!}$ $(a)^{n-m}U(n),\ m\geqslant1$	$\dfrac{z}{(z-a)^{m+1}}$	$\lvert z\rvert>\lvert a\rvert$	$\dfrac{z}{(z-a)^{m+1}}$	$\lvert z\rvert>\lvert a\rvert$
7	$\delta(n-m),\ m>0$	z^{-m}	$\lvert z\rvert>0$	z^{-m}	$\lvert z\rvert>0$
8	$-U(-n-1)$	—	—	$\dfrac{z}{z-1}$	$\lvert z\rvert<1$
9	$-(a)^n U(-n-1)$	—	—	$\dfrac{z}{z-a}$	$\lvert z\rvert<\lvert a\rvert$
10	$-nU(-n-1)$	—	—	$\dfrac{z}{(z-1)^2}$	$\lvert z\rvert<1$
11	$-n(a)^{n-1}U(-n-1)$	—	—	$\dfrac{z}{(z-a)^2}$	$\lvert z\rvert<\lvert a\rvert$
12	$\dfrac{-n(n-1)\cdots(n-m+1)}{m!}$ $(a)^{n-m}U(-n-1),\ m\geqslant1$	—	—	$\dfrac{z}{(z-a)^{m+1}}$	$\lvert z\rvert>\lvert a\rvert$
13	$\delta(n+m),\ m>0$	—	—	z^m	$\lvert z\rvert<\infty$
14	$(a)^n U(n)-(b)^n U(-n-1),$ $\lvert b\rvert>\lvert a\rvert$	$\dfrac{z}{z-a}$	$\lvert z\rvert>\lvert a\rvert$	$\dfrac{2z^2-(a+b)z}{(z-a)(z-b)}$	$\lvert a\rvert<\lvert z\rvert<\lvert b\rvert$

附录8　单、双边 z 变换的性质

性质名称	时域函数	单边 z 变换 $F(z)$	双边 z 变换 $F_b(z)$
线性特性	$a_1 f_1(n) + a_2 f_2(n)$	$a_1 F_1(z) + a_2 F_2(z)$	$a_1 F_{b1}(z) + a_2 F_{b2}(z)$
移位特性	$f(n \pm m),\ m > 0$	—	$z^{\frac{1}{2}m} \cdot F_b(z)$
	$f(n-m)U(n-m),\ m>0$	$z^{-m} \cdot F(z)$	—
	$f(n-m)U(n),\ m>0$	$z^{-m} F(z) + \sum_{n=-m}^{-1} f(n) z^{-n-m}$	—
	$f(n+m)U(n),\ m>0$	$z^m F(z) - \sum_{n=0}^{m-1} f(n) z^{m-n}$	—
z 域尺度变换特性	$(a)^n \cdot f(n)$	$F\left(\dfrac{z}{a}\right)$	$F_b\left(\dfrac{z}{a}\right)$
时域卷积定理	$f_1(n) * f_2(n)$	$F_1(z) \cdot F_2(z)$	$F_{b1}(z) \cdot F_{b2}(z)$
z 域微分	$nf(n)$	$-z\dfrac{\mathrm{d}F(z)}{\mathrm{d}z}$	$-z\dfrac{\mathrm{d}F_b(z)}{\mathrm{d}z}$
z 域积分	$\dfrac{1}{n+m}f(n),\ n+m>0$	$z^m \displaystyle\int_z^{+\infty} \dfrac{F(\eta)}{\eta^{m+1}}\,\mathrm{d}\eta$	$z^m \displaystyle\int_z^{+\infty} \dfrac{F_b(\eta)}{\eta^{m+1}}\,\mathrm{d}\eta$
移动累和性	$\displaystyle\sum_{i=-\infty}^{m} f(i)$	$\dfrac{z}{z-1}F(z)$	$\dfrac{z}{z-1}F_b(z)$
初值定理	$f(n)$ （因果序列）	$f(0) = \lim_{z\to\infty} F(z)$	$f(0) = \lim_{z\to\infty} F_b(z)$
终值定理	$f(n)$（因果序列，且 $f(\infty)$ 为有界值）	$f(\infty) = \lim_{z\to1}(z-1)F(z)$	$f(\infty) = \lim_{z\to1}(z-1)F_b(z)$

附录9 自我检测题

一、选择题（每小题 2 分，共 20 分）

1. 正弦交流信号 $f(t)=2\sin\left(\dfrac{2\pi}{5}t+\dfrac{\pi}{3}\right)$ 的周期是（　　）。

A. $\dfrac{2\pi}{5}$　　　　　　B. 2　　　　　　C. 5　　　　　　D. $\dfrac{1}{5}$

自我检测题参考答案

2. 系统的零状态响应是指（　　）。

A. 系统无激励信号

B. 系统的初始状态为零

C. 系统的激励为零，仅由系统的初始状态引起的响应

D. 系统的初始状态为零，仅由系统的激励引起的响应

3. 信号 $f(t)$ 的最高频率是 500 Hz，则利用冲激串采样得到的采样信号 $f(nT)$ 能唯一表示出原信号的最大采样周期为（　　）。

A. 500　　　　　　B. 1000　　　　　　C. 0.05　　　　　　D. 0.001

4. 冲激信号 $\delta(t)$ 的拉普拉斯变换为（　　）。

A. 1　　　　　　B. 2　　　　　　C. 3　　　　　　D. 4

5. 单位阶跃信号 $U(t)$ 的拉普拉斯变换为（　　）。

A. 1　　　　　　B. $\dfrac{1}{s}$　　　　　　C. $\dfrac{1}{s-1}$　　　　　　D. $\dfrac{1}{s-a}$

6. 已知信号 $f(t)$ 的带宽是 20 kHz，则信号 $f(2t)$ 的带宽是（　　）。

A. 10 kHz　　　　B. 20 kHz　　　　C. 30 kHz　　　　D. 40 kHz

7. 在连续系统的时域分析中，系统的激励与响应的关系为 $y(t)=f(t)*h(t)$，则变换到频域中，系统的响应与激励的关系为（　　）。

A. $Y(\mathrm{j}\omega)=H(\mathrm{j}\omega)*F(\mathrm{j}\omega)$　　　　　　B. $Y(\mathrm{j}\omega)=H(\mathrm{j}\omega)F(\mathrm{j}\omega)$

C. $F(\mathrm{j}\omega)=H(\mathrm{j}\omega)Y(\mathrm{j}\omega)$　　　　　　D. $Y(\mathrm{j}\omega)=\dfrac{H(\mathrm{j}\omega)}{F(\mathrm{j}\omega)}$

8. 信号 $f(t)=\mathrm{e}^{2t}U(t)$ 的拉氏变换及收敛域为（　　）。

A. $\dfrac{1}{s+2}$, $\mathrm{Re}[s]>-2$　　　　　　B. $\dfrac{1}{s+2}$, $\mathrm{Re}[s]<-2$

C. $\dfrac{1}{s-2}$, $\mathrm{Re}[s]>2$　　　　　　D. $\dfrac{1}{s-2}$, $\mathrm{Re}[s]<2$

9. 为使 LTI 连续系统是稳定的，其系统函数 $H(s)$ 的极点必须在 s 平面的（　　）。

A. 单位圆内　　　B. 单位圆外　　　C. 左半平面　　　D. 右半平面

10. 卷积 $\delta(t)*f(t)*\delta(t)$ 的结果为（　　）。

A. $\delta(t)$　　　　　　B. $\delta(2t)$　　　　　　C. $f(t)$　　　　　　D. $f(2t)$

附

录

二、填空题(每空 1 分，共 10 分)

1. 抽样信号 $Sa(t) = $ _____ 。

2. 信号 e^{j10t} 的基波角频率 $\omega_0 = $ _____ ，周期 $T = $ _____ 。

3. 若信号 $f(t) \leftrightarrow F(j\omega)$，$s(t) = \cos\omega_0 t$，且 $y(t) = f(t)\cos\omega_0 t$，则 $y(t)$ 的傅里叶变换为 _____ 。

4. 离散 LTI 因果系统稳定的充要条件是系统函数 $H(z)$ 的所有极点均在 _____ 。

5. 若 $f_1(t) \leftrightarrow F_1(s)$，$f_2(t) \leftrightarrow F_2(s)$，则 $f_1(t) * f_2(t) \leftrightarrow $ _____ 。

6. 已知信号的拉普拉斯变换为 $F(s) = 2 + 3e^{-s} - 4e^{-2s}$，其原函数 $f(t)$ 为 _____ 。

7. 已知 LTI 系统的频率响应函数 $H(j\omega) = \dfrac{k(j\omega+1)}{(j\omega+2)(j\omega+3)}$，若 $H(0) = 1$，则 $k = $ _____ 。

8. 已知单边 z 变换 $F(z) = \dfrac{-5z}{(4z-1)(3z-2)}$，则其所对应的序列 $f(n)$ 为 _____ 。

9. 信号 $f(t) = Sa(50t)$ 的奈奎斯特间隔为 _____ 。

三、作图题(10 分)

1. 已知信号 $f(t)$ 的波形如附图 1 所示，试画出信号 $f\left(\dfrac{1}{2}t - 1\right)$ 的波形。

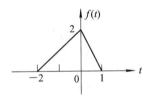

附图 1

2. 已知 $f(n)$ 和 $h(n)$ 的波形如附图 2 所示，试画出信号 $y_f(n) = f(n) * h(n)$ 的波形。

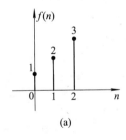

(a)

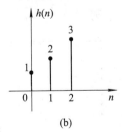

(b)

附图 2

四、已知 LTI 系统的微分方程为 $y''(t) + 4y'(t) + 3y(t) = f(t)$。

(1) 求系统的频率响应 $H(j\omega)$ 和冲激响应 $h(t)$；　(5 分)

(2) 若激励 $f(t) = e^{-2t}u(t)$，求系统的零状态响应 $y_f(t)$。(5 分)

五、因果离散系统的差分方程为 $y(n) - 2y(n-1) = f(n)$，激励 $f(n) = 3^n U(n)$，

$y(0)=2$，求响应 $y(n)$。（10 分）

六、已知 LTI 系统，当输入 $f(t)=e^{-t}u(t)$ 时，零状态响应 $y_f(t)=(3e^{-t}-4e^{-2t}+e^{-3t})u(t)$，试求系统的冲激响应。（10 分）

七、离散时间 LTI 系统的框图如附图 3 所示，求：
（1）系统函数 $H(z)$；（4 分）
（2）系统单位样值响应 $h(n)$；（3 分）
（3）系统单位阶跃响应 $g(n)$。（3 分）

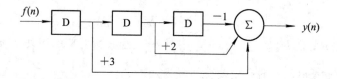

附图 3

八、已知 LTI 因果系统 $H(s)$ 的零、极点分布如附图 4 所示，且 $H(0)=1$，求：
（1）系统函数 $H(s)$ 的表达式；（5 分）
（2）系统的单位阶跃响应。（5 分）

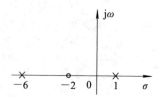

附图 4

九、如附图 5 所示系统，已知输入信号 $f(t)$ 的频谱为 $F(j\omega)$，$H_2(j\omega)=g_6(\omega)$，试分析该系统，画出 $x(t)$、$y(t)$ 的频谱。（10 分）

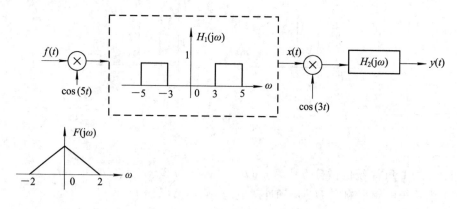

附图 5

参 考 文 献

［1］ 徐亚宁，苏启常. 信号与系统［M］. 北京：电子工业出版社，2007.

［2］ 陈后金，胡健，薛健. 信号与系统［M］. 北京：清华大学出版社，北京交通大学出版社，2005.

［3］ 段哲民，范世贵. 信号与系统［M］. 西安：西北工业大学出版社，2005.

［4］ ZIEMER R E，TRANTER W H，FANNIN D R. 信号与系统：连续与离散［M］. 肖志涛，等译. 北京：电子工业出版社，2005.

［5］ 马金龙，胡建萍，王宛苹. 信号与系统［M］. 北京：科学出版社，2006.

［6］ 徐守时. 信号与系统：理论、方法和应用［M］. 合肥：中国科学技术大学出版社，2006.

［7］ 郑君里，应启珩，杨为理. 信号与系统（上册）［M］. 北京：高等教育出版社，2000.

［8］ OPPENHEIM A V，WILLSKY A S，NAWAB S H. 信号与系统（英文版）［M］. 北京：电子工业出版社，2002.

［9］ 郑君里，应启珩，杨为理. 信号与系统（下册）［M］. 北京：高等教育出版社，2000.

［10］ 陈生潭，郭宝龙，李学武，等. 信号与系统［M］. 西安：西安电子科技大学出版社，2001.

［11］ 吕幼新，张明友. 信号与系统［M］. 北京：电子工业出版社，2007.

［12］ KAMEN E W，HECK B S. 信号与系统基础教程：MATLAB 版［M］. 高强，戚银城，余萍，等译. 北京：电子工业出版社，2007.

［13］ 张德丰. MATLAB 在电子信息工程中的应用［M］. 北京：电子工业出版社，2009.

［14］ 张明照，刘政波，刘斌，等. 应用 MATLAB 实现信号分析和处理［M］. 北京：科学出版社，2006.

［15］ 张善文，雷英杰，冯有前. MATLAB 在时间序列分析中的应用［M］. 西安：西安电子科技大学出版社，2007.

［16］ 梁虹，梁洁，陈跃斌. 信号与系统分析及 MATLAB 实现［M］. 北京：电子工业出版社，2002.

［17］ 杜晶晶，金学波. 信号与系统实训指导［M］. 西安：西安电子科技大学出版社，2009.